高等职业院校通识教育"十二五"规划教材

计算机应用基础

——Windows 7+Office 2010

Fundamentals of Computer

付兴宏 罗雨滋 主编

李寅杰 李笑岩 李永阁 单桂森 李荣涛 副主编

高校系列

人民邮电出版社

北 京

图书在版编目（CIP）数据

计算机应用基础：Windows 7 + Office 2010 / 付兴宏，罗雨滋主编. —— 北京：人民邮电出版社，2015.9
高等职业院校通识教育"十二五"规划教材
ISBN 978-7-115-40302-5

Ⅰ. ①计… Ⅱ. ①付… ②罗… Ⅲ. ①Windows操作系统—高等职业教育—教材②办公自动化—应用软件—高等职业教育—教材 Ⅳ. ①TP3

中国版本图书馆CIP数据核字(2015)第200199号

内 容 提 要

本书以实用为目标，突出操作实践性。全书共分 7 章，主要内容包括计算机基础知识、Windows 7 操作系统、Word 2010、Excel 2010、PowerPoint 2010、计算机网络基础与 Internet 及常用工具软件。

本书按照教育部"计算机应用基础"大纲要求，参考 2014 年全国计算机等级考试"一级计算机基础及 MS Office 应用"认证大纲编写，内容新颖。

本书可作为高职高专院校各专业计算机基础教材，也可作为计算机应用水平考试、计算机等级考试及计算机从业人员的培训和自学教材。

- ◆ 主　　编　付兴宏　罗雨滋
  副 主 编　李寅杰　李笑岩　李永阁　单桂森　李荣涛
  责任编辑　张　斌
  执行编辑　王志广
  责任印制　焦志炜
- ◆ 人民邮电出版社出版发行　　北京市丰台区成寿寺路 11 号
  邮编　100164　电子邮件　315@ptpress.com.cn
  网址　http://www.ptpress.com.cn
  三河市中晟雅豪印务有限公司印刷
- ◆ 开本：787×1092　1/16
  印张：17.5　　　　　　　　　　2015 年 9 月第 1 版
  字数：411 千字　　　　　　　　2015 年 9 月河北第 1 次印刷

定价：42.00 元

读者服务热线：(010)81055256　印装质量热线：(010)81055316
反盗版热线：(010)81055315

本书编委会

主　编　付兴宏　罗雨滋

副主编　李寅杰　李笑岩　李永阁　单桂森　李荣涛

参　编　张艳娜　李丽姝　艾　红　白丽芳　於兆鹏

前言

随着信息技术的飞速发展，计算机技术应用越来越广泛，如何使广大学生及计算机从业人员尽快掌握计算机的基本操作技能变得非常重要。为满足高等职业院校的教学需要，我们总结了多年来的教学实践和组织计算机等级考试的经验；同时，根据教育部提出的有关"大学计算机基础"课程教学的要求，组织编写了本教材。本书取材既照顾到了计算机基础教育的基础性、广泛性和一定的理论性，又兼顾了计算机教育的实践性、实用性和更新发展性；既照顾到了高校新生中从未接触过计算机的部分同学，又兼顾了具有一定计算机基础的同学的学习要求。"大学计算机基础"是大学计算机基础教学的最基本课程，考虑到读者群主要为高校非计算机专业的学生，因此本书旨在帮助学生了解信息技术的发展趋势，熟悉典型的计算机操作系统，具备使用常用软件处理日常事务的能力，为今后的学习奠定必要的计算机基础。

全书共分 7 章，主要内容包括计算机基础知识、Windows 7 操作系统、Word 2010、Excel 2010、PowerPoint 2010、计算机网络基础与 Internet 以及常用工具软件。本书内容密切结合该课程的基本教学要求，兼顾计算机软件和硬件的最新发展，结构严谨，层次分明，叙述准确，为教师发挥个人特长留有较大余地。

本书由付兴宏、罗雨滋担任主编，李寅杰、李笑岩、李永阁、单桂森、李荣涛担任副主编，参加编写工作的还有张艳娜、李丽姝、艾红、白丽芳、於兆鹏。其中单桂森编写第 1 章，李寅杰编写第 2 章，罗雨滋编写第 3 章，付兴宏编写第 4 章，李荣涛编写第 5 章，李永阁编写第 6 章，李笑岩编写第 7 章。

由于时间仓促，加之编者水平和经验有限，书中难免有欠妥和错误之处，恳请读者批评指正。

编　者
2015 年 7 月

目录

1.1　计算机概述

计算机是 20 世纪人类最伟大的科学技术发明之一。

计算机是一种能够按照程序运行，自动、高速处理海量数据的现代化智能电子设备。计算机系统由硬件系统和软件系统所组成，没有安装任何软件的计算机称为裸机。计算机可分为超级计算机、工业控制计算机、网络计算机、个人计算机、嵌入式计算机 5 类，较先进的计算机有生物计算机、光子计算机、量子计算机等。

1.1.1　计算机的发展

1946 年 2 月 14 日，由美国军方定制的世界上第一台电子计算机"电子数字积分计算机"（Electronic Numerical And Calculator，ENIAC）在美国宾夕法尼亚大学问世，如图 1-1 所示。ENIAC（埃尼阿克）是美国奥伯丁武器试验场为了满足计算弹道需要而研制成的，这台计算器使用了 17 840 支电子管，占地大小为 160m²，重达 28t，功耗为 170kW，其运算速度为每秒 5 000 次的加法运算，造价约为 487 000 美元。ENIAC 的问世具有划时代的意义，表明电子计算机时

图 1-1　世界上第一台计算机

代的到来。在以后 60 多年里，计算机技术以惊人的速度发展，没有任何一门技术的性能价格比能像计算机技术一样在 30 年内增长 6 个数量级。

计算机发展大致经历 4 个阶段。

1．第一阶段：电子管数字计算机（1946—1958 年）

硬件方面，逻辑元件采用真空电子管，主存储器采用汞延迟线、阴极射线示波管静电存储器、磁鼓、磁芯，外存储器采用磁带。软件方面采用机器语言、汇编语言。应用领域以军事和科学计算为主。特点是体积大、功耗高、可靠性差、速度慢（一般为每秒数千次至数万次）、价格昂贵，但为以后的计算机发展奠定了基础。

2．第二阶段：晶体管数字计算机（1958—1964 年）

硬件方面，逻辑元件采用晶体管，主存储器采用磁芯，外存储器采用磁盘。软件方面出现了以批处理为主的操作系统、高级语言及其编译程序。应用领域以科学计算和事务处理为主，并开始进入工业控制领域。特点是体积缩小、能耗降低、可靠性提高、运算速度提高（一般为每秒数十万次，最高可达每秒 300 万次），性能比第一代计算机有很大的提高。

3. 第三阶段：集成电路数字计算机（1964—1970年）

硬件方面，逻辑元件采用中、小规模集成电路（MSI、SSI），主存储器仍采用磁芯。软件方面出现了分时操作系统以及结构化、规模化程序设计方法。特点是速度更快（一般为每秒数百万次至数千万次），而且可靠性有了显著提高，价格进一步下降，产品走向了通用化、系列化和标准化。其应用开始进入文字处理和图形图像处理领域。

4. 第四阶段：大规模集成电路计算机（1970年至今）

硬件方面，逻辑元件采用大规模和超大规模集成电路（LSI 和 VLSI）。软件方面出现了数据库管理系统、网络管理系统、面向对象语言等。特别是1971年世界上第一台微处理器在美国硅谷诞生，开创了微型计算机的新时代，应用领域从科学计算、事务管理、过程控制逐步走向家庭。

计算机从出现至今，经历了机器语言、程序语言、简单操作系统和 Linux、Macos、BSD、Windows 四代现代操作系统，运行速度也得到了极大的提升，计算机的运算速度已经达到每秒几十亿次。计算机也由原来的仅供军事科研使用发展到人人拥有，计算机强大的应用功能，产生了巨大的市场需要，未来计算机性能应向着巨型化、微型化、网络化、人工智能化和多媒体化的方向发展。

（1）巨型化

巨型化是指为了适应尖端科学技术的需要，发展高速度、大存储容量和功能强大的超级计算机。随着人们对计算机的依赖性越来越强，特别是在军事和科研教育方面对计算机的存储空间、运行速度等要求会越来越高。此外，计算机的功能更加多元化。

（2）微型化

随着微型处理器（CPU）的产生，计算机中开始使用微型处理器，使计算机体积缩小了，成本降低了。另一方面，软件行业的飞速发展提高了计算机内部操作系统的便捷度，计算机外部设备也趋于完善。计算机理论和技术上的不断完善促使微型计算机很快渗透到全社会的各个行业和部门中，并成为人们生活和学习的必需品。几十年来，计算机的体积不断地缩小，台式电脑、笔记本电脑、掌上电脑和平板电脑的体积逐步微型化，为人们提供便捷的服务。因此，未来计算机仍会不断趋于微型化，体积将越来越小。

（3）网络化

互联网将世界各地的计算机连接在一起，从此进入了互联网时代。计算机网络化彻底改变了人类世界，人们通过互联网进行沟通、交流（QQ、微博等）、教育资源共享（文献查阅、远程教育等）、信息查阅共享（百度、谷歌）等，特别是无线网络的出现，极大地提高了人们使用网络的便捷性，未来计算机将会进一步向网络化方面发展。

（4）人工智能化

计算机人工智能化是未来发展的必然趋势。现代计算机具有强大的功能和运行速度，但与人脑相比，其智能化和逻辑能力仍有待提高。人类不断地在探索如何让计算机能够更好地反映人类思维，使计算机能够具有人类的逻辑思维判断能力，可以通过思考与人类沟通交流，抛弃以往依靠编码程序来运行计算机的方法，直接对计算机发出指令。

（5）多媒体化

传统的计算机处理的信息主要是字符和数字。事实上，人们更习惯的是图片、文字、声音、图像等多种形式的多媒体信息。多媒体技术可以集图形、图像、音频、视频、文字为一体，使信息处理的对象和内容更加接近真实世界。

1.1.2　计算机的特点与性能指标

1．计算机的特点

（1）运算速度快

计算机内部的运算是由数字逻辑电路组成的，可以高速准确地完成各种算术运算。当今计算机系统的运算速度已达到每秒几万亿次，微机也可达每秒数亿次以上，使大量复杂的科学计算问题得以解决。例如，卫星轨道的计算、大型水坝的计算、24 小时天气预报的计算等，过去人工计算需要几年、几十年，而在现代社会里，用计算机只需几天甚至几分钟就可完成。

（2）计算精确度高

科学技术的发展特别是尖端科学技术的发展，需要高度精确的计算。计算机控制的导弹之所以能准确地击中预定的目标，是与计算机的精确计算分不开的。一般计算机可以有十几位甚至几十位（二进制）有效数字，计算精度可由千分之几到百万分之几，是任何计算工具所望尘莫及的。

（3）逻辑运算能力强

计算机不仅能进行精确计算，还具有逻辑运算功能，能对信息进行比较和判断。计算机能把参加运算的数据、程序及中间结果和最后结果保存起来，并能根据判断的结果自动执行下一条指令以供用户随时调用。

（4）存储容量大

计算机内部的存储器具有记忆特性，可以存储大量的信息。这些信息不仅包括各类数据信息，还包括加工这些数据的程序。

（5）自动化程度高

由于计算机具有存储记忆能力和逻辑判断能力，所以人们可以将预先编好的程序纳入计算机内存，在程序控制下，计算机可以连续、自动地工作，不需要人工干预。

2．计算机的性能指标

计算机功能的强弱或性能的好坏，不是由某项指标决定的，而是由它的系统结构、指令系统、硬件组成、软件配置等多方面的因素综合决定的。对于大多数普通用户来说，可以从以下几个指标来大体评价计算机的性能。

（1）运算速度

运算速度是衡量计算机性能的一项重要指标。通常所说的计算机运算速度（平均运算速度），是指每秒钟所能执行的指令条数，一般用"百万条指令／秒"（Million Instruction Per Second，MIPS）来描述。同一台计算机，执行不同的运算所需时间可能不同，因而对运算速度的描述常采用不同的方法。常用的有 CPU 时钟频率（主频）、每秒平均执行指令数（i/s）等。微型计算机一般采用主频来描述运算速度，如 Pentium/133 的主频为 133 MHz，Pentium Ⅲ/800 的主频为 800 MHz，Pentium 4 1.5G 的主频为 1.5 GHz。一般来说，主频越高，运算速度就越快。

（2）字长

计算机在同一时间内处理的一组二进制数称为一个计算机的"字"，而这组二进制数的位数就是"字长"。在其他指标相同时，字长越大计算机处理数据的速度就越快。早期的微型计算机的字长一般是 8 位和 16 位, 586(Pentium, Pentium Pro, Pentium Ⅱ, Pentium Ⅲ, Pentium 4) 大多是 32 位, 现在的微型计算机大多是 64 位的。

（3）内存储器的容量

内存储器也简称主存, 是 CPU 可以直接访问的存储器, 需要执行的程序与需要处理的数据就是存放在主存中的。内存储器容量的大小反映了计算机即时存储信息的能力。随着操作系统的升级, 应用软件的不断丰富及其功能的不断扩展, 人们对计算机内存容量的需求也不断提高。目前, 运行 Windows XP 需要 128MB 以上的内存容量, 运行 Windows 7 需要 512MB 以上的内存容量。内存容量越大, 系统功能就越强大, 能处理的数据量就越庞大。

（4）外存储器的容量

外存储器容量通常是指硬盘容量（包括内置硬盘和移动硬盘）。外存储器容量越大, 可存储的信息就越多, 可安装的应用软件就越丰富。目前, 硬盘容量一般为 500～1000GB（1TB）, 有的甚至更多。

除了上述这些主要性能指标外, 微型计算机还有其他一些指标, 如所配置外围设备的性能指标, 所配置系统软件的情况等。另外, 各项指标之间也不是彼此孤立的, 在实际应用时, 应该把它们综合起来考虑。

1.1.3 计算机在现代社会的用途与应用领域

1. 计算机在现代社会中的用途

在现代社会, 计算机已广泛应用到军事、科研、经济、文化等各个领域, 成为人们一个不可或缺的好帮手。

在科研领域, 人们使用计算机进行各种复杂的运算及大量数据的处理, 如卫星飞行的轨迹、天气预报中的数据处理等。在学校和政府机关, 每天都涉及大量数据的统计与分析, 有了计算机, 工作效率就大大提高了。

在工厂, 计算机为工程师们在设计产品时提供了有效的辅助手段。现在, 人们在进行建筑设计时, 只要输入有关的原始数据, 计算机就能自动处理并绘出各种设计图纸。

在生产中, 用计算机控制生产过程的自动化操作, 如温度控制、电压电流控制等, 从而实现自动进料、自动加工产品、自动包装产品等。

计算机是用来进行大量信息处理的最好工具。在大量的信息处理中, 计算机可以帮助我们高度压缩并大量存储信息, 帮助我们快速地检索出所需要的信息, 帮助我们清晰地看出大量信息中所隐含的规律和倾向。计算机在各行各业中的广泛应用, 常常产生显著的经济效益和社会效益, 从而引起产业结构、产品结构、经营管理和服务方式等方面的重大变革。

2. 计算机的应用领域

计算机的应用正在日益改变着传统的工作、学习和生活的方式, 推动着社会的发展。

（1）信息处理

信息处理是以数据库管理系统为基础, 辅助管理者提高决策水平, 改善运营策略的计算机技术。信息处理具体包括数据的采集、存储、加工、分类、排序、检索、发布等一系列工作。信息处理已成为当代计算机的主要任务, 是现代化管理的基础。据统计, 80%以上的计算机主要应用于信息管理, 成为计算机应用的主导方向。信息管理已广泛应用于办公自动化、企事业计算机辅助管理与决策、情报检索、图书管理、电影电视动画设计、会计电算化等各行各业。

（2）科学计算

科学计算是计算机最早的应用领域，是指利用计算机来完成科学研究和工程技术中提出的数值计算问题。在现代科学技术工作中，科学计算的任务是大量的和复杂的。利用计算机的运算速度高、存储容量大和连续运算的能力，可以解决人工无法完成的各种科学计算问题。例如，工程设计、地震预测、气象预报、火箭发射等都需要由计算机承担庞大而复杂的计算量。

（3）过程控制

过程控制是利用计算机实时采集数据、分析数据，按最优值迅速地对控制对象进行自动调节或自动控制。采用计算机进行过程控制，不仅可以大大提高控制的自动化水平，而且可以提高控制的时效性和准确性，从而改善劳动条件、提高产量及合格率。因此，计算机过程控制已在机械、冶金、石油、化工、电力等部门得到广泛的应用。

（4）辅助技术

计算机辅助技术包括 CAD、CAM 和 CAI。

① 计算机辅助设计（Computer Aided Design，CAD）。

计算机辅助设计是利用计算机系统辅助设计人员进行工程或产品设计，以实现最佳设计效果的一种技术。CAD 技术已应用于飞机设计、船舶设计、建筑设计、机械设计、大规模集成电路设计等。采用计算机辅助设计，可缩短设计时间，提高工作效率，节省人力、物力和财力，更重要的是提高了设计质量。

② 计算机辅助制造（Computer Aided Manufacturing，CAM）。

计算机辅助制造是利用计算机系统进行产品的加工控制过程，输入的信息是零件的工艺路线和工程内容，输出的信息是刀具的运动轨迹。将 CAD 和 CAM 技术集成，可以实现设计产品生产的自动化，这种技术被称为计算机集成制造系统。有些国家已把 CAD 和 CAM、计算机辅助测试（Computer Aided Test）及计算机辅助工程（Computer Aided Engineering）组成一个集成系统，使设计、制造、测试和管理有机地组成为一体，形成高度的自动化系统，因此产生了自动化生产线和"无人工厂"。

③ 计算机辅助教学（Computer Aided Instruction，CAI）。

计算机辅助教学是利用计算机系统进行课堂教学。教学课件可以用 PowerPoint 或 Flash 等软件制作。CAI 不仅能减轻教师的负担，还能使教学内容生动、形象逼真，能够动态演示实验原理或操作过程，激发学生的学习兴趣，提高教学质量，为培养现代化高质量人才提供了有效方法。

（5）计算机翻译

1947 年，美国数学家、工程师沃伦·韦弗与英国物理学家、工程师安德鲁·布思提出了以计算机进行翻译（简称"机译"）的设想，机译从此步入历史舞台，并走过了一条曲折而漫长的发展道路。机译被列为 21 世纪世界 10 大科技难题。与此同时，机译技术也拥有巨大的应用需求。

机译消除了不同文字和语言间的隔阂，堪称高科技造福人类之举。但机译的译文质量离理想目标仍相差甚远。中国数学家、语言学家周海中教授认为，在人类尚未明了大脑是如何进行语言的模糊识别和逻辑判断的情况下，机译要想达到"信、达、雅"的程度是不可能的。

这一观点恐怕道出了制约译文质量的瓶颈所在。

（6）人工智能

人工智能（Artificial Intelligence，AI）是指计算机模拟人类某些智力行为的理论、技术和应用，诸如感知、判断、理解、学习、问题的求解、图像识别等。人工智能是计算机应用的一个新的领域，这方面的研究和应用正处于发展阶段，在医疗诊断、定理证明、模式识别、智能检索、语言翻译、机器人等方面，已有了显著的成效。例如，用计算机模拟人脑的部分功能进行思维学习、推理、联想和决策，使计算机具有一定"思维能力"。我国已开发成功的一些中医专家诊断系统，可以模拟名医给患者诊病开方。

（7）多媒体应用

随着电子技术特别是通信和计算机技术的发展，人们已经有能力把文本、音频、视频、动画、图形、图像等各种媒体综合起来，构成另一种概念——"多媒体"（Multimedia）。在医疗、教育、商业、银行、保险、行政管理、军事、工业、广播、出版等领域中，多媒体的应用发展很快。

1.1.4 现代计算机的主要类型

通常，人们用"分代"来表示计算机在纵向的历史中的发展情况，而用"分类"来表示计算机在横向的地域上的发展、分布和使用情况。我国把计算机分成巨型、大型、中型、小型、微型5个类别。目前国内外多数书刊采用国际上通用的分类方法，根据美国电气和电子工程师协会（IEEE）1989年提出的标准来划分，即把计算机分成巨型机、小巨型机、大型主机、小型主机、工作站和个人计算机6类。

（1）巨型机（Supercomputer）

巨型机也称为超级计算机（见图 1-2），在所有计算机类型中其占地最大，价格最贵，功能最强，浮点运算速度最快（2015年达到每秒33.86千万亿次）。只有少数国家的几家公司能够生产巨型机。目前，巨型机多用于战略武器（如核武器和反导武器）的设计、空间技术、石油勘探、中长期天气预报及社会模拟等领域。巨型机的研制水平、生产能力及其应用程度，已成为衡量一个国家经济实力和科技水平的重要标志。

图1-2 超级计算机

（2）小巨型机（Minisupercomputer）

这种小型超级电脑或称桌上型超级计算机，出现于20世纪80年代中期。其功能低于巨型机，速度能达到1T FLOPS，即每秒10亿次，价格也只有巨型机的1/10。

（3）大型主机（Mainframe）

大型机或称作大型电脑，覆盖国内通常所说的大中型机。其特点是大型、通用，内存可达 1KMB 以上，整机处理速度高达 300～750MIPS，具有很强的处理和管理能力。大型主机主要用于大银行、大公司、规模较大的高校和科研院所。在计算机向网络化发展的当前，大型主机仍有其生存空间。

（4）小型机（Minicomputer 或 Minis）

小型机结构简单，可靠性高，成本较低，方便维护和使用，对于广大中小用户较为适用。

（5）工作站（Workstation）

工作站是介于 PC 和小型机之间的一种高档微机，运算速度快，具有较强的联网功能，常用于特殊领域，如图像处理、计算机辅助设计等。它与网络系统中的"工作站"在用词上相同，而含义不同。网络上的"工作站"泛指联网用户的节点，以区别于网络服务器，常常由一般的 PC 担当。

（6）个人计算机（Personal Computer，PC）

我们通常说的电脑、微机或计算机，一般就指的是PC。它出现于20世纪70年代，以其设计先进（总是率先采用高性能的微处理器）、软件丰富、功能齐全、价格便宜等优势而拥有广大的用户，因而大大推动了计算机的普及应用。PC的主流是IBM公司在1981年推出的PC系列及其众多的兼容机。PC无所不在，无所不用，除了台式的，还有膝上型、笔记本、掌上型、手表型等。

1.1.5 计算机的常见名词解析

1. 数据单位

（1）位（bit）

音译为"比特"，是计算机内信息的最小单位，如 1010 为 4 位制数（4bit）。一个二进制位只能表示 2 种状态（0 与 1）。

（2）字节（Byte）

字节又简记为 B。一个字节等于 8 个二进制位，即 1B=8bit。

（3）字和字长

计算机处理数据时，一次存取、加工和传送的数据称为字。一个字通常由一个或若干个字节组成。

目前微型计算机的字长有 8 位、16 位、32 位和 64 位几种。例如，IBMPC/XT 字长 16 位，称为 16 位机。486 与 Pentium 微型机字长 32 位，称为 32 位机。目前，微型计算机的字长已达到 64 位。

2. 存储容量

计算机存储容量大小以字节数来度量，经常使用 KB、MB、GB 等度量单位。其中 K 代表"千"，M 代表"兆"（百万），G 代表"吉"（十亿），B 是字节的意思。

$1KB=2^{10}B=1024B$

$1MB=2^{20}B=2^{10}\times2^{10}B=1024\times1024B$

$1GB=2^{30}B=2^{10}\times2^{10}\times2^{10}B=1024\times1024\times1024B$

例如，一台i5微机，内存容量为4GB，外存储器，硬盘为500GB。

3. 运算速度

（1）CPU 时钟频率

计算机的操作在时钟信号的控制下分步执行，每个时钟信号周期完成一步操作，时钟频率的高低在很大程度上反映了 CPU 速度的快慢。以目前流行的微型计算机为例，其主频一般有 1.7GHz、2GHz、2.4GHz、3GHz 等档次。

（2）每秒平均执行指令数（i/s）

通常用 1s 内能执行的定点加减运算指令的条数作为 i/s 的值。目前，高档微机每秒平均执行指令数可达数亿条，而大规模并行处理系统（MPP）的 i/s 值已能达到几十亿。

由于i/s单位太小，使用不便，实际中常用MIPS，即每秒执行百万条指令作为CPU的速度指标。

1.2　数制与编码

1.2.1　数制与编码的概念

人类在实际生活中大量使用十进制，而计算机技术中使用的电子元件是以通或断来表示计算状态的，所以计算机内部是使用只包含 0 和 1 两个数字的二进制。当然，人们输入计算机的十进制被转换成二进制进行计算，计算后的结果又由二进制转换成十进制，这都由操作系统自动完成，并不需要人们手工计算。学习计算机，就必须了解二进制、八进制、十六进制。

进位计数制，也称进制、数制，是用一组固定的数字符号和统一的规则来表示数值的方法。人们通常采用的数制有十进制、二进制、八进制和十六进制。

1.2.2　理解进制

我们将人们通常采用的进制用"N 进制"来指代（N 代表十、二、八、十六等），则进制的基数为 N，进制位的数字范围为 0～（N-1）（十六进制超过 9 的数字用字母 A～F 表示），计数规则为"逢 N 进 1，借 1 当 N"。

表 1-1　　　　　　　　　　　　　计算机技术中通常使用的进制

进制	基数	数字范围	计数规则	应用
十进制	10	0～9	逢 10 进位，借 1 当 10	人们在日常生活中最熟悉的进制
二进制	2	0、1	逢 2 进位，借 1 当 2	计算机系统中采用的进制
八进制	8	0～7	逢 8 进位，借 1 当 8	在计算机数据中使用的进制
十六进制	16	0～9、A～F	逢 16 进位，借 1 当 16	经常在计算机指令和数据中使用的进制

1.2.3　数制的转换

在人们使用的进位计数制中，表示数的符号在不同的位置上时所代表的数的值是不同的。例如，十进制数 9999.99，因为数字所处的位置为"千位、百位、十位、个位、．、十分位、百分位"，而经过运算"$9 \times 10^3 + 9 \times 10^2 + 9 \times 10^1 + 9 \times 10^0 + 9 \times 10^{-1} + 9 \times 10^{-2}$"，得到十进制的值"九千九百九十九点九九"。这里的"千、百、十、个、十分、百分"就代表了不同位置上的权。

不同的数制之间可以进行相互转换。

1. N进制的权（N代表2、10、8、16）

位：以小数点为起点，向左的位序依次为0、1、2、3、……，向右的位序依次为-1、-2、-3、……

权：N进制各位的权为　基数^{位序}（……N^3、N^2、N^1、1、.、N^{-1}、N^{-2}、N^{-3}、……）。

2. 十进制数与其他进制数之间的转换

（1）N进制数转换成十进制数（N代表二、八、十六）

由N进制数转换成十进制数的基本做法是，把N进制数首先写成加权系数展开式，然后按十进制加法规则求和。这种做法称为"按权相加"法。

例1　十六进制数转换为十进制数

$$(1D.4)_{16} = 1 \times 16^1 + 13 \times 16^0 + 4 \times 16^{-1} = (29.25)_{10}$$

（2）十进制数转换为N进制数（N代表2、8、16）

十进制数转换为N进制数时，由于整数和小数的转换方法不同，所以先将十进制数的整数部分和小数部分分别转换后，再加以合并。

① 十进制整数转换为N进制的整数部分。

十进制整数转换为N进制整数采用"除N取余，逆序排列"法。具体做法是，用目标进制基数N去除十进制整数，可以得到一个商和余数，再用N去除商，又会得到一个商和余数，如此进行，直到商为零时为止，然后把先得到的余数作为N进制数的低位有效位，后得到的余数作为N进制数的高位有效位，依次排列起来。如图1-3所示。

目标进制整数：余数N 余数N-1……余数3 余数2 余数1

图1-3　"除N取余，逆序排列"，十进制整数转换为N进制

② 十进制小数转换为N进制的小数部分。

十进制小数转换成N进制小数采用"乘N取整，顺序排列"法。具体做法是，用N去乘十进制小数，可以得到积，将积的整数部分取出，再用N去乘余下的小数部分，又得到一个积，再将积的整数部分取出，如此进行，直到积中的小数部分为零，或者达到所要求的精度为止。

然后把取出的整数部分按顺序排列起来，先取的整数作为N进制小数的高位有效位，后取的整数作为低位有效位。如图1-4所示。

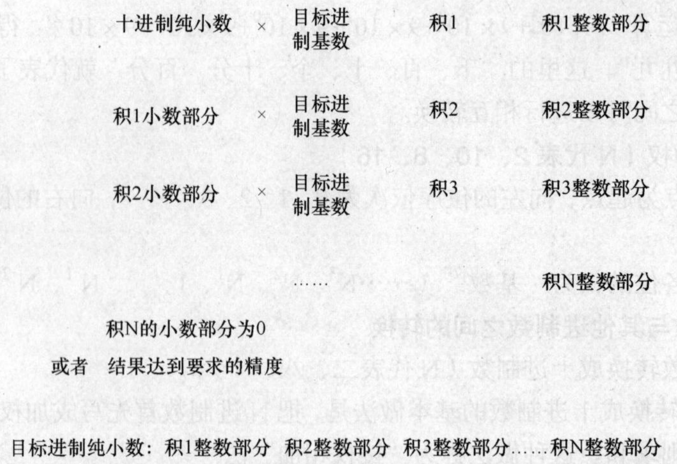

十进制纯小数 × 目标进制基数 积1 积1整数部分
积1小数部分 × 目标进制基数 积2 积2整数部分
积2小数部分 × 目标进制基数 积3 积3整数部分
…… 积N整数部分
积N的小数部分为0
或者 结果达到要求的精度
目标进制纯小数：积1整数部分 积2整数部分 积3整数部分……积N整数部分

图 1-4 “乘 N 取整，顺序排列”，十进制纯小数转换为 N 进制

例 2 十进制数转换为二进制。

$$(29.25)_{10}= 11101 + 0.01= (11101.01)_2 \text{（见图 1-5）}$$

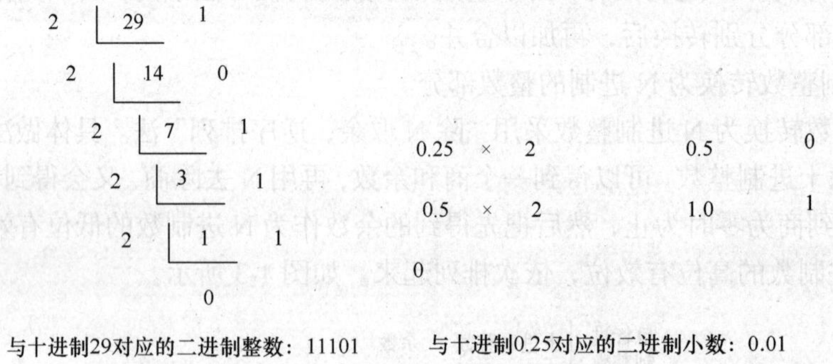

2 29 1
2 14 0
2 7 1
2 3 1
2 1 1
0
0.25 × 2 0.5 0
0.5 × 2 1.0 1
0
与十进制29对应的二进制整数：11101
与十进制0.25对应的二进制小数：0.01

图 1-5 十进制数转换为二进制数示例

3. 二进制与八进制、十六进制间的转换

二进制数与十六进制数的相互转换，以小数点为起点，按照每 4 位二进制数对应 1 位十六进制数进行转换，不够 4 位填 0 补足。

二进制数与八进制数的相互转换，以小数点为起点，按照每 3 位二进制数对应 1 位八进制数进行转换，不够 3 位填 0 补足。

例 3 二进制转为十六进制。

$$(11101.01)_2=\underline{0001}\ \underline{1101}\ .\underline{0100}=(1D.4)_{16}$$

例 4 八进制转为二进制。

$$(35.2)_8=\underline{011}\ \underline{101}.\ \underline{010}=(11101.01)_2$$

1.3 计算机系统的组成

计算机系统包括硬件系统和软件系统。

1.3.1 计算机硬件系统

计算机硬件系统通常由"五大件"组成：输入设备、输出设备、存储器、运算器和控制器。

1. 输入设备

输入设备是将数据、程序、文字符号、图像、声音等信息输送到计算机中。常用的输入设备有键盘、鼠标、触摸屏、数字转换器等。

（1）键盘

键盘是最常用也是最主要的输入设备，通过键盘，可以将英文字母、数字、标点符号等输入计算机中，从而向计算机发出命令、输入数据等。

正确的指法是高效使用键盘的基础，记忆键位并勤练指法，就会达到工作需求的输入速度。基本键位与指法如图 1-6 所示。

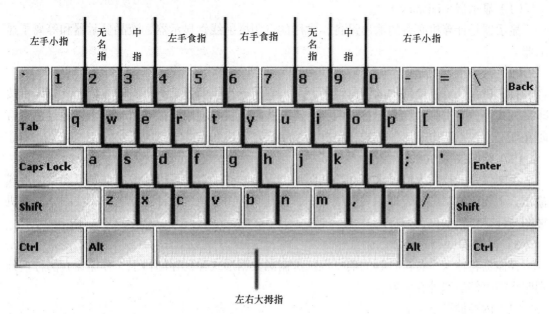

图 1-6　基本键位与指法

（2）鼠标（Mouse）

鼠标因形似老鼠而得名。"鼠标"的标准称呼应该是"鼠标器"，全称为"橡胶球传动之光栅轮带发光二极管及光敏三极管之晶元脉冲信号转换器"或"红外线散射之光斑照射粒子带发光半导体及光电感应器之光源脉冲信号传感器"。

鼠标用来控制显示器所显示的指针光标（Pointer），它从出现到现在已经有 40 多年的历史了。鼠标的使用是为了使计算机的操作更加简便，来代替键盘烦琐的指令。

（3）触摸屏（Touch Screen）

触摸屏是一种覆盖了一层塑料的特殊显示屏，在塑料层后是互相交叉不可见的红外线光束。用户通过手指触摸显示屏来选择菜单项。触摸屏的特点是容易使用，如自动柜员机（Automated Teller Machine，ATM）、信息中心、饭店、百货商场等场合均可看到触摸屏的使用。

（4）数字转换器（Digitizer）

数字转换器是一种用来描绘或复制图画或照片的设备。把需要复制的内容放置在数字化图形输入板上，然后通过一个连接计算机的特殊输入笔描绘这些内容。随着输入笔在复制内容上的移动，计算机记录它在数字化图形输入板上的位置，当描绘完整个需要复制的内容后，图像能在显示器上显示或在打印机上打印或者存储在计算机系统上以便日后使用。数字转换器常常用于工程图纸的设计。

除此之外的输入设备，还有游戏杆、光笔、数码相机、数字摄像机、图像扫描仪、传真机、条形码阅读器、语音输入设备等。

2. 输出设备

输出设备将计算机的运算结果或者中间结果打印或显示出来。常用的输出设备有显示器、打印机、绘图仪、传真机等。

（1）显示器（Display）

显示器是计算机必备的输出设备，常用的有阴极射线管显示器、液晶显示器和等离子显示器。

（2）打印机（Printer）

打印机是计算机最基本的输出设备之一。它将计算机的处理结果打印在纸上。打印机按印字方式可分为击打式和非击打式两类。击打式打印机是利用机械动作，将字体通过色带打印在纸上。根据印出字体的方式又可分为活字式打印机和点阵式打印机。

（3）绘图仪（Plotter）

绘图仪是能按照人们要求自动绘制图形的设备。它可将计算机的输出信息以图形的形式输出。主要可绘制各种管理图表和统计图、大地测量图、建筑设计图、电路布线图、各种机械图与计算机辅助设计图等。

3. 存储器

存储器将输入设备接收到的信息以二进制的数据形式存到存储器中。存储器有两种，分别叫作内存储器和外存储器。

（1）内存储器

微型计算机的内存储器是由半导体器件构成的。从使用功能上分，有随机存储器（Random Access Memory，RAM）和只读存储器（Read Only Memory，ROM）。

● 随机存储器（Random Access Memory）。

RAM 可以读出，也可以写入。读出时并不损坏原来存储的内容，只有写入时才修改原来所存储的内容。断电后，存储内容立即消失，即具有易失性。

RAM 可分为动态（Dynamic RAM，DRAM）和静态（Static RAM，SRAM）两大类。DRAM 的特点是集成度高，主要用于大容量内存储器；SRAM 的特点是存取速度快，主要用于高速缓冲存储器。

● 只读存储器（Read Only Memory）。

ROM 是只读存储器。顾名思义，它的特点是只能读出原有的内容，不能由用户再写入新内容。原来存储的内容是采用掩膜技术由厂家一次性写入的，并永久保存下来。它一般用来存放专用的固定的程序和数据，不会因断电而丢失。

● CMOS 存储器（Complementary Metal Oxide Semiconductor Memory，互补金属氧化物

半导体内存）。

CMOS 内存是一种只需要极少电量就能存放数据的芯片。由于耗能极低，CMOS 内存可以由集成到主板上的一个小电池供电，这种电池在计算机通电时还能自动充电。因为 CMOS 芯片可以持续获得电量，所以即使在关机后，也能保存有关计算机系统配置的重要数据。

（2）外存储器

外存储器的种类很多，又称辅助存储器。外存储器通常是磁性介质或光盘，像硬盘、软盘、磁带、CD 等，能长期保存信息，并且不依赖于电来保存信息，它是由机械部件带动，其速度与 CPU 相比就慢得多。

4. 运算器

运算器是完成各种算术运算和逻辑运算的装置，能进行加、减、乘、除等数学运算，也能做比较、判断、查找、逻辑运算等。

5. 控制器

控制器是计算机指挥和控制其他各部分工作的中心，其工作过程与人的大脑指挥和控制人的各器官一样。

控制器是计算机的指挥中心，负责决定执行程序的顺序，给出执行指令时机器各部件需要的操作控制命令。由程序计数器、指令寄存器、指令译码器、时序产生器和操作控制器组成，它是发布命令的"决策机构"，即完成协调和指挥整个计算机系统的操作。

主要功能如下。

- 从内存中取出一条指令，并指出下一条指令在内存中位置。
- 对指令进行译码或测试，并产生相应的操作控制信号，以便启动规定的动作。
- 指挥并控制 CPU、内存和输入/输出设备之间数据流动的方向。

控制器根据事先给定的命令发出控制信息，使整个计算机指令执行过程一步一步地进行，是计算机的神经中枢。

1.3.2 计算机软件系统

计算机软件是由系统软件、支撑软件和应用软件构成的。系统软件是计算机系统中最靠近硬件一层的软件，其他软件一般都通过系统软件发挥作用。

所谓软件是指为方便使用计算机和提高使用效率而组织的程序以及用于开发、使用和维护的有关文档。软件系统可分为系统软件和应用软件两大类。

1. 系统软件

系统软件（System Software）由一组控制计算机系统并管理其资源的程序组成，其主要功能包括启动计算机，存储、加载和执行应用程序，对文件进行排序、检索，将程序语言翻译成机器语言等。实际上，系统软件可以看作用户与计算机的接口，它为应用软件和用户提供了控制、访问硬件的手段，这些功能主要由操作系统完成。此外，编译系统和各种工具软件也属此类，它们从另一方面辅助用户使用计算机。下面分别介绍它们的功能。

（1）操作系统（Operating System，OS）

操作系统是管理、控制和监督计算机软硬件资源协调运行的程序系统，由一系列具有不同控制和管理功能的程序组成，它是直接运行在计算机硬件上的最基本的系统软件，是系统软件的核心。操作系统是计算机发展中的产物，它的主要目的有两个：一是方便用户使用计算机，是用户和计算机的接口，如用户键入一条简单的命令就能自动完成复杂的功能，这就是操作系统帮助的结果；二是统一管理计算机系统的全部资源，合理组织计算机工作流程，以便充分、合理地发挥计算机的效率。

（2）语言处理系统（翻译程序）

人和计算机交流信息使用的语言称为计算机语言或程序设计语言。计算机语言通常分为机器语言、汇编语言和高级语言3类。如果要在计算机上运行高级语言程序就必须配备程序语言翻译程序（下简称翻译程序）。翻译程序本身是一组程序，不同的高级语言都有相应的翻译程序。翻译的方法有以下两种。

一种称为"解释"。早期的 BASIC 源程序的执行都采用这种方式。它调用机器配备的 BASIC "解释程序"，在运行 BASIC 源程序时，逐条把 BASIC 的源程序语句进行解释和执行，它不保留目标程序代码，即不产生可执行文件。这种方式速度较慢，每次运行都要经过"解释"，边解释边执行。

另一种称为"编译"。它调用相应语言的编译程序，把源程序变成目标程序（以.OBJ 为扩展名），然后再用连接程序，把目标程序与库文件相连接形成可执行文件。尽管编译的过程复杂一些，但它形成的可执行文件（以.exe 为扩展名）可以反复执行，速度较快。运行程序时只要键入可执行程序的文件名，再按【Enter】键即可。

对源程序进行解释和编译任务的程序，分别叫作编译程序和解释程序。如 FORTRAN、COBOL、PASCAL 和 C 等高级语言，使用时需有相应的编译程序；BASIC、LISP 等高级语言，使用时需用相应的解释程序。

（3）服务程序

服务程序能够提供一些常用的服务性功能，它们为用户开发程序和使用计算机提供了方便，像微机上经常使用的诊断程序、调试程序、编辑程序均属此类。

（4）数据库管理系统

数据库是指按照一定联系存储的数据集合，可由多种应用共享。数据库管理系统（Database Management System，DBMS）则是能够对数据库进行加工、管理的系统软件。其主要功能是建立、消除、维护数据库及对库中数据进行各种操作。数据库系统主要由数据库（DB）、数据库管理系统（DBMS）及相应的应用程序组成。数据库系统不但能够存放大量的数据，更重要的是能迅速、自动地对数据进行检索、修改、统计、排序、合并等操作，从而得到所需的信息。这一点是传统的文件系统无法做到的。

数据库技术是计算机技术中发展最快、应用最广的一个分支。可以说，在今后的计算机应用开发中大多离不开数据库。因此，了解数据库技术尤其是微机环境下的数据库应用是非常必要的。

2. 应用软件

应用软件（application software）是为解决各类实际问题而设计的程序系统。它可以是一个特定的程序，如一个图像浏览器，也可以是像文字处理软件（如 Word）、信息管理软件、辅助设计软件（如 AutoCAD）、实时控制软件、教育与娱乐软件等这样的软件系统。

从其服务对象的角度，又可分为通用软件和专用软件两类。

1.4　指令和程序设计语言

1.4.1　计算机指令

　　指令就是指挥机器工作的指示和命令，程序就是一系列按一定顺序排列的指令，执行程序的过程就是计算机的工作过程。控制器靠指令指挥机器工作，人们用指令表达自己的意图，并交给控制器执行。一台计算机所能执行的各种不同指令的全体，叫作计算机的指令系统。每一台计算机均有自己的特定的指令系统，其指令内容和格式有所不同。

　　通常一条指令包括两方面的内容：操作码和操作数。操作码决定要完成的操作，操作数指参加运算的数据及其所在的单元地址。

　　在计算机中，操作要求和操作数地址都由二进制数码表示，分别称操作码和地址码，整条指令以二进制编码的形式存放在存储器中。

　　指令的顺序执行，将完成程序的执行，因而有必要了解指令的执行过程。首先是取指令和分析指令。按照程序规定的次序，从内存储器取出当前执行的指令，并送到控制器的指令寄存器中，对所取的指令进行分析，即根据指令中的操作码确定计算机应进行什么操作。其次是执行指令。根据指令分析结果，由控制器发出完成操作所需的一系列控制电位，以便指挥计算机有关部件完成这一操作，同时，还为取下一条指令做好准备。

1.4.2　程序设计语言

　　程序设计语言（Programming Language）是用于书写计算机程序的语言。语言的基础是一组记号和一组规则。根据规则由记号构成的记号串的总体就是语言。在程序设计语言中，这些记号串就是程序。程序设计语言有 3 个因素，即语法、语义和语用。语法表示程序的结构或形式，亦即表示构成语言的各个记号之间的组合规律，但不涉及这些记号的特定含义，也不涉及使用者。语义表示程序的含义，亦即表示按照各种方法所表示的各个记号的特定含义，但不涉及使用者。语用表示程序与使用者的关系。

　　程序设计语言的种类繁多。但是，一般来说，基本成分有以下 4 种。

　　① 数据成分，用以描述程序中所涉及的数据。

　　② 运算成分，用以描述程序中所包含的运算。

　　③ 控制成分，用以表达程序中的控制构造。

　　④ 传输成分，用以表达程序中数据的传输。

1.5　多媒体技术简介

1.5.1　多媒体技术的基本概念

　　多媒体技术（Multimedia Technology）是利用计算机对文本、图形、图像、声音、动画和视频等多种信息综合处理、建立逻辑关系和人机交互作用的技术。

　　真正的多媒体技术所涉及的对象是计算机技术的产物，而其他的单纯事物，如电影、电视和音响等，均不属于多媒体技术的范畴。

1.5.2 多媒体信息处理的关键技术

1. 音频等媒体压缩、解压缩技术

研制多媒体计算机需要解决的关键问题之一是要使计算机能实时地综合处理声、文、图信息。然而，由于数字化的图像、声音等多媒体数据量非常大，而且视频音频信号还要求快速传输处理，这致使一般计算机产品特别是个人计算机系列上开展多媒体应用难以实现，因此，视频、音频数字信号的编码和压缩算法成为一个重要的研究课题。

2. 多媒体专用芯片技术

多媒体专用芯片仰仗于大规模集成电路（VLSI）技术，它是多媒体硬件系统体系结构的关键技术。因为要实现音频、视频信号的快速压缩、解压缩和播放处理，需大量的快速计算。而实现图像许多特殊效果，图像生成、绘制等处理以及音频信号的处理等，也都需要较快的运算处理速度，因此，只有采用专用芯片，才能取得满意效果。

多媒体计算机的专用芯片可分为两类，一类是固定功能的芯片，另一类是可编程数字信号处理器 DSP 芯片。

除专用处理器芯片外，多媒体系统还需要其他集成电路芯片支持，如数/模（D/A）和模/数（A/D）转换器，音频、视频芯片，彩色空间变换器及时钟信号产生器等。

3. 多媒体输出与输入技术

媒体输入/输出技术包括媒体变换技术、识别技术、媒体理解技术和综合技术。

目前，前两种技术相对比较成熟，应用较为广泛，后两种技术还不成熟，只能用于特定场合。

输入/输出技术进一步发展的趋势是人工智能输入/输出技术、外围设备控制技术和多媒体网络传输技术。

4. 多媒体存储设备与技术

多媒体的音频、视频、图像等信息虽经过压缩处理，但仍需相当大的存储空间，只有在大容量只读光盘存储器 CD-ROM 问世后才真正解决了多媒体信息存储空间问题。

1996 年，又推出了 DVD（Digital Video Disc）的新一代光盘标准。它使得基于计算机的数字光盘驱动器将能从单个盘面上读取 4.7GB 至 17GB 的数据量。

大容量活动存储器发展极快，1995 年推出了超大容量的 ZIP 软盘系统。另外，作为数据备份的存储设备也有了发展。常用的备份设备有磁带、磁盘、活动式硬盘等。

由于存储在 PC 服务器上的数据量越来越大，使得 PC 服务器的硬盘容量需求提高很快。为了避免磁盘损坏而造成的数据丢失，采用了相应的磁盘管理技术，磁盘阵列（Disk Array）就是在这种情况下诞生的一种数据存储技术。这些大容量存储设备为多媒体应用提供了便利条件。

5. 多媒体软件开发技术

多媒体系统软件技术主要包括多媒体操作系统、多媒体编辑系统、多媒体数据库管理技术、多媒体信息的混合与重叠技术等，这里主要介绍多媒体操作系统和多媒体数据库技术。

（1）多媒体操作系统

要求该操作系统要像处理文本、图形文件一样方便灵活地处理动态音频和视频，在控制功能上，要扩展到对录像机、音响、MIDI 等声像设备以及 CD-ROM 光盘存储技术等。多媒体操作系统要能处理多任务，易于扩充。要求数据存取与数据格式无关，提供统一友好的界面。

（2）多媒体数据库技术

由于多媒体信息是结构型的，致使传统的关系数据库已不适用于多媒体的信息管理，需要从以下几个方面研究数据库。

- 研究多媒体数据模型。
- 研究数据压缩和解压缩的格式。
- 研究多媒体数据管理及存取方法。
- 改善用户界面。

1.5.3 多媒体计算机系统的组成

多媒体计算机系统是指能把视、听和计算机交互式控制结合起来，对音频信号和视频信号的获取、生成、存储、处理、回收和传输综合数字化所组成的一个完整的计算机系统。

一个多媒体计算机系统一般由 4 个部分构成：多媒体硬件平台（包括计算机硬件、声像等多种媒体的输入/输出设备和装置）、多媒体操作系统（MPCOS）、图形用户接口（GUI）和支持多媒体数据开发的应用工具软件。

1.5.4 数据压缩与编码

在多媒体计算系统中，信息从单一媒体转到多种媒体；若要表示传输和处理大量数字化的声音、图片、影像视频信息等，数据量是非常大的。例如，一幅具有中等分辨率（640 像素×480 像素）真彩色图像（24 位/像素），它的数据量约为每帧 1.37MB。若要达到每秒 25 帧的全动态显示要求，每秒所需的数据量为 184MB，而且要求系统的数据传输速率必须达到 184Mbit/s，占用很多系统资源。对于声音也是如此。若用 16 位/样值的 PCM 编码，采样速率选为 44.1kHz，则双声道立体声声音每秒将有 176KB 的数据量。由此可见，音频、视频的数据量之大。如果不进行处理，计算机系统对其进行存取和交换相当耗费资源。因此，在多媒体计算机系统中，为了达到令人满意的图像、视频画面质量和听觉效果，必须解决视频、图像、音频信号数据的大容量存储和实时传输问题。解决的方法，除了提高计算机本身的性能及通信信道的带宽外，更重要的是对多媒体进行有效的压缩。

1. 数据压缩

多媒体数据之所以能够压缩，是因为视频、图像、声音这些媒体具有很大的压缩力。以目前常用的位图格式的图像存储方式为例，在这种形式的图像数据中，像素与像素之间无论在行方向还是在列方向都具有很大的相关性，因而整体上数据的冗余度很大。在允许一定限度失真的前提下，数据压缩技术能对图像数据进行很大程度的压缩。

数据的压缩实际上是一个编码过程，即把原始的数据进行编码压缩。数据的解压缩是数据压缩的逆过程，即把压缩的编码还原为原始数据。因此，数据压缩方法也称为编码方法。目前，数据压缩技术日臻成熟，适应各种应用场合的编码方法不断产生。针对多媒体数据冗余类型的不同，相应地有不同的压缩方法。

2. 编码

编码是用预先规定的方法将文字、数字或其他对象编成数码，或将信息、数据转换成规定的电脉冲信号。编码在电子计算机、电视、遥控、通信等方面广泛使用。编码是信息从一种形式或格式转换为另一种形式的过程。解码是编码的逆过程。

根据编码原理进行分类，大致有预测编码、变换编码、统计编码、分析-合成编码、混合编码和其他一些编码方法。其中统计编码是无失真的编码，其他编码方法基本上都是有失真的编码。

（1）预测编码

预测编码是针对空间冗余的压缩方法，其基本思想是利用已被编码的点的数据值，预测邻近的一个像素点的数据值。预测根据某个模型进行，如果模型选取得足够好的话，则只需存储和传输起始像素和模型参数就可代表全部数据了。按照模型的不同，预测编码又可分为线性预测、帧内预测和帧间预测。

（2）变换编码

变换编码也是针对空间冗余和时间冗余的压缩方法。其基本思想是将图像的光强矩阵（时域信号）变换到系统空间（频域）上，然后对系统进行编码压缩。在空间上具有强相关性的信号，反映在频域上是某些特定区域内的能量常常被集中在一起，或者是系数矩阵的发布具有某些规律。可以利用这些规律，分配频域上的量化比特数，从而达到压缩的目的。由于时域映射到频域总是通过某种变换进行的，因此称变换编码。因为正交变换的变换矩阵是可逆的，且逆矩阵与转置矩阵相等，解码运算方便且保证有解，所以变换编码总是采用正交变换。

（3）统计编码

统计编码属于无失真编码。它是根据信息出现概率的分布而进行的压缩编码。编码时某种比特或字节模式的出现概率大，用较短的码字表示；出现概率小，用较长的码字表示。这样，可以保证总的平均码长最短。最常用的统计编码方法是哈夫曼编码方法。

（4）分析-合成编码

分析-合成编码实质上都是通过对原始数据的分析，将其分解成一系列更适合于表示的"基元"或从中提取若干具有更为本质意义的参数，编码仅对这些基本单元或特征参数进行。译码时则借助于一定的规则或模型，按一定的算法将这些基元或参数，"综合"成原数据的一个逼近。这种编码方法可能得到极高的数据压缩比。

（5）混合编码

混合编码综合两种以上的编码方法，这些编码方法必须针对不同的冗余进行压缩，使总的压缩性能得到加强。

（6）信息编码

信息编码（Information Coding）是为了方便信息的存储、检索和使用，在进行信息处理时赋予信息元素以代码的过程，即用不同的代码与各种信息中的基本单位组成部分建立一一对应的关系。信息编码必须标准、系统化，设计合理的编码系统是关系信息管理系统生命力的重要因素。

信息编码的目的在于为计算机中的数据与实际处理的信息之间建立联系，提高信息处理的效率。

1.5.5　数字版权管理

数字版权管理（Digital Rights Management，DRM）是随着电子音频视频节目在互联网上的广泛传播而发展起来的一种新技术。其目的是保护数字媒体的版权，从技术上防止数字媒体的非法复制，或者在一定程度上使复制很困难，最终用户必须得到授权后才能使用数字媒体。

数字版权管理主要采用的技术为数字水印、版权保护、数字签名和数据加密。

数据加密和防复制是 DRM 的核心技术，一个 DRM 系统需要首先建立数字媒体授权中心（Rights Issuer，RI），编码已压缩的数字媒体，然后利用密钥对内容进行加密保护，加密的数字媒体头部存放着 KeyID 和节目授权中心的统一资源定位器（Uniform Resource Locator，URL）地址。用户在点播时，根据节目头部的 KeyID 和 URL 信息，通过数字媒体授权中心的验证授权后送出相关的密钥解密，数字媒体方可使用。需要保护的数字媒体是被加密的，即使被用户下载保存并传播给他人，没有得到数字媒体授权中心的验证授权也无法使用，从而严密地保护了数字媒体的版权。

数字版权管理是针对网络环境下的数字媒体版权保护而提出的一种新技术，一般具有以下六大功能。

① 数字媒体加密：打包加密原始数字媒体，以便于进行安全可靠的网络传输。

② 阻止非法内容注册：防止非法数字媒体获得合法注册从而进入网络流通领域。

③ 用户环境检测：检测用户主机硬件信息等行为环境，从而进入用户合法性认证。

④ 用户行为监控：对用户的操作行为进行实时跟踪监控，防止非法操作。

⑤ 认证机制：对合法用户的鉴别并授权对数字媒体的行为权限。

⑥ 付费机制和存储管理：包括数字媒体本身及打包文件、元数据（密钥、许可证）和其他数据信息（如数字水印和指纹信息）的存储管理。

DRM 技术无疑可以为数字媒体的版权提供足够的安全保障。但是它要求将用户的解密密钥同本地计算机硬件相结合，很显然，对用户而言，这种方式的不足之处是非常明显的，因为用户只能在特定地点特定计算机上才能得到所订购的服务。随着计算机网络的不断发展，网络的模式和拓扑结构也发生着变化，传统基于 C/S 模式的 DRM 技术在面临不同的网络模式时需要给出不同的解决方案来实现合理的移植，这也是 DRM 技术有待进一步研究和探索的课题。

1.6　计算机病毒及其防治

在《中华人民共和国计算机信息系统安全保护条例》中，病毒被定义为"编制者在计算机程序中插入的破坏计算机功能或者破坏数据，影响计算机使用并且能够自我复制的一组计算机指令或者程序代码"。

1.6.1　计算机病毒的实质和症状

1. 计算机病毒的实质

与医学上的"病毒"不同，计算机病毒不是天然存在的，是某些人利用计算机软件和硬件所固有的脆弱性编制的一组指令集或程序代码。它能通过某种途径潜伏在计算机的存储介质（或程序）里，当达到某种条件时即被激活，通过修改其他程序的方法将自己的精确复制或者可能演化的形式放入其他程序中，从而感染其他程序，对计算机资源进行破坏。

2. 计算机病毒的症状

一旦计算机出现病毒，通常表现为以下症状。

① 计算机系统运行速度减慢。
② 计算机系统经常无故发生死机。
③ 计算机系统中的文件长度发生变化。
④ 计算机存储的容量异常减少。
⑤ 系统引导速度减慢。
⑥ 丢失文件或文件损坏。
⑦ 计算机屏幕上出现异常显示。
⑧ 计算机系统的蜂鸣器出现异常声响。
⑨ 磁盘卷标发生变化。
⑩ 系统不识别硬盘。
⑪ 对存储系统异常访问。
⑫ 键盘输入异常。
⑬ 文件的日期、时间、属性等发生变化。
⑭ 文件无法正确读取、复制或打开。
⑮ 命令执行出现错误。
⑯ 虚假报警。
⑰ 切换当前盘。有些病毒会将当前盘切换到 C 盘。
⑱ 时钟倒转。有些病毒会命名系统时间倒转，逆向计时。
⑲ Windows 操作系统无故频繁出现错误。
⑳ 系统异常重新启动。
㉑ 一些外部设备工作异常。
㉒ 异常要求用户输入密码。
㉓ Word 或 Excel 提示执行"宏"。
㉔ 使不应驻留内存的程序驻留内存。

3. 计算机病毒的特点

（1）繁殖性

计算机病毒可以像生物病毒一样进行繁殖，当正常程序运行的时候，它也进行运行，自身复制。是否具有繁殖、感染的特征是判断某段程序为计算机病毒的首要条件。

（2）破坏性

计算机中毒后，可能会导致正常的程序无法运行，计算机内的文件被删除或受到不同程度的损坏，通常表现为增、删、改、移。

（3）传染性

计算机病毒不但本身具有破坏性，更有害的是具有传染性，一旦病毒被复制或产生变种，其传染速度之快令人难以预防。

（4）潜伏性

有些病毒像定时炸弹一样，让它什么时间发作是预先设计好的，如黑色星期五病毒，不到预定时间一点都觉察不出来，等到条件具备的时候一下子就爆发开来，对系统进行破坏。一个编制精巧的计算机病毒程序，进入系统之后一般不会马上发作，因此病毒可以静静地躲在磁盘或磁带里待上几天，甚至几年，一旦时机成熟，得到运行机会，就要四处繁殖、扩散，造成危害。潜伏性的另一种表现是指计算机病毒的内部往往有一种触发机制，不满足触发条件时，计算机病毒除了传染外不做什么破坏。触发条件一旦得到满足，有的在屏幕上显示信息、图形或特殊标识，有的则执行破坏系统的操作，如格式化磁盘、删除磁盘文件、对数据文件做加密、封锁键盘、使系统死锁等。

（5）隐蔽性

计算机病毒具有很强的隐蔽性，有的可以通过病毒软件检查出来，有的根本就查不出来，有的时隐时现、变化无常，这类病毒处理起来通常很困难。

（6）可触发性

因某个事件或数值的出现，诱使病毒实施感染或进行攻击的特性称为可触发性。为了隐蔽自己，病毒必须潜伏，少做动作。如果完全不动，一直潜伏的话，病毒既不能感染也不能进行破坏，便失去了杀伤力。病毒既要隐蔽又要维持杀伤力，它必须具有可触发性。病毒的触发机制就是用来控制感染和破坏动作频率的。病毒具有预定的触发条件，这些条件可能是时间、日期、文件类型或某些特定数据等。病毒运行时，触发机制检查预定条件是否满足，如果满足，启动感染或破坏动作，使病毒进行感染或攻击；如果不满足，使病毒继续潜伏。

4．计算机病毒的分类

计算机病毒的分类方法很多。

（1）按病毒产生的后果，可分为良性病毒和恶性病毒。

"良性"病毒是指病毒不对计算机数据进行破坏，但会造成计算机程序工作异常。有时病毒还会出来表现一番。例如，"小球 PingPang"病毒、"台湾一号"和"维也纳"等。"良性"病毒一般比较容易判断，病毒发作时会尽可能地表现自己，虽然影响程序的正常运行，但重新启动后可继续工作。

恶性病毒往往没有直观的表现，但会对计算机数据进行破坏，有的甚至会破坏计算机硬件，造成整个计算机瘫痪。 例如，前几年流行的"米开朗基罗""黑色星期五"和"CIH 系统毁灭者"病毒等均属此类。恶性病毒感染后一般没有异常表现，病毒会想方设法将自己隐藏得更深。一旦恶性病毒发作，等人们察觉时，已经对计算机数据或硬件造成了破坏，损失将很难挽回。

（2）按病毒侵害的对象，可以分为引导型、文件型、复合型和网络型等。

引导型病毒指传染计算机系统磁盘上的引导扇区（Boot Sector）的内容，或改写硬盘上的分区表。如果用已感染病毒的软盘来启动的话，则会感染硬盘。

文件型病毒，主要以感染文件扩展名为 .COM、.EXE 和.OVL 等可执行程序为主。已感染病毒的文件执行速度会减缓，甚至完全无法执行。有些文件遭感染后，一旦执行就会被删除。当调用带毒文件时，则会将病毒传染给其他可执行程序。

复合型病毒兼具开机型病毒以及文件型病毒的特性。它们可以传染 *.COM, *.EXE 文档，也可以传染磁盘的引导扇区（开机系统区）。由于这个特性，使得这种病毒具有相当程度的传染力。

网络型病毒常驻在某台计算机中，一有机会就将自身复制到计算机网络中未被占用的计算机中，并在网络中高速、连续复制自己，长时间占用网络资源，从而使整个网络陷于瘫痪。

5. 计算机病毒的传播途径

移动存储设备是传播病毒的主要方式。在计算机应用的早期，软盘是传播病毒的最主要方式；随着半导体技术的发展，移动硬盘、U 盘成为了传播病毒的重灾区。

网络的飞速发展，给病毒的传播插上了翅膀。据统计，通过网络邮件系统附件传播的病毒超过病毒传播总途径的 60%。

1.6.2 计算机病毒的预防

提高系统的安全性是防病毒的一个重要方面，但完美的系统是不存在的，过于强调提高系统的安全性将使系统多数时间用于病毒检查，系统失去了可用性、实用性和易用性；另一方面，信息保密的要求让人们在泄密和抓住病毒之间无法选择。因此，应加强内部网络管理人员以及使用人员的安全意识。很多计算机系统常用口令来控制对系统资源的访问，这是防病毒进程中，最容易和最经济的方法之一。另外，安装杀毒软件并定期更新也是预防病毒的重中之重。

做好计算机病毒的预防，是防治病毒的关键。

1. 管理方法上的预防

（1）系统启动盘要专用，并且要加以写保护，以防病毒侵入。

（2）尽量不使用来历不明的光盘或 U 盘，除非经过彻底检查。不要使用非法复制或解密的软件。

（3）不要轻易让他人使用自己的系统，如果无法做到这点，至少不能让他们自己带程序盘来使用。

（4）对于重要的系统盘、数据盘及硬盘上的重要文件内容要经常备份，以保证系统或数据遭到破坏后能及时得到恢复。

（5）经常利用各种检测软件定期对硬盘做相应的检查，以便及时发现和消除病毒。

（6）对于网络上的计算机用户，要遵守网络软件的使用规定，不能在网络上随意使用外来的软件，不滥用盗版软件。

（7）警惕邮件附件，不轻易打开邮件的附件是防止病毒感染的一个有效途径，某些病毒会从受感染的计算机中提取邮件名单，并将损害性的附件一一发送出去。对于地址不明的邮件尽量删除它。

2. 技术方面的预防

（1）打好系统安全补丁。很多病毒的流行，都利用了操作系统中的漏洞或后门，因此应重视安全补丁，查漏补缺，堵死后门，使病毒无路可逃，将之长久拒之门外。

（2）安装防病毒软件，预防计算机病毒对系统的入侵，及时发现病毒并进行查杀，要注意定期更新，增加最新的病毒库。

（3）安装病毒防火墙，保护计算机系统不受任何来自"本地"或"远程"病毒的危害，同时也防止"本地"系统内的病毒向网络或其他介质扩散。

1.6.3 计算机病毒的检查和清除

1. 计算机病毒的检查

及早发现计算机病毒，是有效控制病毒危害的关键。检查计算机有无病毒主要有两种途径，一种是利用反病毒软件进行检测，另一种是观察计算机出现的异常现象。下列现象可作为检查计算机病毒的参考。

（1）屏幕上出现一些无意义的显示画面或异常的提示信息。

（2）屏幕出现异常滚动而与行同步无关。

（3）计算机系统出现异常死机和重启动现象。

（4）系统不承认硬盘或硬盘不能引导系统。

（5）扬声器自动产生鸣叫。

（6）系统引导或程序装入时速度明显减慢，或异常要求用户输入口令。

（7）文件或数据无故地丢失，或文件长度自动发生了变化。

（8）磁盘出现坏簇或可用空间变小，或不识别磁盘设备。

（9）编辑文本文件时，频繁地自动存盘。

2. 计算机病毒的清除

发现计算机病毒应立即清除，将病毒危害减少到最低限度。发现计算机病毒后的解决方法如下。

（1）在清除病毒之前，要先备份重要的数据文件。

（2）启动最新的反病毒软件，对整个计算机系统进行病毒扫描和清除，使系统或文件恢复正常。

（3）发现病毒后，我们一般应利用反病毒软件清除文件中的病毒，如果可执行文件中的病毒不能被清除，一般应将其删除，然后重新安装相应的应用程序。

（4）某些病毒在 Windows 状态下无法完全清除，此时应用事先准备好的系统引导盘引导系统，然后运行相关杀毒软件进行清除。常见的杀毒软件有瑞星、金山毒霸、360 杀毒等。

习题与操作题

一、选择题

1. 世界上第一台电子计算机是在（　　　）年诞生的。

 A. 1927   B. 1946   C. 1936   D. 1952

2. 世界上第一台电子计算机的电子逻辑元件是（　　　）。

 A. 继电器   B. 晶体管   C. 电子管   D. 集成电路

3. CAI 是（　　　）的英文缩写。

 A. 计算机辅助管理   B. 计算机辅助设计

 C. 计算机辅助制造   D. 计算机辅助教学

4. 世界上第一台电子计算机诞生于（　　　）。

 A. 美国   B. 德国   C. 英国   D. 中国

5. 在计算机硬件系统中，用来控制程序运行的部件是（　　　）。

    A. 运算器　　　　　B. 鼠标　　　　　C. 控制器　　　　　D. 键盘

6. 一个完整的计算机系统包括（　　　）。

    A. 系统软件与应用软件　　　　　B. 计算机及其外部设备

    C. 计算机的硬件系统和软件系统　　D. 主机、键盘、显示器

7. 对于 R 进制数，每一位上的数字可以有（　　　）种。

    A. R　　　　　　　B. R-1　　　　　C. R/2　　　　　D. R+

8. 4 个字节是（　　　）个二进制位。

    A. 16　　　　　　　B. 32　　　　　　C. 48　　　　　　D. 64

9. 计算机软件一般包括（　　　）和应用软件。

    A. 实用软件　　　B. 系统软件　　　C. 培训软件　　　D. 编辑软件

10. 在计算机软件系统中，下列软件不属于应用软件的是（　　　）。

    A. AutoCAD　　　B. MS-DOS　　　C. Word　　　　D. Media Player

11. 对某学校的教学管理软件属于（　　　）。

    A. 系统程序　　　B. 系统软件　　　C. 应用软件　　　D. 以上都不是

12. 每一台可以正常使用的微型计算机中必须安装的软件是（　　　）。

    A. 辅助教学软件　　　　　　　　B. 财务软件

    C. 文字处理软件　　　　　　　　D. 系统软件

13. 在计算机的存储器中，关机后会丢失信息的是（　　　）。

    A. 软盘　　　　　　B. 硬盘　　　　　C. ROM　　　　　D. RAM

14. 下列存储器中，存取速度最快的是（　　　）。

    A. 软盘　　　　　　B. 硬盘　　　　　C. 光盘　　　　　D. 内存

15. 16 位的中央处理器是可以处理（　　　）个十六进制的数。

    A. 4　　　　　　　　B. 8　　　　　　　C. 16　　　　　　D. 32

16. 计算机存储器容量的基本单位是（　　　）。

    A. 字节　　　　　　B. 整数　　　　　C. 数字　　　　　D. 符号

17. 所谓"裸机"是指（　　　）。

    A. 单片机　　　　　　　　　　　B. 单板机

    C. 不装备任何软件的计算机　　　D. 只装备操作系统的计算机

18. 在计算机领域中，不常用到的数制是（　　　）。

    A. 二进制数　　　B. 四进制数　　　C. 八进制数　　　D. 十六进制数

19. 微型计算机通常是由控制器、（　　　）等几部分组成。

    A. 运算器、存储器和 I/O 设备　　B. 运算器、存储器和 UPS

    C. UPS、存储器和 I/O 设备　　　D. 运算器、存储器、打印设备

20. CAM 软件可用于计算机（　　　）。

    A. 辅助制造　　　B. 辅助测试　　　C. 辅助教学　　　D. 辅助设计

21. 在微型计算机的性能指标中，用户可用的内存容量通常是指（　　　）。

    A. ROM 的容量　　　　　　　　B. RAM 的容量

    C. CD-ROM 的容量　　　　　　D. RAM 和 ROM 的容量之和

22. 在一般情况下，外存中存放的数据，在断电后（   ）丢失。
    A. 不会   B. 少量   C. 完全   D. 多数
23. 计算机病毒的最终目的在于（   ）。
    A. 寄生在计算机中   B. 传播计算机病毒
    C. 丰富原有系统的软件资源   D. 干扰和破坏系统的软硬件资源
24. 以下用于查、杀计算机病毒的软件是（   ）。
    A. WPS   B. 瑞星   C. Word   D. Windows
25. 病毒程序按其侵害对象不同分为（   ）。
    A. 外壳型、入侵型、原码型和良性型
    B. 原码型、外壳型、复合型和网络病毒
    C. 引导型、文件型、复合型和网络病毒
    D. 良性型、恶性型、原码型和外壳型
26. 文件型病毒传染的对象主要是（   ）类文件。
    A. COM 和 BAT   B. EXE 和 BAT
    C. COM 和 EXE   D. EXE 和 TXT
27. 下列关于计算机病毒的说法中，（   ）是错误的。
    A. 游戏软件常常是计算机病毒的载体
    B. 用消毒软件将一张软盘消毒之后，该软盘就没有病毒了
    C. 尽量做到专机专用或安装正版软件，是预防计算机病毒的有效措施
    D. 计算机病毒在某些条件下被激活之后，才开始干扰和破坏作用
28. 下列现象中的（   ）时，不应首先考虑计算机感染了病毒。
    A. 磁盘卷标名发生变化   B. 以前能正常运行的程序突然不能运行了
    C. 鼠标操作不灵活   D. 可用的内存空间无故变小了
29. 目前杀毒软件的作用是（   ）。
    A. 查出任何已传染的病毒   B. 查出并消除任何病毒
    C. 消除已感染的任何病毒   D. 查出并消除已知名病毒

选择题答案

1. B   2. C   3. D   4. A   5. C   6. C   7. A   8. B   9. B
10. B   11. C   12. D   13. D   14. D   15. A   16. A   17. C   18. B
19. A   20. A   21. B   22. A   23. D   24. B   25. C   26. C   27. B
28. C   29. D

二、操作题

1. 进制间转换

（1）将十进制数 215 转换为八进制数。

（2）将二进制数 1101001.0100111 转换成八进制数。

（3）将十六进制数 1A6.2D 转换成二进制数。

（4）算出十六进制数 7A 对应的八进制数。

（5）将十六进制数 1000 转换成十进制数。

（6）算出八进制数 127 对应的十进制数。

（7）将十进制数 35 转换成二进制数。

（8）将二进制数 11001.1001 转换成十进制数。

（9）将二进制数 101101101.111101 转换成十六进制数。

（10）将十进制纯小数 0.5 转换成二进制数。

2. 了解一台计算机的主频、内存、硬盘信息。

3. 写出 4 种计算机多媒体设备。

4. 写出 3 种常用的杀毒软件。

第 2 章

Windows 7 操作系统基础知识

2.1 Windows 7 的安装与开关机操作

Windows 7 是由微软公司（Microsoft）开发的操作系统，可供家庭及商业工作环境、笔记本电脑、平板电脑、多媒体中心等使用。2009 年 10 月 22 日微软公司于美国正式发布 Windows 7，同时也发布了服务器版本——Windows Server 2008 R2。2011 年 2 月 23 日凌晨，微软公司面向大众用户正式发布了 Windows 7 升级补丁——Windows 7 SP1（Build7601.17514.101119-1850），另外还包括 Windows Server 2008 R2 SP1 升级补丁。

2.1.1 Windows 7 的版本和安装环境

1. Windows 7 操作系统的常见版本

Windows 7 Home Basic（家庭普通版）：提供快速、简单地找到和打开经常使用的应用程序和文档的方法，为用户带来更便捷的计算机使用体验，其内置的 Internet Explorer 8 提高了上网浏览的安全性。

Windows 7 Home Premium（家庭高级版）：可帮助用户轻松创建家庭网络和共享用户收藏的所有照片、视频及音乐。还可以观看、暂停、倒回和录制电视节目。

Windows 7 Professional（专业版）：可以使用自动备份功能将数据轻松还原到用户的家庭网络或企业网络中。通过加入域，还可以轻松连接到公司网络，而且更加安全。

Windows 7 Ultimate（旗舰版）：是 Windows 7 的所有版本中最灵活、强大的版本。它在家庭高级版的娱乐功能和专业版的业务功能基础上结合了显著的易用特性，用户还可以使用 BitLocker 和 BitLocker To Go 对数据加密。

2. Windows 7 安装硬件要求

根据表 2-1 所示的配置信息完成硬件配置检查。表 2-1 中的内容共分为以下两部分。

（1）推荐配置：能够顺利完成 Windows 7 的安装，且在该配置下能够流畅运行大部分应用程序并获得良好的用户体验。

（2）最低配置：能够顺利完成 Widows 7 的安装，且也能够获得较好的用户体验，该配置为安装 Windows 7 所需要的硬件配置底线，低于该配置可能无法完成 Windows 7 的安装。

在 Windows 7 专业版以上的版本中，微软公司为用户提供了 Windows XP 模式，通过该功能可帮助企业用户解决大部分应用程序兼容性问题。要使用该功能，Windows 7 安装所在的硬件及相对应的系统版本必须满足表 2-2 中的要求，如果低于相关的配置或版本要求，则 Windows XP 模式无法运行或不能获得较好的执行效率。

表 2-1　　　　　　　　　　　　　　　　　Windows 7 安装配置要求

硬　　件	推荐配置	最低配置
处理器	1GHz 32 位或 64 位处理器	1 GHz 32 位或 64 位处理器
内存	1 GB 的 RAM	512MB 的 RAM
磁盘空间	16 GB	6～10GB 可用磁盘空间
显示适配器	支持 DirectX 9 图形，具有 128 MB 内存	
光驱动器	DVD-R/W 驱动器	
Internet 连接	访问 Internet 以获取更新	

表 2-2　　　　　　　　　　　　　　　　　Windows XP 模式配置要求

所需操作系统版本	CPU 主频	CPU 其他硬件指标	推荐内存大小
Windows 7 专业版、企业版、旗舰版	1GHz 或更高	支持 Intel - VT 或 AMD-V 技术	2GB

2.1.2　Windows 7 安装指南

Windows 7 的安装方法有很多，下面介绍其常用的安装方法。

（1）开始安装 Windows 7 操作系统，首先要得到安装过程的镜像文件，同时通过刻录机，将其刻录到光盘中（如果不具备刻录设备，也可通过虚拟光驱软件，加载运行 ISO 镜像文件），然后重新启动计算机，进入 BIOS 设置选项。找到启动项设置选项，将光驱（DVD-ROM 或 DVD-RW）设置为默认的第一启动项目，随后保存设置并退出 BIOS，此时放入刻录光盘，在出现载入界面时按回车键，即可进入 Windows 7 操作系统的安装界面，同时自动启动对应的安装向导。

（2）在完成对系统信息的检测之后，即进入 Windows 7 系统的正式安装界面。首先会要求用户选择安装的语言类型、时间和货币方式、默认的键盘输入方式等，如安装中文版本，就选择中文（简体）、中国北京时间和默认的简体键盘即可，如图 2-1 所示。

（3）单击"开始安装"按钮，启动 Windows 7 操作系统安装过程，随后会提示确认 Windows 7 操作系统的许可协议，用户在阅读并认可后，选中"我接受许可条款"，并进行下一步操作。

（4）此时，系统会自动弹出包括"升级安装"和"全新安装"两种升级选项提示，前者可以在保留部分核心文件、设置选项和安装程度的情况下，对系统内核执行升级操作，如可将系统从 Windows Vista 旗舰版本，升级到 Windows 7 的旗舰版本等，不过并非所有的微软系统都支持进行升级安装。Windows 7 为用户提供了包括升级安装和全新安装两种选项当前支持升级的对应版本（仅支持从 Vista 升级到 Windows 7），如图 2-2 所示。

（5）在选择好安装方式后，下一步则会选择安装路径信息，此时安装程序会自动罗列当前系统的各个分区和磁盘体积、类型等，选择一个确保至少有 8GB 以上剩余空间的分区，即可执行安装操作。当然，为防止出现冲突，建议借助分区选项，对系统分区先进行格式化后，再继续执行安装操作。

（6）选择安装路径后，执行格式化操作并继续系统安装。选择好对应的磁盘空间后，下一步便会开始启动，包括对系统文件的复制、展开系统文件、安装对应的功能组件、更新等操作，期间基本无须值守，但会出现一次到两次的重启操作。

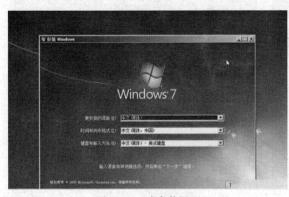

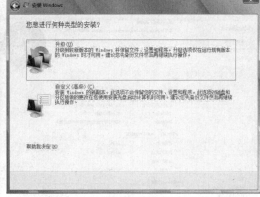

图 2-1　正式安装界面　　　　　　　　　图 2-2　选择安装类型

（7）完成配置后，开始执行复制、展开文件等安装工作。文件复制完成后，将出现 Windows 7 操作系统的启动界面，如图 2-3 所示。

（8）经过大约 20min 之后，安装部分便已经成功结束，之后会弹出包括账户、密码、区域、语言选项等设置内容，此时根据提示即可轻松完成配置向导，之后便会出现 Windows 7 操作系统的桌面，如图 2-4 所示。

图 2-3　Windows 7 启动界面　　　　　　图 2-4　Windows 7 设置界面

2.1.3　激活 Windows 7 系统

成功安装 Windows 7 后，需要在 30 天内联网进行激活。如果在这个时间内没有完成激活，Windows 7 会黑屏或者过一段时间重启，严重影响系统的正常使用。激活 Windows 7 的方法如下。

（1）用鼠标右键单击桌面上的"计算机"图标，在弹出的菜单中选择"属性"命令，打开"系统"窗口，如图 2-5 所示。也可以左键单击"开始"→控制面板→"系统和安全"中的"系统"，打开"系统"窗口。

（2）单击窗口下方"剩余 X 天可以激活，立即激活 Windows"链接，打开"正在激活 Windows…"窗口，开始联网验证密钥，如图 2-6 所示。

图 2-5 "系统"窗口

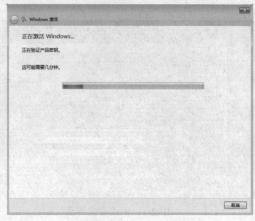

图 2-6 进行 Windows 激活

（3）如果在安装系统时没有输入密钥或激活失败需要更改新的密钥，可以在"系统"窗口下方单击"更改产品密钥"链接，弹出"键入产品密钥"对话框如图 2-7 所示，输入产品密钥，单击"下一步"按钮，即可打开如图 2-6 所示的"正在激活 Windows…"窗口进行激活。

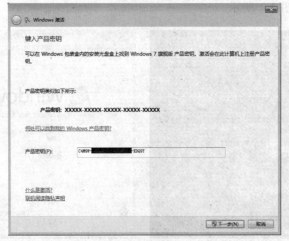

图 2-7 "键入产品密钥"对话框

2.1.4 Windows 7 的开机、关机操作

1. 开机操作及其原理

当按主机开关和显示器开关以后，Windows 7 自动运行启动。

（1）开启电源

计算机系统将进行加电自检（POST），然后 BIOS 会读取主引导记录（MBR）——被标记为启动设备的硬盘的首扇区，并传送被 Windows 7 建立的控制编码给 MBR。

这时，Windows 接管启动过程，接下来 MBR 读取引导扇区——活动分区的第一扇区。此扇区包含用以启动 Windows 启动管理器（Windows Boot Manager）程序 Bootmgr.exe 的代码。

（2）启动菜单生成

Windows 启动管理器读取"启动配置数据存储"（Boot Configuration Data Store）中的信

息。此信息包含已被安装在计算机上的所有操作系统的配置信息，并且用以生成启动菜单。在启动菜单中可选择下列动作。

① 如果选择 Windows 7（或 Windows Vista），Windows 启动管理器（Windows Boot Manager）运行%SystemRoot%\System32 文件夹中的 OS loader——Winload.exe。

② 如果选择自休眠状态恢复 Windows 7 或 Vista，那么启动管理器将装载 Winresume. exe 并恢复先前的使用环境。

③ 如果选择早期的 Windows 版本，启动管理器将定位系统安装所在的卷，并且加载 Windows NT 风格的早期 OS loader（Ntldr.exe）——生成一个由 boot.ini 内容决定的启动菜单。

（3）核心文件加载及登录

Windows 7 启动时，加载其核心文件 Ntoskrnl.exe 和 hal.dll——从注册表中读取设置并加载驱动程序。接下来将运行 Windows 会话管理器（smss.exe）并且启动 Windows 启动程序（Wininit.exe）、本地安全验证（Lsass.exe）与服务（services.exe）进程，完成后就可以登录系统了。

2. 关机操作

Windows 7 的关机操作与 Windows XP 操作系统的关机非常相似。

① 单击"开始"→"关机"按钮，即可关闭计算机，如图 2-8 所示。

② 单击"关机"右侧的 按钮，可以对计算机进行其他操作，如"重新启动""切换用户"等，如图 2-9 所示。

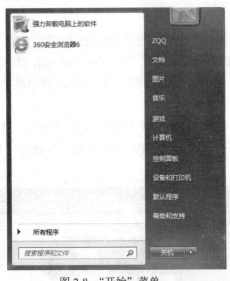

图 2-8 "开始"菜单

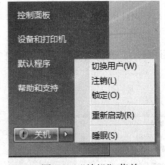

图 2-9 "关机"菜单

2.2 Windows 7 界面的认识及简单操作

2.2.1 Windows 7 桌面的组成

Windows 7 的桌面相对于以前版本的桌面有很大的改变，不但有很强的可视化效果，而且功能方面也进行了归类，便于用户查找和使用。

启动 Windows 7 后，出现的桌面如图 2-10 所示，主要包括桌面图标、桌面背景和任务栏。

桌面图标主要包括系统图标和快捷图标，和 Windows XP 图标组成是一样的，操作方式也是一样的；桌面背景可以根据用户的喜好进行设置；任务栏有很多的变化，主要由"开始"按钮、快速启动区、语言栏、系统提示区与"显示桌面"按钮组成。下面对各个部分进行具体介绍。

图 2-10　Windows 7 桌面

2.2.2　桌面的个性化设置

Windows 7 的桌面设置更加美观和人性化，用户可以根据自己的需求设置不同的桌面效果，使桌面有自己的"个性化"外表。

1. 使用 Windows Aero 界面

Windows 7 默认的外观设置不是每个人都喜欢，用户可以通过个性化的设置，自定义操作系统的外观。微软在系统中引入了 Aero 功能，只要计算机的显卡内存在 128 MB 以上，并且支持 DirectX 9 或以上版本，就可以打开该功能。打开 Aero 功能后，Windows 窗口呈透明化，将鼠标悬停在任务栏的图标上，还可以预览对应的窗口。

① 在桌面空白处单击鼠标右键，在弹出的菜单中选择"个性化"命令，如图 2-11 所示。

② 打开"个性化"窗口，在"Aero 主题"栏下，选择一种 Aero 主题，如选择"自然"，单击即可切换到该主题，如图 2-12 所示。

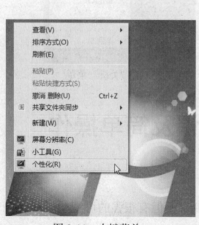

图 2-11　右键菜单

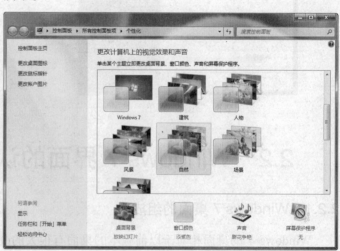

图 2-12　"个性化"窗口

③ 单击"窗口颜色"图标，在打开的对话框中选择修改的 Aero 主题，如图 2-13 所示。单击"保存修改"按钮，再关闭对话框即可。

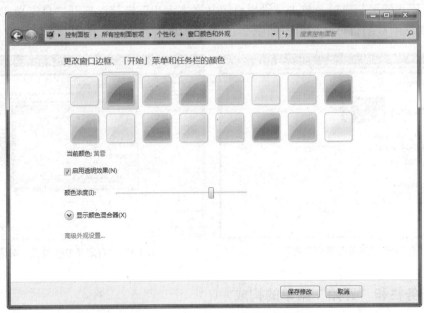

图 2-13 "窗口颜色和外观"窗口

2．为桌面添加小工具

利用桌面小工具，可以设置个性化桌面，增加桌面的生动性，而且这些小工具也很有用处。

① 在桌面空白处单击鼠标右键，在弹出的快捷菜单中选择"小工具"命令，打开小工具窗口，如图 2-14 所示。

② 在打开的窗口中选择喜欢和需要的小工具，然后双击小工具图标或将其拖到桌面上，完成后关闭小工具窗口即可，如拖动"日历"到桌面上，效果如图 2-15 所示。

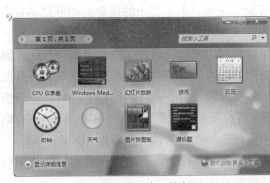

图 2-14 小工具窗口

图 2-15 添加的日历

3．设置桌面字体大小

使用 22 英寸以上尺寸的显示器时，系统默认的字体偏小，有的用户阅读屏幕文字时可能会感到吃力，这可以通过调整 DPI 来调整字体大小。

① 在桌面空白处单击鼠标右键，选择"屏幕分辨率"命令，打开"屏幕分辨率"窗口，单击"放大或缩小文本和其他项目"链接，如图 2-16 所示。

② 打开"显示"窗口，单击"设置自定义文本大小"链接，打开"自定义 DPI 设置"对话框，调整缩放的百分比即可，如图 2-17 所示。单击"确定"按钮，再关闭窗口即可。

 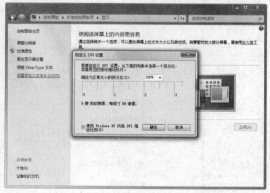

图 2-16　"屏幕分辨率"窗口　　　　　　　图 2-17　"自定义 DPI 设置"对话框

2.2.3　任务栏和"开始"菜单的构成

Windows 7 操作系统在任务栏方面，进行了较大程度的改进和革新，包括将从 Windows 95/98 到 Windows 2000/XP/Vista 都一直沿用的快速启动栏和任务选项进行合并处理，这样通过任务栏，即可快速查看各个程序的运行状态、历史信息等，同时对于系统托盘的显示风格，也进行了一定程度的改进，特别是在执行复制文件过程中，对应窗口还会在最小化的同时也显示复制进度等功能。任务栏如图 2-18 所示。

图 2-18　任务栏

1．任务栏的组成和操作

（1）"开始"按钮：单击该按钮，会弹出"开始"菜单，单击其中的任意选项可启动对应的系统程序或应用程序。

（2）快速启动区：用于显示当前打开程序窗口的对应图标，使用该图标可以进行还原窗口到桌面、切换和关闭窗口等操作，拖动这些图标可以改变它们的排列顺序。这里对打开的窗口和程序进行了归类，相同的程序放在一起，将鼠标放在打开程序的图标上，可以查看窗口的缩略图，如图 2-19 所示。单击需要的缩略图，可打开相应的窗口，便于用户查看和选择。

（3）语言栏：输入文本内容时，在语言栏中进行选择和设置输入法等操作。

（4）系统提示区：用于显示"系统音量""网络""操作中心"等一些正在运行的应用程序的图标，单击其中的按钮可以看到被隐藏的其他活动图标。

（5）"显示桌面"按钮：单击该按钮，可以在当前打开的窗口与桌面之间进行切换。

（6）Windows 7 的任务栏预览功能更加简单和直观，用户可通过任务栏，单击属性选项，对相关功能进行调整，如恢复到小尺寸的任务栏窗口，也包括对通知区域的图标信息进行调整、是否启用任务栏窗口预览（Aero Peek）功能等。

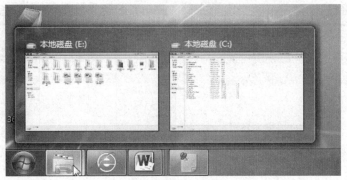

图 2-19　快速启动区

2. "开始"菜单组成和设置

① 单击"开始"按钮，弹出"开始"菜单，再单击"所有程序"选项，可以看到更多程序和应用，它始终是一个界面，一层一层展开。在"搜索程序和文件"文本框中，输入查找的文件名称或程序名称，可快速打开程序或文件所在的文件夹，如图 2-20 所示。

② 右键单击"开始"按钮，选择"属性"命令，可打开"任务栏和「开始」菜单属性"对话框，则可对显示模式等进行调整，如图 2-21 所示。

图 2-20　"搜索程序和文件"文本框

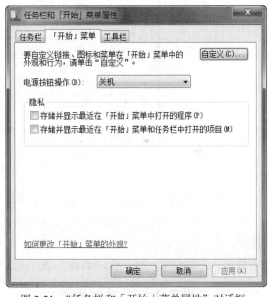

图 2-21　"任务栏和「开始」菜单属性"对话框

2.2.4 "计算机"窗口的认识

在 Windows 7 中，双击桌面上的"计算机"图标，即可打开"计算机"窗口，如图 2-22 所示。它的功能类似于 Windows XP 的"我的电脑"窗口，但是比"我的电脑"功能要强大，不但有基本的磁盘，而且在左侧窗口还可以进行"库"管理、查看局域"网络"。

① 由窗口可以看到其功能名称发生了改变，而且增加了更多的功能，单击"组织"按钮，可展开下拉菜单，可选择相应的操作，如图 2-23 所示。

图 2-22 "计算机"窗口

图 2-23 "组织"菜单

② 打开需要存放文件夹的磁盘，并选中需要查看的文件，再单击"显示预览窗格"按钮，可以在"计算机"窗口预览文件内容，如图 2-24 所示。

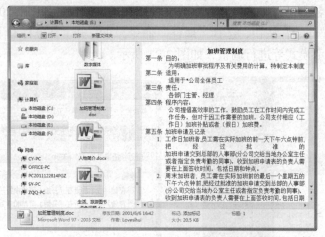

图 2-24 预览文档

③ 在"计算机"窗口上方，单击"打开控制面板"按钮，可以直接打开控制面板。

④ 打开需要创建文件夹的磁盘或文件夹，单击"新建文件夹"按钮，可以直接新建一个文件夹。

总之，"计算机"窗口有许多新功能，用户可以快速地进行所需的操作。

2.2.5 认识桌面图标及其基本操作

桌面上的系统图标和快捷图标可以帮助用户打开相应的窗口和程序，如图 2-25 和图 2-26 所示。

图 2-25 系统图标

图 2-26 快捷图标

1. 添加系统图标

默认状态下，Windows 7 桌面上只有"回收站"系统图标，用户可以根据需要添加系统图标。操作步骤如下。

① 在桌面空白处单击鼠标右键，在弹出的快捷菜单中选择"个性化"命令，打开"个性化"窗口，单击窗口左侧导航窗格中的"更改桌面图标"超链接，如图 2-27 所示。

② 打开"桌面图标设置"对话框，在"桌面图标"栏中选中需要添加到桌面上的图标，如图 2-28 所示。也可以在"搜索程序和文件"文本框中输入"IC"，搜索，选择"显示或隐藏桌面上的通用图标"，打开"桌面图标设置"对话框。

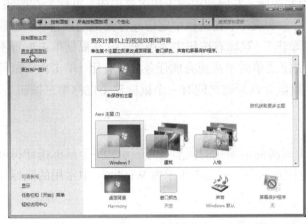

图 2-27 "个性化"窗口

图 2-28 "桌面图标设置"对话框

③ 单击"确定"按钮，再关闭"个性化"窗口，即可将选中的图标添加到桌面上。

2. 添加快捷图标

如果需要添加文件或应用程序的桌面快捷启动方式，方法非常简单。选中目标程序或文件，单击鼠标右键，在弹出的快捷菜单中选择"发送到"→"桌面快捷方式"命令，即可将相应的快捷图标添加到桌面上。

3. 删除桌面图标

如果桌面上图标过多，可以根据需要将桌面上的图标删除。删除的方法是，选择需要删除的桌面图标，单击鼠标右键，在弹出的快捷菜单中选择"删除"命令；或者用鼠标左键选中需要删除的桌面图标不放，将其拖动到"回收站"图标上，当出现"移动到 回收站"字样时，如图 2-29 所示，释放鼠标左键，在打开的对话框中单击"是"按钮即可将其删除，如图 2-30 所示。

图 2-29 移动到"回收站"

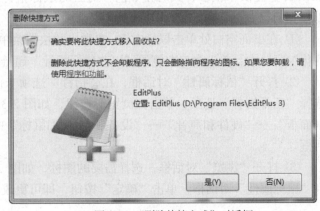

图 2-30 "删除快捷方式"对话框

2.2.6 鼠标指针及鼠标操作

1. 鼠标概述

在 Windows 7 中，使用鼠标在屏幕上的项目之间进行交互操作就如同现实生活中用手取用物品一样方便，使用鼠标可以充分发挥操作简单、方便、直观、高效的特点。可以用鼠标选择操作对象并对选择的对象进行复制、移动、打开、更改、删除等操作。

每个鼠标都有一个主要按钮（也称为左按钮、左键或主键）和次要按钮（也称为右按钮、右键或次键）。鼠标左按钮主要用于选定对象和文本、在文档中定位光标及拖动项目。单击鼠标左按钮的操作被称为"左键单击"或"单击"。鼠标右按钮主要用于"打开根据单击位置不同而变化的任务或选项的快捷菜单"。该快捷菜单对于快速完成任务非常有用。单击次要鼠标按钮的操作被称为"右键单击"。现在多数鼠标在两键之间有一个鼠标轮（也称第三按钮），主要用于"前后滚动文档"。

2. 鼠标指针符号

在 Windows 中，鼠标指针用多种易于理解的形象化的图形符号表示，每个鼠标指针符号出现的位置、含义各不相同，在使用时应注意区分。表 2-3 所示为 Windows 中常用的鼠标指针符号。

表 2-3 　　　　　　　　　　　鼠标指针符号

正常选择	↖	垂直调整	↕
帮助选择	↖?	水平调整	↔
后台运行	↖○	沿对角线调整 1	⤡
忙	○	沿对角线调整 2	⤢
精确选择	+	移动	✥
文本选择	I	候选	↑
手写	✎	连接选择	☝
不可用	⊘		

3. 自定义鼠标形状

Windows 7 系统为用户提供了很多鼠标指针方案，用户可以根据自己的喜好设置。此外，Internet 上提供了很多样式可爱、色彩绚丽的鼠标指针图标（后缀名为.ani 或.cur），用户可以根据自己需要下载。

① 在桌面空白处单击鼠标右键，在弹出的快捷菜单中选择"个性化"命令，在打开的"个性化"窗口中，单击窗口左侧的"更改鼠标指针"超链接。

② 打开"鼠标属性"对话框，在"指针"选项卡设置不同状态下对应的鼠标图案，如选择"正常选择"选项，单击"浏览"按钮，如图 2-31 所示。也可以单击"开始"→"控制面板"→"硬件和声音"→"设备和打印机|鼠标"中的"鼠标"，打开"鼠标属性"对话框。

③ 打开"浏览"对话框，选择需要的图标，如图 2-32 所示。单击"打开"按钮，返回到"鼠标属性"对话框，单击"确定"按钮，即可更改鼠标形状。

图 2-31 "鼠标属性"对话框

图 2-32 "浏览"对话框

2.2.7 设置屏幕保护程序

屏幕保护程序是在计算机开机后不用时，防止计算机停留在一个界面不动，对计算机起到保护作用。具体设置方法如下。

① 在桌面空白处单击鼠标右键，在弹出的快捷菜单中选择"个性化"命令，打开"个性化"窗口，单击右下角的"屏幕保护程序"图标。

② 打开"屏幕保护程序设置"对话框，在"屏幕保护程序"栏下单击下拉按钮，在下拉列表中选择需要的屏保模式，如"气泡"。也可以单击"开始"→"控制面板"→"外观"→"显示"→"更改屏幕显示程序"，打开"屏幕保护程序设置"对话框。

③ 然后在"等待"数值框中输入屏幕保护的时间，如图 2-33 所示。设置完成后，单击"确定"按钮即可。

图 2-33 "屏幕保护程序设置"对话框

2.2.8 "帮助"功能的认识和使用

Windows 7 帮助功能的界面进行了较大改变，用户可以通过帮助功能了解 Windows 7 入门简介、新增功能等，也可以了解其他功能的知识。

① 单击"开始"按钮，在打开的菜单中单击"帮助和支持"按钮，打开"Windows 帮助和支持"窗口，如图 2-34 所示。单击界面中的链接即可打开相应的界面。

② 如果需要了解其他方面的帮助，在"搜索"帮助文本框中输入需要帮助的关键词，如"记事本"，单击"搜索帮助"按钮 🔎，即可查找到相关的帮助界面，如图 2-35 所示。

③ 单击界面中相应的链接，即可了解对应的更详细的信息。

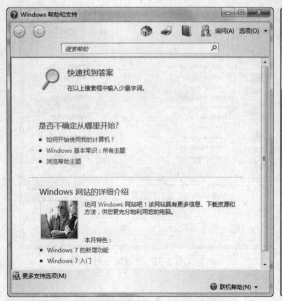
图 2-34 "Windows 帮助和支持"窗口

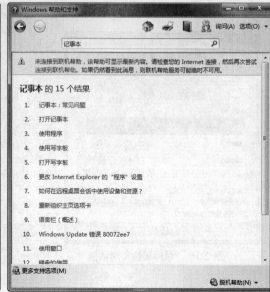
图 2-35 "记事本"帮助窗口

2.3　Windows 7 的文件及文件夹管理

文件是以单个名称在计算机上存储的信息集合。计算机文件都是以二进制的形式保存在存储器中。文件可以是文本文档、图片、程序等。

文件和文件夹是计算机管理数据的重要方式，文件通常放在文件夹中，文件夹中除了文件外还有子文件夹，子文件夹中又可以包含文件。我们可以将 Windows 系统中的各种信息的存储空间看成一个大仓库，所有的仓库都会根据需要划分出不同的区域，每个区域分类存放不同的物品。

2.3.1　了解文件和文件夹管理窗口的新功能

在 Windows 7 的文件和文件夹管理窗口中，不但保留原有的功能，而且还增添了许多新功能，下面主要介绍显示方式和搜索文件功能。

1. 更改图标显示方式

在文件夹窗口中单击"更改您的视图"　右侧的下拉按钮，在展开的下拉菜单中可以选择不同的视图方式，如图 2-36 所示，如选择"内容"的视图方式，单击即可应用，效果如图 2-37 所示。

2. 在文件夹窗口直接搜索文件

如果一个文件夹中包含有很多文件，要查找需要的文件比较麻烦，可以通过文件夹中的搜索功能直接查找到所需文件。

① 在"搜索　我的文件夹"文本框中输入需要查找的文件的文件名，系统就会直接进行搜索，并进行显示，如图 2-38 所示。

② 也可以在文本框中输入"*. 文件的扩展名"，即可直接搜索到此扩展名的所有文件，如图 2-39 所示。

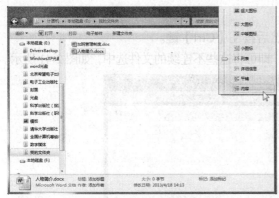

图 2-36　选择文件查看方式

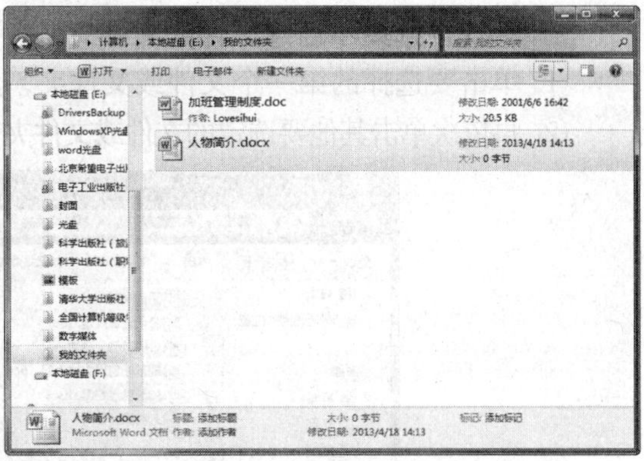

图 2-37　"内容"查看方式

图 2-38　在"搜索　我的文件夹"文本框输入内容

图 2-39　搜索的结果

2.3.2　文件和文件夹新建、删除等基本操作

文件和文件夹的新建、删除、选中等操作是基本操作，在很多时候经常会用到，掌握其操作方法是非常必要的。

1. 选择多个连续文件或文件夹

① 在选择好第一个文件或文件夹后按住【Shift】键。

② 再单击要选择的最后一个文件或文件夹，则将以所选第一个文件和最后一个文件为对角线的矩形区域内的文件或文件夹全部选定，如图 2-40 所示。

图 2-40　选择多个连续文件

2. 一次性选择不连续文件或文件夹

① 单击要选择的第一个文件或文件夹，然后按住【Ctrl】键。

② 再依次单击其他要选定的文件或文件夹，即可将这些不连续的文件选中，如图 2-41 所示。

图 2-41 选择不连续文件

3. 复制文件或文件夹

① 选定要复制的文件或文件夹。

② 单击"组织"按钮，在弹出的下拉菜单中选择"复制"命令，如图 2-42 所示。

③ 打开目标文件夹（复制后文件所在的文件夹），单击"组织"按钮，弹出下拉菜单，选择"粘贴"命令，如图 2-43 所示，即可粘贴成功。

④ 或者选定要复制的文件或文件夹，然后打开目标文件夹，按住【Ctrl】键的同时，把所选内容使用鼠标左键（按住鼠标左键不放）拖曳到目标文件夹（即复制后文件所在的文件夹），即可完成复制。

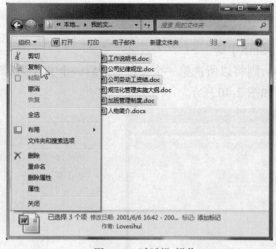

图 2-42 "复制"操作

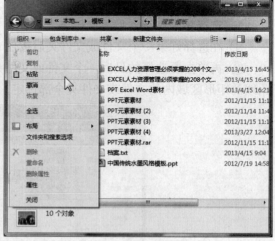

图 2-43 "粘贴"操作

4. 彻底删除不需要的文件或文件夹

① 选定要删除的文件或文件夹。

② 按【Shift】键的同时，单击"组织"按钮下拉菜单中的"删除"命令，或右键单击需要删除的文件或文件夹，在弹出的快捷菜单中选择"删除"命令，也可以按【Shift】+【Delete】组合键。

③ 打开"删除文件"对话框，如图 2-44 所示，单击"是"按钮，即可永久删除。

图 2-44 "删除文件"对话框

2.3.3 认识 Windows 7 "库"

Windows 7 中的"库"可以管理不同类型的文件，不过要使用该功能还需要一定的条件，这里的条件主要是针对"库"的位置来说的。下面分别介绍支持"库"和不支持"库"的各种情况。

1. 支持"库"的情况

① 只要本地磁盘卷是 NTFS，不管是固定卷还是可移动卷，都支持"库"。

② 基于索引共享的，如部分服务器，或者基于家庭组的 Windows 7 计算机都支持"库"。

③ 对于一些脱机文件夹，如文件夹重定向，如果设置是始终脱机可用的话，那么也支持"库"。

2. 不支持"库"的情况

① 如果磁盘分区是 FAT/FAT 32 格式，那么不支持"库"。

② 可移动磁盘如 U 盘、DVD 光驱，不支持"库"。

③ 不是脱机被使用，或者远端被索引的网络共享文档不支持"库"。

④ 另外，NAS 即网络存储器也不支持"库"。

3. 如何管理"库"

管理好"库"，可以为我们查找图片、视频等文件带来方便。创建一个属于自己的"库"比较简单，而且也比较实用，可以存储一些有用的资料。

4. 快速创建一个"库"

① 打开"计算机"窗口，在左侧的导航区可以看到一个名为"库"的图标。

② 右键单击该图标，在快捷菜单中选择"新建"→"库"命令，如图 2-45 所示。

③ 系统会自动创建一个库，然后就像给文件夹命名一样为这个库命名，如命名为"我的库"，如图 2-46 所示。

图 2-45 "新建库"操作

图 2-46 新建的库名称

5. 将文件夹添加到"库"

① 右键单击导航区名为"我的库"的库，选择"属性"命令，弹出其属性对话框，如图 2-47 所示。

② 单击 [包含文件夹(I)...] 按钮，在打开的对话框中选中需要添加的文件夹，再单击下面的 [包括文件夹] 按钮即可，如图 2-48 所示。

图 2-47 "我的库 属性"对话框   图 2-48 选中需要的文件夹

2.3.4 磁盘管理

磁盘是存储文件和文件夹的重要路径，管理好磁盘可以对计算机进行优化，而且能释放磁盘空间，提供更多的空间保存文件和文件夹。

1. 磁盘清理

Windows 有时使用特定目的的文件，然后将这些文件保留在为临时文件指派的文件夹中，或者可能有以前安装的现在不再使用的 Windows 组件，或者因硬盘驱动器空间耗尽等多种原因，可能需要在不损坏任何程序的前提下，减少磁盘中的文件数或创建更多的空闲空间。

使用"磁盘清理"功能清理硬盘空间，包括删除临时 Internet 文件、删除不再使用的已安装组件和程序，并清空回收站。

① 单击"开始"→"所有程序"→"附件"→"系统工具"→"磁盘清理"菜单命令，打开"磁盘清理：驱动器选择"对话框，选择需要清理的磁盘，如 D 盘，如图 2-49 所示。

② 单击"确定"按钮，开始清理磁盘。清理磁盘结束后，弹出"（D：）的磁盘清理"对话框，选中需要清理的内容，如图 2-50 所示。

③ 单击"确定"按钮即可开始清理。

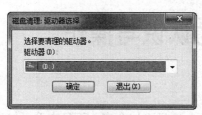

图 2-49　选择磁盘　　　　　　　　　图 2-50　"（D:）的磁盘清理"对话框

2. 磁盘碎片整理

当磁盘中有大量碎片时，它减慢了磁盘访问的速度，并降低了磁盘操作的综合性能。

磁盘碎片整理程序可以分析本地卷、合并碎片文件和文件夹，以便每个文件或文件夹都可以占用卷上单独而连续的磁盘空间。这样，系统就可以更有效地访问文件和文件夹，以及更有效地保存新的文件和文件夹。通过合并文件和文件夹，磁盘碎片整理程序还将合并卷上的可用空间，以减少新文件出现碎片的可能性。合并文件和文件夹碎片的过程称为碎片整理。

碎片整理花费的时间取决于多个因素，其中包括卷的大小、卷中的文件数和大小、碎片数量和可用的本地系统资源。首先分析卷可以在对文件和文件夹进行碎片整理之前，找到所有的碎片文件和文件夹。然后就可以观察卷上的碎片是如何生成的，并决定是否从卷的碎片整理中受益。

磁盘碎片整理程序可以对使用文件分配表（FAT）、FAT32 和 NTFS 文件系统格式化的文件系统卷进行碎片整理。

① 单击"开始"→"所有程序"→"附件"→"系统工具"→"磁盘碎片整理程序"菜单命令，打开"磁盘碎片整理程序"对话框，如图 2-51 所示。

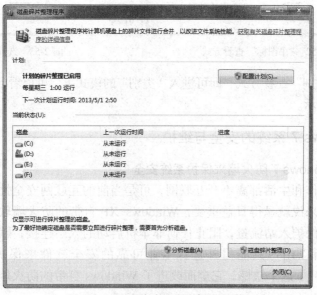

图 2-51　"磁盘碎片整理程序"对话框

② 在列表框中选中一个分区，单击 分析磁盘(A) 按钮，即可分析出碎片文件占磁盘容量的百分比。

③ 根据得到的这个百分比，确定是否需要进行磁盘碎片整理，在需要整理时单击 磁盘碎片整理(D) 按钮即可。

2.4 控制面板的认识与操作

2.4.1 Windows 7 下的控制面板

Windows 7 的"控制面板"窗口有了新的界面，项目更加众多，而且查看更加清晰，用户可以根据需要进行设置。

① 单击"开始"按钮，在展开的菜单中选择"控制面板"选项命令，即可打开"控制面板"窗口。

② 在窗口的左侧即可看到，"查看方式"是在"小图标"模式下，如图 2-52 所示。

③ 单击"小图标"右侧的下拉按钮，展开下拉菜单，可以看到 3 种查看方式，"大图标"查看的方式和"小图标"是一样的，只是图标要大些，查看更清晰，如图 2-53 所示。

图 2-52 "小图标"查看方式　　　　　　图 2-53 选择查看方式

④ 选择"类别"查看方式，即可进入"类别"的模式下，可以看到对各个项目进行了归类，如图 2-54 所示。

2.4.2 Windows 7 系统的安全与维护

1. 利用 Windows 7 防火墙来保护系统安全

大部分人工作和生活都离不开互联网，可是当前的互联网安全性实在令人堪忧，防火墙对于个人电脑来说就显得日益重要，Windows XP 自带的防火墙软件仅提供简单和基本的功能，且只能保护入站流量，阻止任何非本机启动的入站连接，默认情况下，该防火墙还是关闭的，所以用户只能另外选择专业可靠的安全软件来保护自己的计算机。而 Windows 7 就弥补了这个缺憾，它全面改进了 Windows 自带的防火墙，提供了更加强大的保护功能。

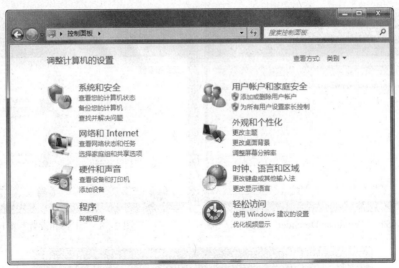

图 2-54 "类别"查看方式

① Windows 7 系统的防火墙设置相对简单很多，普通的用户也可独立进行相关的基本设置。

② 打开"控制面板"，在"小图标"查看方式下单击"Windows 防火墙"选项，打开"Windows 防火墙"窗口。单击窗口左侧的"打开或关闭 Windows 防火墙"选项，如图 2-55 所示。

③ 在打开的窗口中选中"启用 Windows 防火墙"单选项，如图 2-56 所示，单击"确定"按钮即可。

图 2-55 "Windows 防火墙"窗口

图 2-56 启用"Windows 防火墙"

2. 打开 Windows Defender 实时保护

开启 Windows Defender 实时保护功能，可以最大限度地保护系统安全，操作步骤如下。

① 打开"控制面板"，在"小图标"查看方式下，单击"Windows Defender"选项，打开"Windows Defender"窗口，如图 2-57 所示。

② 单击窗口上方的 按钮，打开"工具和设置"窗口，单击"选项"链接，如图 2-58 所示。

③ 在"选项"窗口中，首先单击选中左侧的"实时保护"选项，然后在右侧窗格中选中"使用实时保护"和其下的子项，如图 2-59 所示，单击 按钮即可。

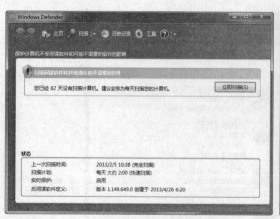

图 2-57 "Windows Defender"窗口

图 2-58 "工具和设置"窗口

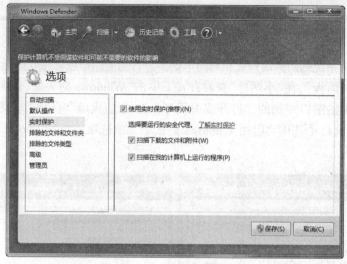

图 2-59 "选项"窗口

2.4.3 Windows 7 的备份与还原

1. 利用系统镜像备份 Windows 7

Windows 7 系统备份和还原功能中新增了"创建系统映像"功能，可以将整个系统分区备份为一个系统映像文件，以便日后恢复。如果系统中有两个或者两个以上系统分区（双系统或多系统），系统会默认将所有的系统分区都备份。

① 单击"开始"→"控制面板"菜单命令，打开"控制面板"窗口。单击"备份和还原"选项，打开"备份或还原文件"窗口，单击左侧窗格中的"创建系统映像"链接，如图 2-60 所示。

② 打开"你想在何处保存备份？"对话框。该对话框中列出了 3 种存储系统映像的设备，本例中选择"在硬盘上"单选项，然后单击下面的列表框选择一个存储映像文件的分区，如图 2-61 所示。

③ 单击"下一步"按钮，打开"您要在备份中包括哪些驱动器？"对话框，在列表框中可以选择需要备份的分区，系统默认已选中了系统分区，如图 2-62 所示。

④ 单击"下一步"按钮，打开"确认您的备份设置"对话框，列出了用户选择的备份设置，如图 2-63 所示。单击"开始备份"按钮，显示出备份进度。备份完成后在弹出的对话框中单击"关闭"按钮即可。

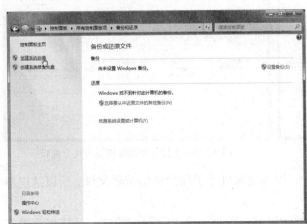

图 2-60 "备份或还原文件"窗口   图 2-61 选择保存备份的位置

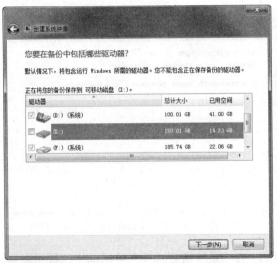

图 2-62 选择包含的驱动器

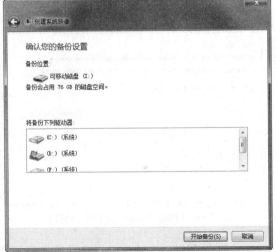

图 2-63 确认备份设置

2. 利用系统镜像还原 Windows 7

当系统出现问题影响使用时，可以使用先前创建的系统映像来恢复系统。恢复的步骤很简单，在系统下进行简单设置，然后重启计算机，按照屏幕提示操作即可。

因为恢复操作会覆盖现有文件，所以在进行恢复之前，用户必须将重要文件进行备份（复制到其他非系统分区），否则可能造成重要文件丢失。

① 在"控制面板"中，单击"备份和还原"选项，打开"备份或还原文件"窗口。单击窗口下方的"恢复系统设置或计算机"链接。

② 打开"将此计算机还原到一个较早的时间点"窗口，单击下方的"高级恢复方法"链接，如图 2-64 所示。

③ 在"选择一个高级恢复方法"窗口中，单击"使用之前创建的系统映像恢复计算机"，如图 2-65 所示。

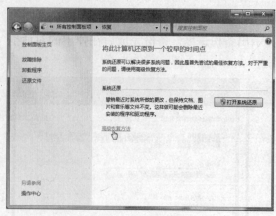

图 2-64 "恢复"窗口

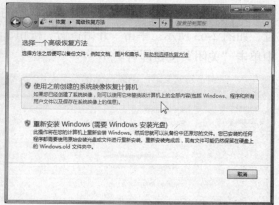

图 2-65 "选择一个高级恢复方法"窗口

④ 在"您是否要备份文件？"窗口中，因为之前提示了用户备份重要文件，所以这里单击 跳过 按钮，如图 2-66 所示。

⑤ 接着会打开"重新启动计算机并继续恢复"窗口，单击 重新启动 按钮，计算机将重新启动，如图 2-67 所示。

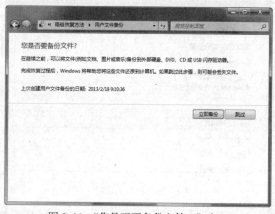

图 2-66 "您是否要备份文件？"窗口

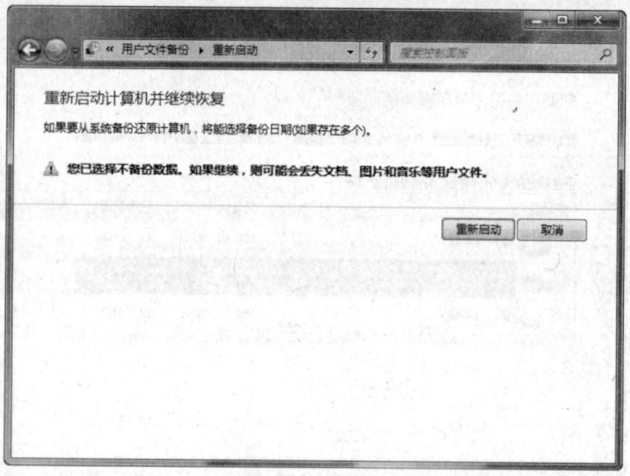

图 2-67 "重新启动计算机并继续恢复"窗口

⑥ 重新启动后，计算机将自动进入恢复界面，在"系统恢复选项"对话框中选择键盘输入法，这里选择系统默认的"中文（简体）-美式键盘"。

⑦ 在"选择系统镜像备份"对话框中，选中"使用最新的可用系统映像"单选项，单击"下一步"按钮，在"选择其他的还原方式"对话框中根据需要进行设置，一般无须修改，使用默认设置即可。

⑧ 单击"下一步"按钮，在打开的对话框中列出了系统还原设置信息，单击"完成"按钮，弹出提示信息。单击"是"按钮，开始从系统映像还原计算机。

⑨ 还原完成后会弹出对话框，询问是否立即重启计算机，默认 50s 后自动重新启动，这里根据需要单击相应的按钮即可。

2.4.4 家庭组的管理

1. 新建家庭组

家庭组是 Windows 7 的新增功能，它为家庭网络共享图片、音乐、视频和打印机提供了一个简捷安全的途径。

假如家庭内多台计算机都安装了 Windows 7 操作系统,并且想利用家庭组功能共享资源,那么首先需要在一台计算机上新建家庭组。

① 打开"计算机"窗口,单击窗口左侧的"家庭组"选项,然后在右侧窗口单击"创建家庭组"按钮,如图 2-68 所示。

② 打开"创建家庭组"窗口,在"选择您要共享的内容"栏下,选中需要共享的选项,如图 2-69 所示。

图 2-68 "家庭组"窗口

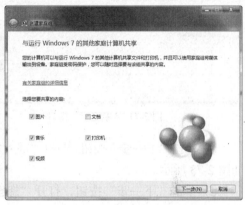

图 2-69 设置共享内容

③ 单击"下一步"按钮,开始创建家庭组,然后在弹出的界面中出现一串家庭组密码,如图 2-70 所示。记住此密码,因为其他用户必须凭此密码才能进入家庭组。

④ 单击"完成"按钮,创建家庭组完成。

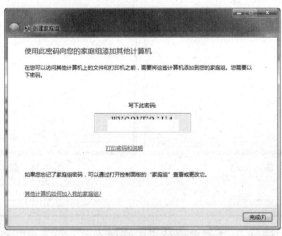

图 2-70 家庭组密码

2. 加入家庭组

在局域网中创建家庭组后,其他安装了 Windows 7 操作系统的计算机就可以凭密码加入该家庭组共享资源了。

① 在其他计算机上打开"控制面板"窗口,在"小图标"的查看方式下,单击"家庭组"选项。

② 打开"与运行 Windows 7 的其他家庭计算机共享"界面，如图 2-71 所示。

③ 单击"立即加入"按钮，在打开的界面中选择共享的内容，如图 2-72 所示。

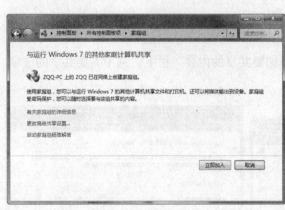
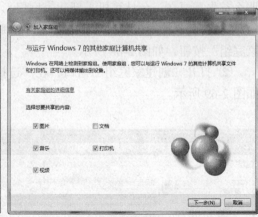

图 2-71 "家庭组"窗口　　　　　　　　图 2-72 设置共享内容

④ 单击"下一步"按钮，打开"键入家庭组密码"界面，输入创建家庭组时提供的密码，如图 2-73 所示。

⑤ 单击"下一步"按钮，打开"您已加入该家庭组"界面，说明加入成功，如图 2-74 所示，单击"完成"按钮即可。

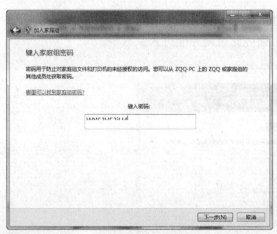
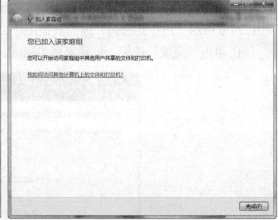

图 2-73 输入密码　　　　　　　　图 2-74 提示加入成功

注意

　　虽然所有版本的 Windows 7 都可以使用家庭组功能，但是 Windows 7 简易版和家庭普通版无法创建家庭组；另外，若网络类型为"公用网络"或"工作网络"，需将其改为"家庭网络"，方可使用家庭组。

2.4.5 添加或删除程序

1. 添加程序

添加程序比较简单，从网站上下载好所需的程序后，双击打开其安装程序文件，按照其提示步骤完成程序安装即可。

2. 删除程序

① 单击"开始"→"控制面板"菜单命令，在"小图标"的"查看方式"下，单击"程序和功能"选项。

② 单击"程序和功能"，打开"卸载或更改程序"窗口，在列表中选中需要卸载的程序，单击"卸载"按钮，如图 2-75 所示。

③ 打开确认卸载对话框，如果确定要卸载，单击"是"按钮，即可进行卸载程序，如图 2-76 所示。

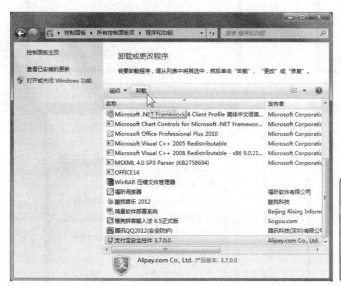 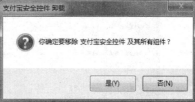

图 2-75　"程序和功能"窗口　　　　　　　　图 2-76　卸载提示对话框

2.4.6　设置日期、时间和语言

日期、时间和语言是计算机常用的元素，用户可以根据需要调整，设置不同的形式。

1. 设置日期和时间

① 在"控制面板"的"小图标"查看方式下，单击"日期和时间"选项。

② 打开"日期和时间"对话框，可以看到不同的设置选项，这里单击"更改日期和时间"按钮，对时间和日期进行设置，如图 2-77 所示。

③ 打开"日期和时间设置"对话框，设置正确的时间和日期，单击"确定"按钮即可，如图 2-78 所示。

2. 设置语言

① 在"控制面板"的"小图标"查看方式下，单击"区域和语言"选项。

② 打开"区域和语言"对话框，在"格式"选项卡中，可以设置"日期和时间"的显示格式，如图 2-79 所示。

③ 在"键盘和语言"选项卡中，单击"更改键盘"按钮，打开"文本服务和输入语言"对话框，可以添加或删除输入法、选择语言等设置，如图 2-80 所示。

图 2-77 "日期和时间"对话框

图 2-78 设置日期和时间

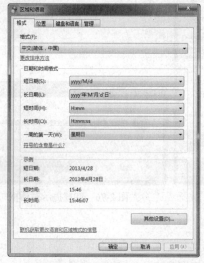

图 2-79 "区域和语言"对话框

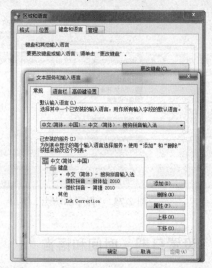

图 2-80 "文本服务和输入语言"对话框

2.4.7 打印机的添加、设置和管理

打印机是日常办公中常用的设备,单纯地将打印机连接到计算机上是无法正常使用的,还需要安装打印机的驱动程序。

1. 添加打印机

① 在"控制面板"的"小图标"查看方式下,单击"设备和打印机"选项。

② 在打开的对话框中,单击"添加打印机"按钮,如图 2-81 所示。

③ 在"要安装什么类型的打印机"对话框中,单击"添加本地打印机"(这里以此为例),如图 2-82 所示。

④ 在"选择打印机端口"对话框中,根据需要选择或创建新的端口,如图 2-83 所示。这里一般不需要改变或创建新的端口,建议使用系统默认设置。

⑤ 在"安装打印机驱动程序"对话框中,在左侧的列表框中选中打印机的厂商(即打印机的品牌),在右侧列表框中选中打印机的型号,如图 2-84 所示。

图 2-81　"设备和打印机"窗口

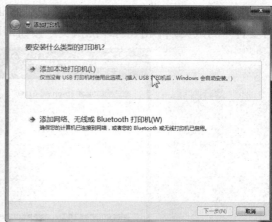

图 2-82　选择"添加本地打印机"

图 2-83　选择打印机端口

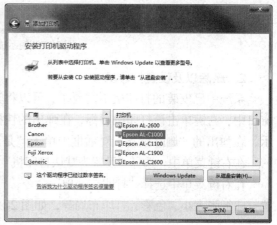

图 2-84　选择打印机厂商和型号

⑥ 单击"下一步"按钮，在"输入打印机名称"对话框中输入打印机的名称，一般使用默认设置即可，如图 2-85 所示。

⑦ 单击"下一步"按钮，开始安装打印机驱动程序，安装完成后弹出"打印机共享"对话框，选择是否共享打印机，这里选择"不共享这台打印机"单选项，如图 2-86 所示。

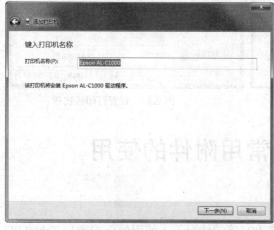

图 2-85　输入打印机名称

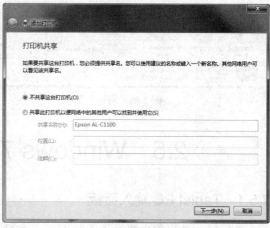

图 2-86　设置打印机共享

⑧ 单击"下一步"按钮，在打开的对话框中单击"完成"按钮即可完成打印机的添加。若要打印测试页，单击"打印测试页"按钮即可，如图 2-87 所示。

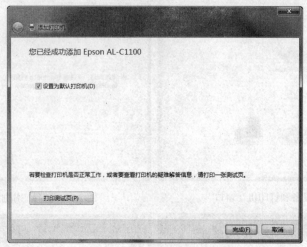

图 2-87　提示成功添加打印机

2. 删除以及设置打印机

系统中已安装的打印机不需要了，可以将其删除。方法很简单，只需在"设备和打印机"窗口中，右键单击该打印机图标，在弹出的快捷菜单中单击"删除设备"命令，如图 2-88 所示，在弹出的"删除设备"对话框中单击"是"按钮即可。

在右键菜单中，选择"设置为默认打印机"命令后，每次打印时，此打印机是首选打印机。

在右键菜单中选择"打印首选项"命令，打开此打印机的"打印首选项"对话框，可以设置打印纸张大小、色彩、打印布局等，如图 2-89 所示。设置完成后，单击"确定"按钮即可。

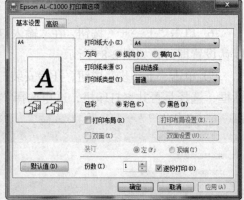

图 2-88　右键菜单　　　　　　　　　　　图 2-89　设置打印机选项

2.5　Windows 7 常用附件的使用

2.5.1　Tablet PC 输入面板

Windows 7 为用户提供了手写面板，在没有手写笔的情况下，使用鼠标或通过 Tablet PC

都可以快速进行书写。下面为使用 Tablet PC 输入内容。

① 首先打开需要输入内容的程序，如 Word 程序，将光标定位到需要插入内容的地方。

② 单击"开始"→"所有程序"→"附件"→"Tablet PC"→"Tablet PC 输入面板"命令，打开输入面板。

③ 打开输入面板后，当鼠标指针放在面板上后，可以看到鼠标指针变成一个小黑点，拖动鼠标即可在面板中输入内容，输入完后自动生成，如图 2-90 所示。

④ 输入完成后，单击"插入"按钮，即可将书写的内容插入光标所在的位置，如图 2-91 所示。

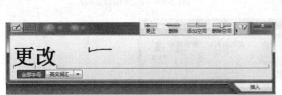

图 2-90　在 Tablet PC 面板中输入内容

图 2-91　输入完成后

⑤ 如果在面板中书写错误，单击输入面板中的"删除"按钮，然后拖动鼠标在错字上画一条横线即可删除。

⑥ 要关闭 Tablet PC 面板，直接单击"关闭"按钮是无效的，正确的方法是，单击"工具"选项，在展开的下拉菜单中选择"退出"命令，如图 2-92 所示，即可退出。

2.5.2　画图程序的应用

画图程序不但可以绘制图形，而且可以对现有的图片进行剪裁、变色等处理，是 Windows 自带的图片处理程序。

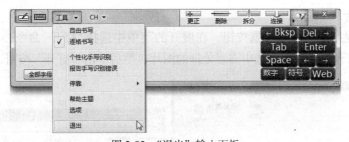

图 2-92　"退出"输入面板

1. 绘制图形

① 单击"开始"→"所有程序"→"附件"→"画图"命令，打开"画图"窗口。

② 在空白窗口中拖动鼠标即可绘制图形，如图 2-93 所示。

③ 如果绘制得不正确，单击"橡皮擦"按钮，鼠标即变成小正方形，按住鼠标左键，在需要擦除的地方拖动鼠标即可删除，如图 2-94 所示。

④ 绘制完成后，在"颜色"区域单击选中需要的颜色，然后单击"用颜色填充"按钮，在图形内单击一下，即可填充选择的颜色，如图 2-95 所示。

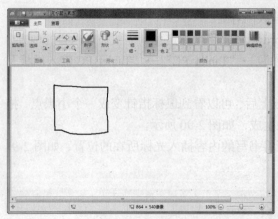

图 2-93　绘制图形

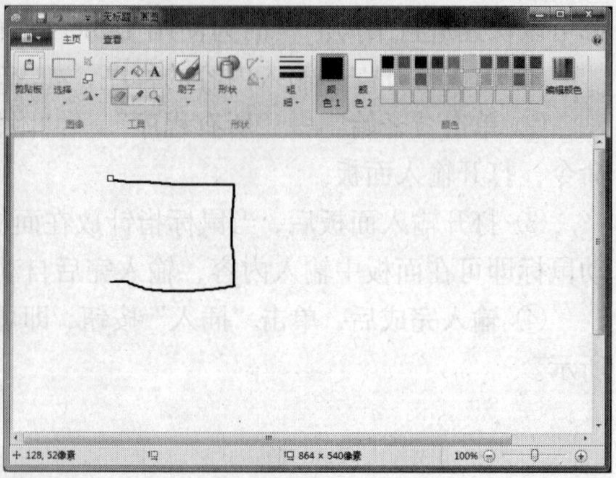

图 2-94　擦除错误部分

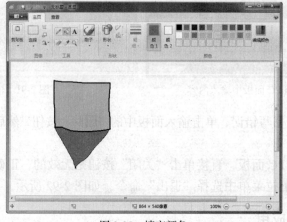

图 2-95　填充颜色

⑤ 绘制完成后，单击画图窗口左上方的 █▾ 按钮，在展开的下拉菜单中选择"保存"命令进行保存即可。

2. 处理图片

① 在画图程序中，单击 █▾ 按钮，在展开的菜单中选择"打开"命令，如图 2-96 所示。

② 打开"打开"对话框，选中需要处理的图片，然后单击"打开"按钮，如图 2-97 所示。

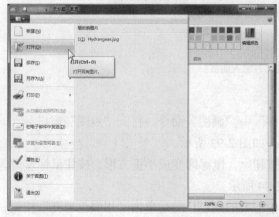

图 2-96　打开文件

图 2-97　选择图片

③ 打开图片后，由于图片过大，无法查看到全部图片，可以在画图程序的"查看"选项卡中单击"缩小"按钮，即可显示完整的图片，如图 2-98 所示。

④ 在"主页"选项卡中，单击"选择"按钮，在下拉菜单中选择选取的形状，如"矩形选择"，如图 2-99 所示。

图 2-98　缩小图片　　　　　　　　　　图 2-99　选取图片

⑤ 拖动鼠标，在图片中选取需要的矩形块部分，如图 2-100 所示。

⑥ 单击"剪裁"按钮，即可只保留选取的部分，如图 2-101 所示。

图 2-100　拖动鼠标选取　　　　　　　　图 2-101　选取后的效果

⑦ 将剪裁后的部分另存在合适的文件夹中即可。

2.5.3　记事本的操作

记事本是简单而又方便的文本输入与处理程序，它只能对文字进行操作，而不能插入图片，但是使用起来却极为方便。

① 单击"开始"→"所有程序"→"附件"→"记事本"命令，打开"记事本"窗口。

② 在"记事本"窗口中输入内容并选中，然后单击"格式"→"字体"命令，如图 2-102 所示。

③ 打开"字体"对话框，在对话框中可以设置"字体""字形"和"大小"，如图 2-103 所示。单击"确定"按钮即可设置成功。

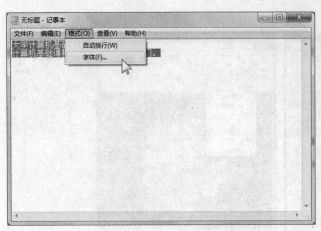

<table>
<tr><td>图 2-102 "格式"菜单</td><td>图 2-103 "字体"对话框</td></tr>
</table>

④ 单击"编辑"按钮，展开下拉菜单，可以对选中的文本进行复制、删除等操作，也可以选择"查找"命令，对文本进行查找等，如图 2-104 所示。

⑤ 编辑完成后，单击"文件"→"保存"按钮，将记事本保存在适当的位置。

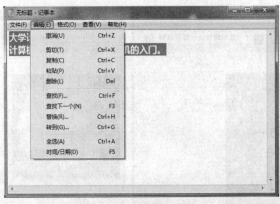

图 2-104 "编辑"菜单

2.5.4 计算器的使用

① 单击"开始"→"所有程序"→"附件"→"计算器"命令，打开"计算器"程序。

② 在计算器中，单击相应的按钮，即可输入计算的数字和方式，如图 2-105 所示输入"85*63"算式。单击等于号按钮，即可计算出结果。

③ 单击"查看"→"科学型"命令，如图 2-106 所示，即可打开科学型计算器程序，可进行更为复杂的运算。

④ 如计算"tan30"的数值，先单击输入"30"，然后单击  按钮，即可计算出相应的数值，如图 2-107 所示。

图 2-105　计算

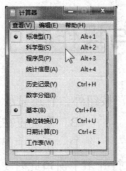

图 2-106　"查看"菜单

图 2-107　"科学型"计算器

2.5.5　截图工具的应用

在 Windows 7 系统中提供了截图工具，这个截图工具从 Windows Vista 开始才被包含到所有版本 Windows。其灵活性更高，并且自带简单的图片编辑功能，方便对截取的内容进行处理。

① 单击"开始"→"所有程序"→"附件"→"截图工具"命令，启动截图工具后，整个屏幕会被半透明的白色覆盖，与此同时只有截图工具的窗口处于可操作状态。单击"新建"下拉按钮，在展开的列表中选择一种要截取的模式，如"矩形截图"，如图 2-108 所示。

② 当鼠标指针变成"十"字形时，拖动鼠标在屏幕上将希望截取的部分全部框选起来。截取图片后，用户可以直接对截取的内容进行处理，如添加文字标注、用荧光笔突出显示其中的部分内容等。这里单击"笔"下拉按钮，在展开的列表中选择"蓝笔"选项，如图 2-109 所示。

③ 选择后即可在截取的图中绘制图形或文字，处理完成后单击 按钮保存图片，或者单击 按钮发送截图。

图 2-108　选择截取类型

图 2-109　编辑图形

习题与操作题

一、选择题

1. 在 Windows "任务栏"中除"开始"按钮外，它还显示（　　　）。
　　A. 当前运行的程序名　　　　　　　　　B. 系统正在运行的所有程序
　　C. 已经打开的文件名　　　　　　　　　D. 系统中保存的所有程序

2. 在 Windows 环境中，用户可以同时打开多个窗口此时（　　　）。
　　A. 只能有一个窗口处于激活状态，它的标题栏的颜色与众不同
　　B. 只能有一个窗口的程序处于前台运行状态，而其余窗口的程序则处于停止运行状态
　　C. 所有窗口的程序都处于前台运行状态
　　D. 所有窗口的程序都处于后台运行状态

3. 下列关于 Windows 对话框的描述中，（　　　）是错误的。
　　A. 对话框可以由用户选中菜单中带有省略号（…）的选项弹出来
　　B. 对话框是由系统提供给用户输入信息或选择某项内容的矩形框
　　C. 对话框的大小是可以调整改变的
　　D. 对话框是可以在屏幕上移动的

4. 在 Windows 环境中，每个窗口的"标题栏"的右边都有一个标有空心方框的方形按钮，用鼠标左键单击它，可以（　　　）。
　　A. 将该窗口最小化　　　　　　　　　　B. 关闭该窗口
　　C. 将该窗口最大化　　　　　　　　　　D. 将该窗口还原

5. 在 Windows 中，允许用户将对话框（　　　）。
　　A. 最小化　　　B. 最大化　　　C. 移动到其他位置　　　D. 改变其大小

6. 在 Windows 的"开始"菜单的"文档"菜单项中，包含最近使用的（　　　）。
　　A. 文本文件　　　　　　　　　　　　　B. 全部文档
　　C. 15 个图形文件　　　　　　　　　　D. 15 个 Word 文档

7. 在 Windows 中使用系统菜单时，只要移动鼠标到某个菜单项上单击，就可以选中该菜单项。如果某菜单项尾部出现（　　　）标记，则说明该菜单项还有下级子菜单。
　　A. 省略写（…）B. 向右箭头　　　C. 组合键　　　　　　　D. 括号

8. 在 Windows 的各项对话框中，有些项目在文字说明的左边标有一个小方框，当小方框里有"√"时，表示（　　　）。
　　A. 这是一个单选按钮，且已被选中　　B. 这是一个单选铵钮，且未被选中
　　C. 这是一个复选按钮，且已被选中　　D. 这是一个多选按钮，且未被选中

9. Windows 中桌面指的是（　　　）。
　　A. 整个屏幕　　　B. 当前窗口　　　C. 全部窗口　　　　　　　D. 某个窗口

10. 在 Windows 的"资源管理器"窗口中，若文件夹图标前面含有"-"符号，表示（　　　）。
　　A. 含有未展开的子文件夹　　　　　　B. 无子文件夹
　　C. 子文件夹已展开　　　　　　　　　D. 可选

11. 在 Windows 中，选中某一菜单后，其菜单项前有"√"符号表示（　　　）。

A.可单选的　　　　　B. 可复选的　　　　　C. 不可选的　　　　　　D. 不起作用的

12. 当 Windows 正在运行某个应用程序时,若鼠标指针形状变为"沙漏"状,表明(　　　　)。

　　A. 当前执行的程序出错,必须中止其执行

　　B. 当前应用程序正在运行

　　C. 提示用户注意某个事项,并不影响计算机继续工作

　　D. 等待用户选择的下一步操作命令

13. 将运行中的应用程序窗口最小化以后,应用程序(　　　　)。

　　A. 在后台运行　　　　B. 停止运行　　　　C. 暂时挂起来　　　　　D. 出错

14. Windows 能自动识别和配置硬件设备,此特点称为(　　　)。

　　A. 即插即用　　　　B. 自动配置　　　　C. 控制面板　　　　　D. 自动批处理

15. 在桌面上任何一点用鼠标右键单击,会弹出(　　　　)。

　　A. 快捷菜单　　　　B. 开始菜单　　　　C. 主菜单　　　　　　D. 窗口菜单

16. 在一般情况下,Windows 桌面的最下方是(　　　　)。

　　A. 任务栏　　　　　B. 状态栏　　　　　C. 菜单栏　　　　　　D. 标题栏

17. 在同一磁盘上拖放文件或文件夹执行时按【Ctrl】键,相当于执行(　　　　)命令。

　　A. 删除　　　　　　B. 移动　　　　　　C. 复制　　　　　　　D. 粘贴

18. 下列(　　　　)不能出现在对话框中。

　　A. 菜单　　　　　　B. 单选　　　　　　C. 复选　　　　　　　D. 命令按钮

19. 资源管理器窗口下方状态栏中不能显示(　　　　)。

　　A. 文件路径　　　　B. 磁盘空间　　　　C. 选中文件数　　　　D. 剩余空间数

20. Windows 窗口式操作是为了(　　　　)。

　　A. 方便用户　　　　　　　　　　B. 提高系统可靠性

　　C. 提高系统的响应速度　　　　　D. 保证用户数据信息的安全

21. 在 Windows 下,用户操作的最基本的工具是(　　　　)。

　　A. 键盘　　　　　　　　　　　　B. 鼠标

　　C. 键盘和鼠标　　　　　　　　　D. A、B、C 都不对

22. 窗口最顶行是(　　　　)。

　　A. 标题栏　　　　　B. 状态栏　　　　　C. 菜单栏　　　　　　D. 任务栏

23. 列表框中的列出的各项内容,用户可(　　　　)。

　　A. 追加新内容　　　　　　　　　B. 选定其中一项

　　C. 修改其中的一项内容　　　　　D. 删除其中一项内容

24. 关于"回收站"叙述正确的是(　　　　)。

　　A. 暂存所有被删除的对象

　　B. "回收站"中的内容不能恢复

　　C. 清空"回收站"后,仍可用命令方式恢复

　　D. "回收站"的内容不占硬盘空间

25. 下列磁盘碎片整理工具不能实现的功能是(　　　　)。

　　A. 整理文件碎片　　　　　　　　B. 整理磁盘上的空闲空间

　　C. 同时整理文件碎片和空闲碎片　　D. 修复错误的文件碎片

26. "计算机"图标始终出现在桌面上，不属于"计算机"的内容有（　　）。

    A. 驱动器　　　　B. 我的文档　　　C. 控制面板　　　　　D. 打印机

27. 当系统硬件发生故障或更换硬件设备时，为了避免系统意外崩溃，应采用的启动方式为（　　）。

    A. 通常方式　　　B. 登录方式　　　C. 安全方式　　　　　D. 命令提示方式

28. 为了在资源管理器中快速查找 EXE 文件，最快速且准确定位的显示方式是（　　）。

    A. 按名称　　　　B. 按类型　　　　C. 按大小　　　　　　D. 按日期

29. 在 Windows 中，为了防止无意修改某一文件，应设置该文件属性为（　　）。

    A. 只读　　　　　B. 隐藏　　　　　C. 存档　　　　　　　D. 系统

30. 控制面板是用来改变（　　　）的应用程序，以调整各种硬件和软件的选项。

    A. 分组窗口　　　B. 文件　　　　　C. 程序　　　　　　　D. 系统配置

选择题答案

1. B　2. A　3. C　4. C　5. C　6. B　7. B　8. C　9. A
10. C　11. B　12. B　13. A　14. A　15. A　16. A　17. C　18. A
19. A　20. A　21. C　22. A　23. B　24. A　25. D　26. B　27. C
28. B　29. A　30. D

二、操作题

1. 更改文件名或文件夹名。
2. 查看、改变文件或文件夹的属性。
3. 进行磁盘碎片整理的操作。
4. 在桌面上创建快捷方式。
5. 安装打印机。
6. 安装、删除一种中文输入法。

第3章
Word 2010 的使用

3.1　Word 2010 概述

Word 是 Microsoft 公司开发的一个文字处理应用程序。

3.1.1　Microsoft Office 2010 简介

Microsoft Office 2010 是微软公司推出的新一代办公软件，开发代号为 Office 14。该软件共有 6 个版本，分别是初级版、家庭及学生版、家庭及商业版、标准版、专业版和专业高级版，Office 2010 可支持 32 位和 64 位 Vista，还支持 Windows 7 及其以上版本。Office 2010 的组件包括：Word 2010、Excel 2010、PowerPoint 2010、Outlook 2010 等。

Microsoft Office 2010 在旧版本的基础上有很大的改变。首先在界面上，Office 2010 采用 Ribbon 新界面主题，使界面简洁明快，标识更新为全橙色。另一方面，Microsoft Office 2010 进行了许多功能上的优化，如具有改进的菜单和工具、增强的图形和格式设置。同时还增加了许多新的功能，特别是在线应用，可以使用户更加方便、更加自由地表达自己的想法，去解决问题及与他人联系。

3.1.2　Word 2010 的新功能

Word 2010 提供了许多编辑工具，可以使用户更轻松地制作出比以前任何版本都精美的具有专业水准的文档。它在继承旧版本中的功能外，还增加了许多新的功能。

（1）新增"文件"标签，管理文件更方便

在 Word 2007 版本中让用户较为不适应的是"文件"选项栏，即 Office 按钮。然而在 Word 2010 中，可以通过"文件"标签对文档进行设置权限、共享文档、新建文档、保存文档、打印文档等操作。

（2）新增字体特效，让文字不再枯燥

在 Word 2010 中，用户可以为文字轻松地应用各种内置的文字特效，除了简单的套用，用户还可以自定义为文字添加颜色、阴影、映像、发光等特效，设计出更加吸引眼球的文字效果，让读者阅读文章时不会感觉到枯燥。

（3）新增图片简化处理功能，让图片更亮丽

在 Word 2010 中，对于在文档中插入的图片，可以进行简单处理。不仅可以对图片增加各种艺术效果，还可以修正图片的锐度、柔化、对比度、亮度以及颜色。

（4）快速抠图的好工具——"删除背景"功能

"删除背景"功能是 Word 2010 新增加的一项功能。利用该功能，在文档中可以对图片进

行快速"抠图",方便而高效地将图片中的主题抠出来。

（5）方便的截图功能

Word 2010 中增加了简单的截图功能，该功能可以帮助用户快速截取程序的窗口画面，且该功能还可以进行区域截图。

（6）优化的 SmartArt 图形功能

Word 2010 的 SmartArt 图形中，新增了图形图片布局。利用该功能，在图片布局图表的 SmartArt 形状中插入图表、填写文字，就可以快速建立流程图、维恩图、组织结构图等复杂功能的图形，方便阐述案例。

（7）多语言的翻译功能

为了更好地实现语言的沟通，Word 2010 进一步完善了许多语言功能。Word 2010 中新增的多语言翻译功能，不仅可以帮助用户进行文档、选定文字的翻译，还包含了即指即译功能，可以对文档中的文字进行即时翻译，如同一个简单的金山词霸。

（8）即见即得的打印预览效果

在 Word 2010 中，将打印效果直接显示在打印标签的右侧。用户可以在左侧打印标签中进行调整，任何打印设置调整的效果都将即时显示在预览框中，非常方便。

3.1.3 Word 2010 的启动和退出

1. 启动 Word 2010 应用程序

启动 Word 2010 有以下几种方法。

① 在"开始"菜单中选择"所有程序"→"Microsoft Office"→"Microsoft Office Word 2010"选项，即可启动 Word 应用程序。类似操作可以启动 Office 2010 中的其他程序。

② 如果在桌面上建立了各应用程序的快捷方式，直接双击快捷方式图标即可启动相应的应用程序。

③ 如果在任务栏上有应用程序的快捷方式，直接单击快捷方式图标即可启动相应的应用程序。

④ 按【Win】+【R】组合键，调出"运行"对话框，输入"Word"，接着单击"确定"按钮也可以打开 Word 2010。

2. 退出 Word 2010 应用程序

退出 Word 2010 有以下几种方法。

① 打开 Microsoft Office Word 2010 程序后，单击程序右上角的"关闭"按钮，可快速退出主程序，如图 3-1 所示。

② 打开 Microsoft Office Word 2010 程序后，右键单击"开始"菜单栏中的任务窗口，打开快捷菜单，选择"关闭"按钮，可快速关闭当前开启的 Word 文档，如果同时开启较多文档可用该方式分别进行关闭，如图 3-2 所示。

③ 直接按【Alt】+【F4】组合键。

图 3-1 单击"关闭"按钮

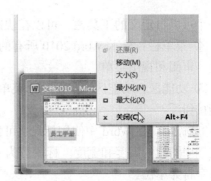

图 3-2 使用"关闭"按钮

注意

退出应用程序前如果没有保存编辑的文档，系统会弹出一个对话框，提示保存文档。

3.1.4 Word 2010 窗口的基本操作

启动 Word 2010 程序，打开工作窗口如图 3-3 所示。

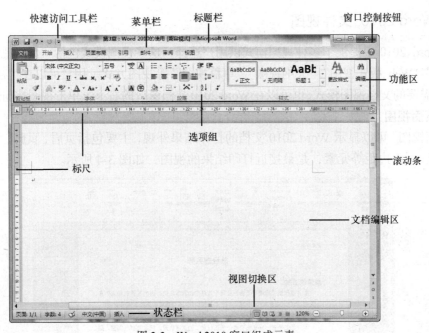

图 3-3 Word 2010 窗口组成元素

Word 2010 工作窗口主要包括有标题栏、快速访问工具栏、菜单栏、功能区、标尺、文档编辑区、状态栏等。

① 标题栏：在窗口的最上方显示文档的名称。

② 窗口控制按钮：它的左端显示控制菜单按钮图标，其后显示文档名称，它的右端显示最小化、最大化或还原和关闭按钮图标。

③ 快速访问工具栏：显示在标题栏最左侧，包含一组独立于当前所显示选项卡的选项，

是一个可以自定义的工具栏，可以在快速访问工具栏添加一些最常用的按钮。

④ 菜单栏：显示 Word 2010 所有的菜单项，包括文件、开始、插入、页面布局、引用、邮件、审阅和视图菜单。

⑤ 功能区：功能区中显示每个菜单中包括的多个"选项组"，这些选项组中包含具体的功能按钮。

⑥ 标尺：在 Word 中使用标尺，可快速估算出编辑对象的物理尺寸，如通过标尺可以查看文档中图片的高度和宽度。标尺分为水平标尺和垂直标尺两种，默认情况下，标尺上的刻度以字符为单位。

⑦ 文档编辑区：它是 Word 文档输入和编辑区域。

⑧ 状态栏与视图切换区：文档的状态栏中，分别显示了该文档的状态内容，包括当前的页数/总页数、文档的字数、校对文档出错内容、语言设置，可设置改写状态。视图切换区中，有视图的转换方式，可调整文档显示比例。

⑨ 滚动条和按钮：默认情况下，在文档编辑区域内仅显示 15 行左右的文字，为了查看文档的其他内容，可以拖动文档编辑窗口上的垂直滚动条和水平滚动条，或者单击上三角按钮▲或下三角按钮▼，使屏幕向上或向下滚动一行来查看，还可以单击"前一页"按钮和"下一页"按钮，向上向下滚动一页来查看。

3.1.5 Word 2010 文件视图

在 Word 2010 中提供了多种视图模式供用户选择，这些视图模式包括"页面视图""阅读版式视图""Web 版式视图""大纲视图""草稿视图"等视图方式。用户可以在"视图"功能区中选择需要的文档视图模式，也可以在 Word 2010 文档窗口的右下方单击视图按钮选择视图。

1. 页面视图

"页面视图"可以显示 Word 2010 文档的打印结果外观，主要包括页眉、页脚、图形对象、分栏设置、页面边距等元素，是最接近打印结果的视图，如图 3-4 所示。

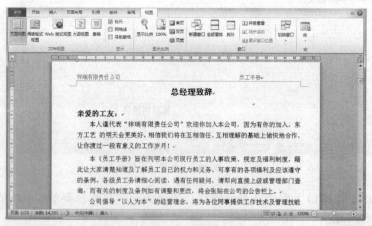

图 3-4   页面视图

2. 阅读版式视图

"阅读版式视图"以图书的分栏样式显示 Word 2010 文档，"文件"按钮、功能区等窗口元素被隐藏起来。在阅读版式视图中，用户还可以单击"工具"按钮选择各种阅读工具，如图 3-5 所示。

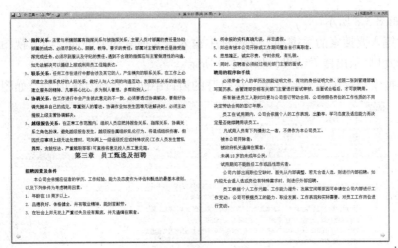

图 3-5　阅读版式视图

3．Web 版式视图

"Web 版式视图"以网页的形式显示 Word 2010 文档，Web 版式视图适用于发送电子邮件和创建网页。

4．大纲视图

"大纲视图"主要用于设置 Word 2010 文档和显示标题的层级结构，并可以方便地折叠和展开各种层级的文档。大纲视图广泛用于 Word 2010 长文档的快速浏览和设置中，如图 3-6 所示。

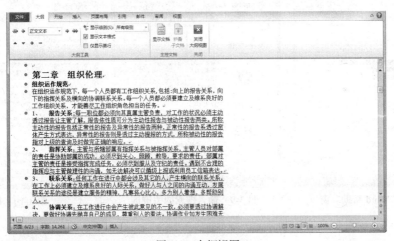

图 3-6　大纲视图

5．草稿视图

"草稿视图"取消了页面边距、分栏、页眉页脚、图片等元素，仅显示标题和正文，是最节省计算机系统硬件资源的视图方式。当然，现在计算机系统的硬件配置都比较高，基本上不存在由于硬件配置偏低而使 Word 2010 运行遇到障碍的问题，如图 3-7 所示。

3.1.6　Word 2010 帮助系统

用户在使用 Word 2010 的过程中遇到问题时可使用 Word 2010 的"帮助"功能，操作步骤如下。

① 单击 Word 2010 主界面右上角的 按钮，打开 Word 帮助窗口，在该窗口中可以搜索

帮助信息，如图 3-8 所示。

② 在"键入要搜索的关键词"文本框中输入需要搜索的关键词，如"视图"，单击"搜索"按钮，即可显示出搜索结果，如图 3-9 所示。

③ 单击搜索结果中需要的链接，在打开的窗口中即可看到具体内容，如图 3-10 所示。

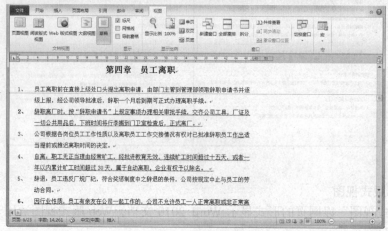

图 3-7 草稿视图

图 3-8 "Word 帮助"窗口　　　图 3-9 输入搜索的关键词　　　图 3-10 搜索结果

3.2 Word 2010 的基本操作

3.2.1 新建空白文档

空白文档分为 3 种，即一般的空白文档、空白网页和空白电子邮件。新建空白文档有以下 3 种方法。

① 在桌面上单击左下角的"开始"按钮→"所有程序"→"Microsoft Office"→"Microsoft Office Word 2010"命令，如图 3-11 所示，可启动 Microsoft Office Word 2010 主程序，打开 Word 空白文档。

图 3-11　新建空白文档

② 在桌面上单击左下角的"开始"按钮→"所有程序"→"Microsoft Office"→"Microsoft Office Word 2010"（见图 3-12），接着再单击鼠标右键，在弹出的快捷菜单中选择"发送到"→"桌面快捷方式"，双击 Word 2010 图标如图 3-13 所示，打开 Word 空白文档。

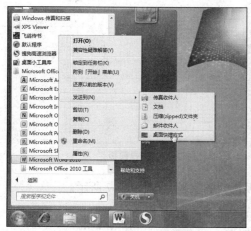

图 3-12　发送快捷方式

图 3-13　双击新建文档

③ 单击"文件"→"新建"→"空白文档"命令，立即创建一个新的空白文档，如图 3-14 所示。

图 3-14　创建空白文档

注意

- 新创建的空白文档，其临时文件名为"文档 1"，如果是第二次创建空白文档，其临时文件名为"文档2"，其他的文件名依此类推。
- 空白文档是 Word 的常用文档模板之一，该模板提供了一个不含有任何内容和格式的空白文本区，允许自由输入文字处理，插入各种对象，设计文档的格式。
- 空白网页和空白电子邮件的创建方法与此类似，可根据上述方法③创建空白网页和空白电子邮件。

3.2.2 新建模板文档

1. 根据内置模板新建文档

① 单击"文件"→"新建"选项，在右侧选中"样本模板"，如图 3-15 所示。

② 在"样本模板"列表中选择适合的模板，如"原创报告"，如图 3-16 所示。

图 3-15　选择样本　　　　　　　　　　图 3-16　选择模板

③ 单击"新建"按钮即可创建一个与样本模板相同的文档，如图 3-17 所示。

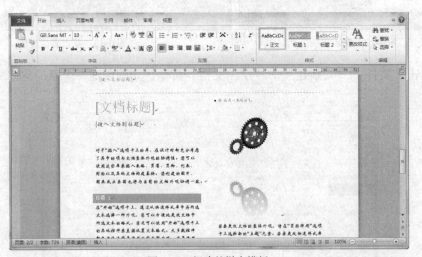

图 3-17　新建的样本模板

2. 根据 Office Online 上的模板新建文档

① 单击"文件"→"新建"选项，在"Office Online"区域选择"贺卡"，如图 3-18 所示。

② 在"Office Online 模板"栏中选择"致谢"，如图 3-19 所示。

图 3-18　选择模板样式

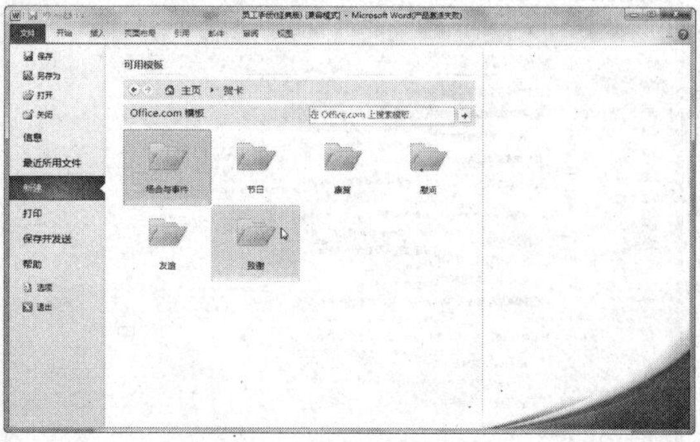

图 3-19　选择模板类型

③ 在打开的菜单中选择"致谢卡"，单击"下载"按钮，如图 3-20 所示。

④ 在 Office Online 上下载所需的模板，如图 3-21 所示。

图 3-20　下载模板

图 3-21　下载后的模板

3.2.3　保存为默认文档类型

在对创建的文档进行保存时，可以将文档保存为某一类型的文档，并将其设置为默认的文档保存类型。

① 单击"文件"→"选项"选项。

② 打开"Word 选项"对话框，在"保存"选项右侧单击"将文件保存为此格式"右侧下拉按钮，在下拉菜单中选择"Word 文档（*.docx）"，如图 3-22 所示。

③ 单击"确定"按钮，即可将"Word 文档（*.docx）"作为所有新建文档的保存类型。

3.2.4　保存支持低版本的文档类型

如果想要在只安装了 Office 低级版本（如 2003 版本）的计算机上打开 Word 2010 文档，可以将文档保存为支持低版本的"Word97-2003 文档（*.doc）"。

① 单击"文件"→"另存为"选项。

② 打开"另存为"对话框，单击"保存类型"右侧下拉按钮，在下拉菜单中选择"Word 97-2003 文档（*.doc）"，如图 3-23 所示。

③ 单击"保存"按钮，即可将文档保存为支持低版本的文档类型。

图 3-22　设置默认保存类型　　　　　　　图 3-23　保存为低版本文档类型

3.2.5　将文档保存为网页类型

如果想以网页的形式打开文档，可以将文档保存为网页形式。

① 单击"文件"→"另存为"选项。

② 打开"另存为"对话框，单击"保存类型"右侧下拉按钮，在下拉菜单中选择"网页"，如图 3-24 所示。

③ 单击"保存"按钮，即可将文档保存为网页类型。

3.2.6　将文档保存为 PDF 类型

为了防止文档被他人更改，可以将文档保存为 PDF 类型的文件。

① 单击"文件"→"保存并发送"选项，在"文件类型"区域选择"创建 PDF/XPS 文档"类型，然后单击"创建 PDF/XPS"按钮，如图 3-25 所示。

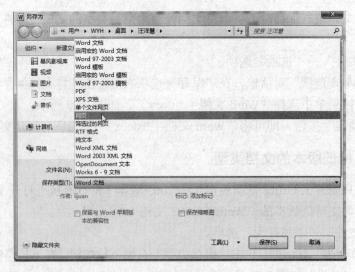

图 3-24　保存为网页

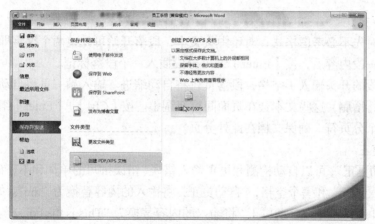

图 3-25　创建 PDF 文件

　　② 在打开的"发布为 PDF 或 XPS"对话框中单击"发布"按钮,即可将文档保存为 PDF 文件,如图 3-26 所示。

图 3-26　发布为 PDF 文件

3.3　Word 2010 文本操作与编辑

　　Word 除了进行一般的表格处理工作外,它的数据计算功能是其主要功能之一。公式就是进行计算和分析的等式,它可以对数据进行加、减、乘、除等运算,也可以对文本进行比较等。

　　函数是 Word 预定义的内置公式,可以进行数学、文本和逻辑运算或查找工作表的数据,与直接公式进行比较,使用函数的运算速度更快,同时减小出错的概率。

3.3.1　文本输入与特殊符号的输入

　　Word 2010 的基本功能是进行文字的录入和编辑工作,下面主要针对文本录入时的各种技巧进行具体介绍。

1. 输入中文

输入中文时先不必考虑格式，对于中文文本，段落开始可先空两个汉字即输入 4 个半角空格。当输入一段内容后，按【Enter】键可分段插入一个段落标记。

如果前一段的开头输入了空格，段落首行将自动缩进。输入满一页将自动分页，如果对分页的内容进行增删，这些文本会在页面间重新调整。按【Ctrl】+【Enter】组合键可强制分页，即加入一个分页符，确保文档在此处分页。

2. 自动更正

使用"自动更正"，可以自动检测和更正输入错误、错误拼写的单词和不正确的英文大写。例如，如果输入"teh"和一个空格，"自动更正"将输入的内容替换为"the"。如果输入"This is theh ouse"和一个空格，"自动更正"将输入的内容替换为"This is the house"。也可使用"自动更正"快速插入在内置"自动更正"词条中列出的符号。例如，输入"（c）"插入©。设置自动更正的操作步骤如下。

① 打开"Word 选项"对话框。在左侧窗格单击"校对"选项，在右侧窗格单击"自动更正选项"按钮，如图 3-27 所示。

② 打开"自动更正"对话框，选中各选项，如图 3-28 所示。

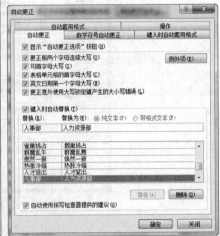

图 3-27　选择自动更正选项　　　　　图 3-28　自动更正文本

③ 如果内置词条列表不包含所需的更正内容，可以添加词条。方法是在"替换"文本框中输入经常拼写错误的单词或缩略短语，如"人事部"，在"替换为"文本框中输入正确拼写的单词或缩略短语的全称，如"人力资源部"，单击"添加"按钮即可。

④ 可以简单地删除不需要的词条或添加自己的词条。

> **注意**
>
> 不会自动更正超链接中包含的文字。

3. 自动图文集

使用自动图文集，可以存储和快速插入文字、图形和其他经常使用的对象。Microsoft

Word 自带一些内置的自动图文集词条，在"自定义"功能区将"自动图文集"添加到工具栏。

① 新建自动图文集词条。在 Word 2010 中，自动图文集词条作为构建基块存储。若要新建词条，请使用"新建构建基块"对话框。

② 在 Word 文档中，选择要添加到自动图文集词条库中的文本。

在快速访问工具栏中，单击"自动图文集"，然后单击"将所选内容保存到自动图文集库"。

③ 填充"新建构建基块"对话框中的信息。

- 名称：为自动图文集构建基块键入唯一名称。
- 库：选择"自动图文集"库。
- 类别：选择"常规"类别，或者创建一个新类别。
- 说明：键入构建基块的说明。

4. 插入符号和字符

符号和特殊字符不显示在键盘上，但是在屏幕上和打印时都可以显示。例如，可以插入符号，如 1/4 和©，特殊字符，如长破折号"——"、省略号"…"或不间断空格，以及许多国际通用字符，如 ё 等。

可以插入的符号和字符的类型取决于可用的字体。例如，一些字体可能包含分数（1/4）、国际通用字符（Ç、ё）和国际通用货币符号（£、¥）。内置符号字体包括箭头、项目符号和科学符号。还可以使用附加符号字体，如"Wingdings""Wingdings 2""Wingdings 3"等，它包括很多装饰性符号。

可以使用"符号"对话框选择要插入的符号、字符和特殊字符，然后单击"插入"按钮插入。已经插入的"符号"保存在对话框中的"近期使用过的符号"列表中，再次插入这些符号时，直接单击相应的符号即可，而且可以调节"符号"对话框的大小，以便可以看到更多的符号。还可以为符号、字符指定快捷键，以后可通过快捷键直接插入。还可以使用"自动更正"将输入的文本自动替换为符号。

插入符号的操作步骤如下。

① 在文档中单击要插入符号的位置。

② 在"插入"→"符号"选项组单击"符号"按钮，弹出"符号"对话框，再选择"符号"选项卡，如图 3-29 所示。

③ 在"字体"框中选择所需的字体。

④ 双击要插入的符号，或单击要插入的符号，再单击"插入"按钮，完成后单击"关闭"按钮。

插入特殊字符的操作步骤如下。

① 在文档中单击要插入特殊字符的位置。

② 单击"插入"→"符号"，选择"特殊字符"选项卡。

③ 双击要插入的字符，完成后单击"关闭"按钮。

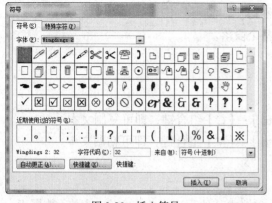

图 3-29　插入符号

5．字符的插入、删除和修改

（1）插入字符。首先把光标移到准备插入字符的位置，在"插入"状态下输入待添加的内容即可。对新插入的内容，Word 将自动进行段落重组。如系统处于"改写"状态下，输入内容将代替插入点后面的内容。

（2）删除字符。首先把光标移到准备删除字符的位置，删除光标后边的字符按【Delete】键，删除光标前边的字符按【BackSpace】键。

（3）修改字符。有以下两种方法。

① 把光标移到准备修改字符的位置，先删除字符，再插入正确的字符。

② 把光标移到准备修改字符的位置，先选择要删除的字符，再插入正确的字符。

3.3.2 文本内容的选择

1．选定文档全部内容

（1）利用"全选"选项。

打开文档，在"开始"→"编辑"选项组单击"选择"下拉按钮，在下拉菜单中选择"全选"命令，即可选中全部文档内容。

（2）使用快捷键。

① 打开文档，按【Ctrl】+【A】组合键即可选中整个文档。

② 打开文档，按【Ctrl】+【Home】组合键将光标移至文档首部，再按【Ctrl】+【Shift】+【End】组合键即可选中整篇文档。

③ 打开文档，按【Ctrl】+【End】组合键将光标移至文档尾部，再按【Ctrl】+【Shift】+【Home】组合键即可选中整篇文档。

2．快速选定不连续区域的内容

使用鼠标拖动的方法将不连续的第一个文字区域选中，接着按住【Ctrl】键不放，继续用鼠标拖动的方法选取余下的文字区域，直到最后一个区域选取完成后，松开【Ctrl】键即可。

3．妙用【F8】键逐步扩大选取范围

① 按 1 次【F8】键将激活扩展编辑状态。

② 按 2 次【F8】键将选中光标所在位置的字或词组。

③ 按 3 次【F8】键将选中光标所在位置的整句。

④ 按 4 次【F8】键将选中光标所在位置的整个段落。

⑤ 按 5 次【F8】键将选中整个文档。

3.3.3 文本内容复制与粘贴

若要复制所选文字：首先选定文本，按【Ctrl】+【C】组合键，即可复制文本。

若要粘贴所选文字：选定粘贴位置，按【Ctrl】+【V】组合键，即可粘贴文本。

3.3.4 Office 剪贴板

使用 Office 剪贴板可以从任意数目的 Office 文档或其他程序中收集文字、表格、数据表、图形等内容，再将其粘贴到任意 Office 文档中。例如，可以从一篇 Word 文档中复制一些文字，从 Microsoft Excel 中复制一些数据，从 Microsoft PowerPoint 中复制一个带项目符号的列表，从 Microsoft FrontPage 复制一些文字，从 Microsoft Access 中复制一个数据表，再切换回 Word，把收集到的部分或全部内容粘贴到 Word 文档中。

Office 剪贴板可与标准的"复制"和"粘贴"选项配合使用。只需将一个项目复制到 Office 剪贴板中，然后在任何时候均可将其从 Office 剪贴板中粘贴到任何 Office 文档中。在退出 Office 之前，收集的项目都将保留在 Office 剪贴板中。

3.3.5　选择性粘贴的使用

在复制文本或者 Word 表格后，可以将其粘贴为指定的样式，这样就需要用到 Word 的选择性粘贴功能。

① 选择需要复制的内容，按【Ctrl】+【C】组合键进行复制。

② 选定需要粘贴的位置，在"开始"→"剪贴板"选项组单击"粘贴"下拉按钮，在下拉菜单中选择"选择性粘贴"命令。

③ 打开"选择性粘贴"对话框，在"形式"列表框中选择一种适合的样式，如图 3-30 所示。

④ 单击"确定"按钮，即可以指定样式粘贴复制的内容。

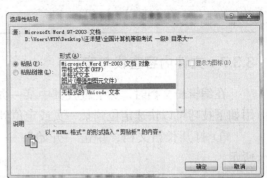

图 3-30　选择性粘贴

注意

在图 3-30 中，选择"粘贴链接"单选项，即可创建粘贴内容与原内容之间的内在链接。

3.3.6　文本剪切与移动

通过移动可以快速将文本放到合适的位置，具体操作如下。

1. 移动文本位置

① 选择需要移动的文本，松开鼠标然后按住鼠标左键，鼠标指针变成 形状，拖动鼠标至合适的位置再松开鼠标，完成移动文本。

② 拖动鼠标选择需要移动的文本块或段落，然后单击鼠标右键，在弹出的快捷菜单中选择"剪切"命令或者按【Ctrl】+【X】组合键，然后将光标定位在需要文档移动的位置处，单击鼠标右键，弹出"选择"选项，在"粘贴选项"下，单击"保留源格式"按钮，或按【Ctrl】+【V】组合键完成文本内容的移动。

2. 移动光标位置

移动光标位置的方法主要有以下两种。

① 改变鼠标位置移动光标：用鼠标把"Ⅰ"光标移到特定位置，单击即可。

② 利用键盘按键移动光标：相应的操作如表 3-1 所示。

表 3–1　　　　　　　　　　　　　　　光标移动键的功能

按　　键	插入点的移动
【↑】/【↓】，【←】/【→】	向上/下移一行，向左/右侧移动一个字符
【Ctrl】+向左键【←】/【Ctrl】+向右键【→】	左移一个单词/右移一个单词
【Ctrl】+向上键【↑】/【Ctrl】+向下键【↓】	上移一段/下移一段
【Page Up】/【Page Down】	上移一屏（滚动）/下移一屏（滚动）
【Home】/【End】	移至行首/移至行尾
【Tab】	右移一个单元格（在表格中）
【Shift】+【Tab】	左移一个单元格（在表格中）
【Alt】+【Ctrl】+【Page Up】/【Alt】+【Ctrl】+【Page Down】	移至窗口顶端/移至窗口结尾
【Ctrl】+【Page Down】/【Ctrl】+【Page Up】	移至下页顶端/移至上页顶端
【Ctrl】+【Home】/【Ctrl】+【End】	移至文档开头/移至文档结尾
【Shift】+【F5】	移至前一处修订，若打开文档后立即按组合键，则移至上一次关闭文档时插入点所在位置

3.3.7　文件内容查找与定位

在编辑长文档时，为了查找其中某一页的内容，利用鼠标滚动的方法很浪费时间，而利用如下技巧可以快速定位到某一页或定位到指定的对象，具体的操作方法如下。

① 打开长篇文档，单击"开始"→"编辑"选项组中的"替换"按钮，如图 3-31 所示。

② 打开"查找和替换"对话框，选择"定位"选项卡，在"定位目标"列表框中选中"页"选项，接着在"输入页号"文本框中输入查找的页码（如"8"），单击"定位"按钮确定，如图 3-32 所示。

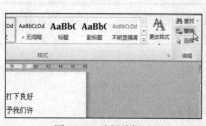

图 3-31　选择编辑选项

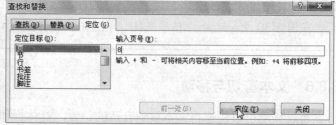

图 3-32　定位指定页

③ 自动关闭"查找和替换"对话框，文档自动定位到指定页。

3.3.8　文件内容的替换

在长篇文档内用户可以通过查找的方式快速找到需要的文本，无论是普通文本还是具有特殊条件的文本，都可以快速完成查找。下面具体介绍如何进行查找。

1. 文件内容的查找

（1）普通查找

① 单击"开始"→"编辑"选项组中的"查找"按钮，在下拉菜单中选择"查找"命令。

② 在"导航"菜单栏里，输入需要查找的文字，如"办法"，文档中的对应字符自动被标注出来，并显示文本中有几个匹配项，如图 3-33 所示。

（2）特殊文本的查找——数字

① 单击"开始"→"编辑"选项组的"查找"按钮，在下拉菜单中选择"高级查找"。

② 打开"查找和替换"对话框，单击"特殊格式"选项，打开下拉菜单，选择查找的格式，如"任意数字"，单击该选项，如图 3-34 所示。

③ 在"查找内容"中，自动输入代表任意数字的通配符（^#）。在"搜索"选项中单击下拉按钮，选择"全部"选项。

④ 在"查找"选项下，单击"阅读突出显示"选项，打开下拉菜单，选择"全部突出显示"。

⑤ 文档中所有的数字均查找完毕并标注完成，如图 3-35 所示，用户可以快速浏览文本所有的数字以查找位置。

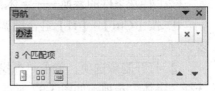

图 3-33　搜索"办法"字样

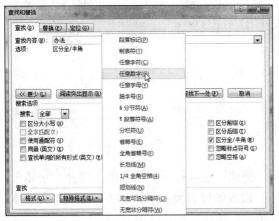

图 3-34　选择任意数字

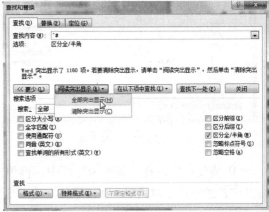

图 3-35　突出显示替换

2. 文件内容的替换

当用户需要对整篇文档中所有相同的部分文档进行更改时，可以采用替换的方法快速达到目的。下面具体介绍使用方法。

（1）普通替换

① 单击"开始"→"编辑"选项组中的"替换"按钮，打开"查找和替换"对话框，或者按【Ctrl】+【H】组合键调出该对话框。

图 3-36　替换文本内容

② 在"替换"选项下的"查找内容"框中输入查找的字符，在"替换为"框中输入替换的内容，如查找"方法"字符，替换为"办法"，单击"替换"按钮，如图 3-36 所示，每单击一次则自动查找并替换一处。

③ 不断重复单击"替换"按钮，直至文档最后，完成文档内所有的查找内容均被替换的操作。

（2）特殊条件的替换——字体替换

① 按【Ctrl】+【H】组合键调出"替换"对话框。单击"更多"按钮，打开隐藏的更多选项。

② 打开隐藏选项，单击"查找内容"框定位光标，再单击"格式"按钮打开下拉菜单，选择"字体"选项，如图 3-37 所示。

③ 打开"查找字体"对话框，在"字体"选项卡下，设置需要查找的字体样式，如"中文字体"为"宋体"，"字号"为"五号"，单击"确定"按钮，如图 3-38 所示。

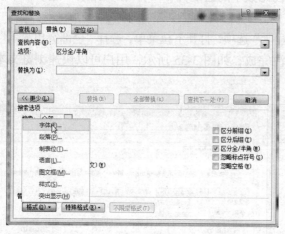

图 3-37　选择字体

图 3-38　替换前字体

④ 将光标定位在"替换为"框中，再单击"格式"选项打开下拉菜单，选择"字体"，打开"替换字体"对话框。在"字体"选项卡下，设置需要替换的字体样式，如"中文字体"为"隶书"，"字号"为"小四"，单击下方的"确定"按钮，如图 3-39 所示。

⑤ 单击"全部替换"按钮，系统会自动完成对查找字体格式的全部替换，并弹出提示框，提示完成了几处替换，如图 3-40 所示。

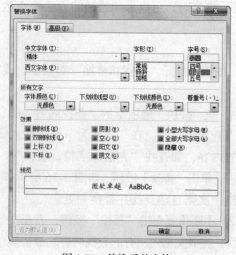

图 3-39　替换后的字体

图 3-40　全部替换

3.4 文本与段落格式设置

3.4.1 字体、字号和字形设置

设置字符的基本格式是 Word 对文档进行排版美化的最基本操作，其中包括对文字的字体、字号、字形、字体颜色、字体效果等字体属性的设置。

通过设置 Word 2010 的字体、字号及字形，可以快速为文档中的字体设置不同的字体格式。如图 3-41 所示，图中给出了字体选项组包含的属性。

用户可以在"字体"对话框中的"字体"选项卡中设置字体、字形及字号，如图 3-42 所示。

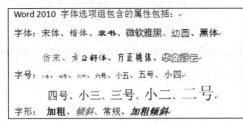

图 3-41　字体选项组包含的属性效果

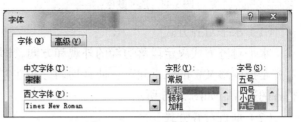

图 3-42　设置字体

3.4.2 颜色、下划线与文字效果设置

设置 Word 2010 的字符属性，可以使文档更加易读，整体结构更加美观。如图 3-43 所示，图中给出了 Word 2010 的字符颜色、下划线以及文字效果。

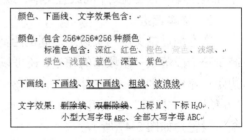

图 3-43　字符属性的部分设置效果

① 用户可以在"字体"对话框中单击"字体颜色"文本框下拉按钮，在下拉菜单中选择需要的字体颜色，如图 3-44 所示。

② 用户可以在"字体"对话框中单击"下划线线型"文本框下拉按钮，在下拉菜单中选择需要的下划线样式，如图 3-45 所示。

③ 用户可以在"字体"对话框中单击"效果"区域设置文字效果，如"删除线""上标""下标""小型大写字母"等。

3.4.3 段落格式设置

文本的段落格式与许多因素有关，如页边距、缩进量、水平对齐方式、垂直对齐方式、行间距、段前和段后间距等，使用"段落"对话框可以方便地设置这些值。

1. 对齐方式

对齐方式分为水平对齐方式和垂直对齐方式。

图 3-44　选择颜色

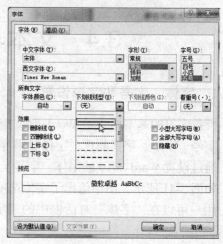

图 3-45　选择下划线

（1）水平对齐方式

水平对齐方式决定段落边缘的外观和方向，即左对齐、右对齐、居中或两端对齐。两端对齐是指调整文字的水平间距，使其均匀分布在左右页边距之间。两端对齐使两侧文字具有整齐的边缘，如图 3-46 所示。

（2）垂直对齐方式

垂直对齐方式决定段落相对于上、下页边距的位置。例如，当创建一个标题页时，可以很精确地在页面的顶端或中间放置文本，或者调整段落使之能够以均匀的间距向下排列。

2．文本缩进

文本缩进指文本与页边距之间的距离。它决定段落到左或右页边距的距离，可以增加或减少一个段落或一组段落的缩进；还可以创建一个反向缩进（即凸出），使段落超出左边的页边距；还可以创建一个悬挂缩进，段落中的第一行文本不缩进，但是下面的行缩进。可以在"开始"→"段落"选项组单击"减少缩进量"按钮和"增加缩进量"按钮，对文本进行缩进设置，如图 3-47 所示。

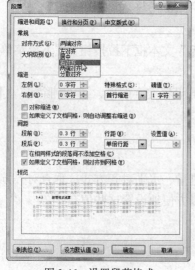

图 3-46　设置段落格式

图 3-47　设置缩进效果

3.4.4　段落间距设置

行间距是指从一行文字的底部到另一行文字底部的间距，其大小可以改变。Word将调整行距以容纳该行中最大的字体和最高的图形。它决定段落中各行文本间的垂直距离，其默认值是单倍行距，意味着间距可容纳所在行的最大字体并附加少许额外间距。如果某行包含大字符、图形或公式，Word将增加该行的行距。如果出现某些项目显示不完整的情况，可以为其增加行间距，使之完全表示出来。

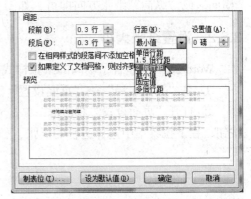

图 3-48　设置行间距

段间距是指上一段落与下一段落间的间距，段落间距决定段落的前后空白距离的大小，其大小可以改变。用户可以在"段落"对话框中的"间距"区域设置段间距，还可以在"行距"下拉菜单中设置行间距，如图 3-48 所示。

3.4.5　段落边框与底纹设置

用户可以为整段文字设置段落边框和底纹，以对整段文字进行美化设置。

① 在"开始"→"段落"选项组单击"框线"下拉按钮，在下拉菜单中选择一种适合的边框线，即可为段落添加边框样式，如图 3-49 所示。

② 在"开始"→"段落"选项组单击"底纹"下拉按钮，在下拉菜单中选择一种底纹颜色，即可为段落添加底纹，如图 3-50 所示。

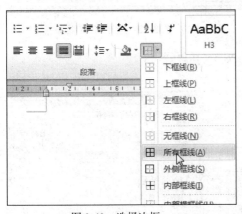

图 3-49　选择边框

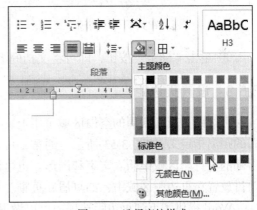

图 3-50　选择底纹样式

3.5　页面版式设置

3.5.1　设置纸张方向

设置页面的主要内容包括页边距、选择页面的方向（"纵向"或"横向"）、选择纸张的大小等。在"页面布局"→"页面设置"选项组单击"纸张方向"下拉按钮，在下拉菜单中选择

"横向"或"纵向"纸张方向即可，如图 3-51 所示。

3.5.2 设置纸张大小

Word 2010 中包含了不同的纸张样式，用户可以根据实际需要，设置文档的纸张大小。

① 在"页面布局"→"页面设置"选项组单击 按钮。

② 打开"页面设置"对话框，单击"纸张"选项卡，接着单击"纸张大小"文本框下拉按钮，在下拉菜单中选择适合的纸张，如"32 开"，如图 3-52 所示。

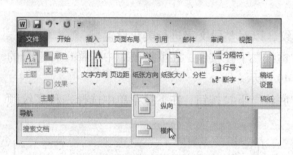

图 3-51　横向纸张

图 3-52　选择 32 开纸张

③ 单击"确定"按钮，即可将文档的纸张更改为 32 开样式。

3.5.3 设置页边距

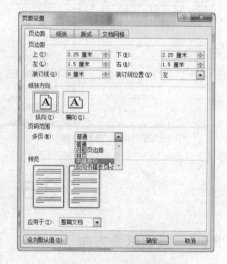

页边距是页面四周的空白区域（用上、下、左、右的距离指定），如图 3-53 所示。通常，可在页边距内部的可打印区域中插入文字和图形。也可以将某些项目放置在页边距区域中，如页眉、页脚、页码等。

Word 提供了下列页边距选项，可以做以下更改。

① 使用默认的页边距或指定自定义页边距。

② 添加用于装订的边距。使用装订线边距在要装订的文档两侧或顶部的页边距添加额外的空间。装订线边距保证不会因装订而遮住文字。

③ 设置对称页面的页边距。使用对称页边距设置双面文档的对称页面，如书籍或杂志。在这种情况下，左侧页面的页边距是右侧页面页边距的镜像（即内侧

图 3-53　设置页边距

页边距等宽，外侧页边距等宽）。

④ 添加书籍折页。打开"页面设置"对话框，在"页码"区域单击"普通"下拉按钮，在其下拉列表中选择"书籍折页"选项，可以创建菜单、请柬、事件程序或任何其他类型使用单独居中折页的文档。

⑤ 如果将文档设置为小册子，可用编辑任何文档的相同方式在其中插入文字、图形和其他可视元素。

3.5.4 设置分栏效果

1. 分页与分节

当文字填满整页时，Word 会自动按照用户所设置页面的大小自动进行分页，以美化文档的视觉效果，不过系统自动分页的结果并不一定就能符合用户的要求，此时需要使用强制分页和分节功能。用户可以在"页面设置"选项组单击"分隔符"下拉按钮，在下拉菜单中选择对应的分页与分节效果，如图 3-54 所示。

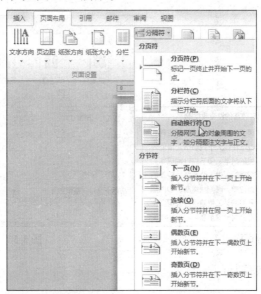

图 3-54　分页与分节符

关于分页与分节符功能可以参考表 3-2。

表 3-2　　　　　　　　　　　　　　分页与分节符功能

名　称	功　能
分页符	执行"分页符"命令后，标记一页终止并开始下一页
分栏符	执行"分栏符"命令后，其光标后面的文字将从下一栏开始
自动换行符	分隔网页上的对象周围的文字，如分隔题注文字与正文
下一页	分节符后的文本从新的一页开始
连续	新页中的文本与其前面一节同处于当前页
偶数页	新页中的文本显示或打印在下一个偶数页上，如果该分节符已经在一个偶数页上，则其下面的奇数页为一空页
奇数页	新页中的文本显示或打印在下一个奇数页上，如果该分节符已经在一个奇数页上，则其下面的偶数页为一空页

2. 分栏

新生成的 Word 空白文档的分栏格式是一栏，但可以进行复杂的分栏排版，可在同一页中进行多种分栏形式，如图 3-55 所示。

3. 创建新闻稿样式分栏

创建新闻稿样式分栏的操作步骤如下。

① 切换到"页面布局"选项卡。

② 选择要在栏内设置格式的文本，可以是整篇文档或部分文档。

③ 在"页面设置"选项组，单击"分栏"下拉按钮在其下拉列表中选择"更多分栏"命令，打开"分栏"对话框。

④ 选择有关分栏的选择项即可。例如，在"预设"部分指定两栏、三栏、偏左、偏右或在"栏数"框中指定栏数；在"宽度"和"间距"部分指定各栏的宽度、间距或选择"栏宽相等"复选框，指定分栏间添加垂直线，指定分栏的应用范围，如本节或插入点之后，如图 3-56 所示。

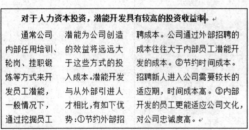

图 3-55　分栏样式

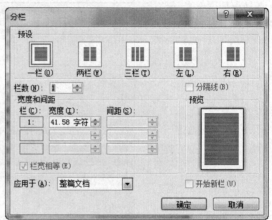

图 3-56　分栏样式

⑤ 单击"确定"按钮即可。

3.5.5　插入页眉页脚

页眉和页脚是文档中每个页面页边距的顶部和底部区域。

可以在页眉和页脚中插入文本或图形，如页码、章节标题、日期、公司徽标、文档标题、文件名或作者名等，这些信息通常打印在文档中每页的顶部或底部。通过单击"视图"菜单中的"页眉和页脚"，可以在页眉和页脚区域中进行操作。

1. 创建每页都相同的页眉和页脚

① 在"插入"→"页眉页脚"选项组单击"页眉"或"页脚"下拉按钮，选择一种样式，以激活"页眉页脚"区域。

② 若要创建页眉，请在页眉区域中输入文本和图形。

③ 若要创建页脚，在"导航"选项组单击"转至页脚"按钮，移动到页脚区域，然后输入文本或图形。

④ 可以在"字体"选项组设置文本的格式。

⑤ 结束后，在"页眉和页脚"→"设计"→"关闭"选项组单击"关闭页眉和页脚"按钮。

2. 为奇偶页创建不同的页眉或页脚

① 在"插入"→"页眉页脚"选项组单击"页眉"下拉按钮，在下拉菜单中选择一种页眉样式。

② 在"页眉和页脚"→"选项"选项组，选中"奇偶页不同"复选框。

③ 如果必要，单击"导航"选项组中的"上一节"或"下一节"以移动到奇数页或偶数页的页眉或页脚区域。

④ 在"奇数页页眉"或"奇数页页脚"区域为奇数页创建页眉和页脚；在"偶数页页眉"或"偶数页页脚"区域为偶数页创建页眉和页脚。

3.5.6 插入页码

在为文档插入页眉页脚的同时还可以为文档插入页码，插入页码的好处是可以清楚地看到文档的页数，也可以在打印时方便对打印文档的整理。

① 在"插入"→"页眉和页脚"选项组单击"页码"下拉按钮，在下拉菜单中选择"设置页码格式"命令。

② 打开"页码格式"对话框，单击"编号格式"文本框右侧下拉按钮，在下拉菜单中选择一种页码格式，如图 3-57 所示。

③ 单击"确定"按钮，返回文档中即可为文档插入页码。

图 3-57　"页码格式"对话框

> **注意**
>
> 用户可以在"起始页码"文本框中设置起始页码为任意页数，如 5、10 等。

3.5.7 设置页面背景

普通创建的文档是没有页面背景的，用户可以为文档的页面添加背景颜色，如在背景上添加"请勿复制"的水印，提醒文档的阅览者不要复制文档内容。

① 在"页面布局"→"页面背景"选项组中单击"水印"下拉按钮，在下拉菜单中选择"自定义水印"命令。

② 打开"自定义水印"对话框，选中"文字水印"单选按钮，接着单击"文字"右侧文本框下拉按钮，在下拉菜单中选择"禁止复制"命令。

③ 单击"颜色"文本框右侧下拉按钮，在下拉菜单中选择需要设置的颜色，如"紫色"，如图 3-58 所示。

图 3-58　设置水印

④ 单击"确定"按钮，系统即可为文档添加自定义的水印效果。

3.6 图片、图形与 SmartArt

3.6.1 插入图片

图片可以丰富和美化文档内容，用户可以将保存在计算机中的图片插入文档中，具体操作如下。

① 在"插入"→"插图"选项组单击"图片"按钮。

② 打开"插入图片"对话框，找到需要插入图片所保存的路径，并选中插入的图片。

③ 单击"插入"按钮，即可在文档中插入选中的图片。

3.6.2 图片编辑与美化

对插入文档中的图片，用户可以对其进行美化设置，如为图片设置效果，设置图片与文字的排列方式等。

1. 美化图片

① 选中图片，在"图片工具"→"格式"→"图片样式"选项组单击"图片效果"下拉按钮，在下拉菜单中选择"棱台"→"凸起"命令，即可设置图片的棱台效果，如图 3-59 所示。

② 选中图片，在"图片工具"→"格式"→"图片样式"选项组单击"图片效果"下拉按钮，在下拉菜单中选择"发光"命令，在弹出的列表中选择合适的发光变体，即可设置图片的发光效果，如图 3-60 所示。

图 3-59 设置棱台效果

图 3-60 设置"发光"格式

2. 设置图片效果

① 选择图片，在"图片工具"→"格式"→"排列"选项组单击"自动换行"下拉按钮，在下拉菜单中选择"紧密型环绕"命令。

② 所选择的图片在设置后实现了文字和图片的环绕显示，用鼠标移动或按键盘上的方向键即可移动图片到合适位置，设置后效果如图 3-61 所示。

图 3-61　最终效果

3.6.3　插入形状

在 Word 2010 中用户可以在文档中插入形状，形状分为"线条""基本形状""箭头汇总""流程图""标注""星与旗帜"等类型，用户可以根据文本需要，插入相应的形状。

① 在"插入"→"插图"选项组中单击"形状"下拉按钮，在下拉菜单中选择合适的图形插入，如选择"基本形状"下的"心形"，如图 3-62 所示。

② 拖动鼠标画出合适的图形大小，完成图形的插入，如图 3-63 所示，将光标放置在图形的控制点上，可以改变图形的大小。

图 3-62　选择图形

图 3-63　插入图形样式

3.6.4　手动绘制图形

如果"形状"下拉菜单中的图形都不能符合要求，用户还可以手动绘制形状，如绘制任意多边形或者任意曲线等。

① 在"插入"→"插图"选项组中单击"形状"下拉按钮，在下拉菜单中选择"任意多边形"，如图 3-64 所示。

② 此时鼠标指针变为黑色"十"字，拖动鼠标即可在文档中绘制线条，单击鼠标后即可绘制连接的另一线条，如图 3-65 所示。

③ 在绘制多边形的最后，将最后一根线条的终点与第一根线条的起点重合，即可完成绘

第 3 章　Word 2010 的使用

91

制，效果如图 3-66 所示。

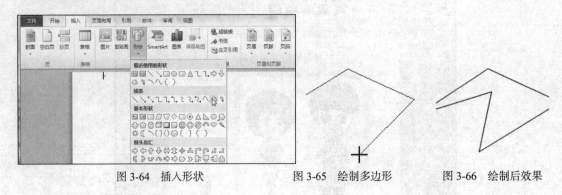

图 3-64　插入形状　　　　　图 3-65　绘制多边形　　　　图 3-66　绘制后效果

3.6.5　设置与编辑图形

对于插入文档中的图形，用户可以在"绘图工具"下对其进行美化操作。

① 在"绘图工具"→"格式"→"形状样式"选项组中单击"形状样式"下拉按钮，打开更多的样式选项菜单，单击选择合适的外观样式选项，如选择"复合型轮廓，强调文字颜色 5"样式，如图 3-67 所示。

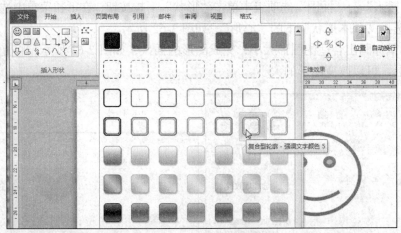

图 3-67　设置图形样式

② 插入图形会自动完成添加外观样式的设置，达到美化效果。

3.6.6　插入 SmartArt 图形

Word 2010 中的 SmartArt 图形中，新增了图形图片布局，可以在图片布局图表的 SmartArt 图形中插入图片，填写文字及建立组织结构图等。下面介绍如何插入 SmartArt 图形。

① 在"插入"→"插图"选项组中单击形状下拉按钮，在下拉菜单中单击"SmartArt"命令按钮。

② 打开"选择 SmartArt 图形"对话框，在左侧单击"层次结构"，接着在右侧选中子图形类型，如图 3-68 所示。

③ 选中图形类型后，单击"确定"按钮，即可在文档中插入所选的 SmartArt 图形。

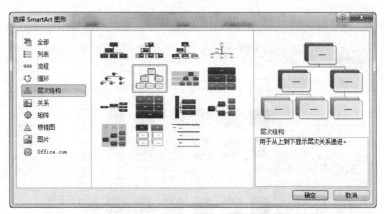

图 3-68 插入 SmartArt 图形

3.6.7 调整与设置 SmartArt 图形

在插入 SmartArt 图形后，可以对图形进行调整和设置，如对图形的样式及颜色进行设置。

① 在 "SmartArt 工具" → "设计" → "SmartArt 样式" 选项组中单击 按钮，在下拉菜单中选择适合的样式，如 "卡通"，如图 3-69 所示。

② 在 "SmartArt 工具" → "设计" → "SmartArt 样式" 选项组中单击 "更改颜色" 下拉按钮，在下拉菜单中选择适合的颜色，如 "彩色范围、强调文字颜色 4-5"，如图 3-70 所示。

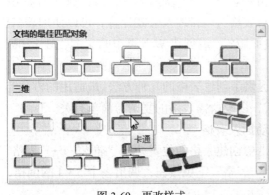

图 3-69 更改样式

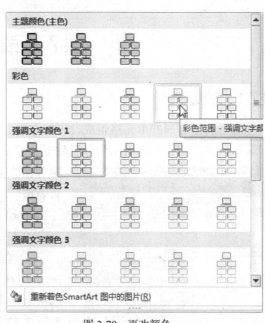

图 3-70 更改颜色

3.6.8 SmartArt 图形美化

在插入 SmartArt 图形后，可以对图形进行快速美化，或者对图形设置不同的填充颜色、不同的形状效果进行美化。

选中任意图形，在 "SmartArt 工具" → "格式" → "形状样式" 选项组中单击 按钮，在下拉菜单中选择适合的形状样式，如图 3-71 所示。

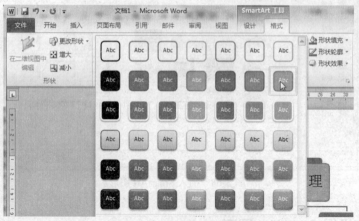

图 3-71　美化 SmartArt 图形

注意

用户还可以选中某个图形，在"形状样式"选项组的"形状填充""形状轮廓"以及"形状效果"下拉菜单中对图形逐一进行美化操作。

3.7　表格处理

3.7.1　创建表格

表格由行和列的单元格组成。可以在单元格中填写文字和插入图片；表格通常用来组织和显示信息，用于快速引用和分析数据，还可对表格进行排序及公式计算，可以使用表格创

图 3-72　插入表

建有趣的页面版式，或创建 Web 页中的文本、图片和嵌套表格。

Word 提供了创建表格的几种方法。最适用的方法与工作的方式，以及所需表格的复杂与简单有关。

1. 自动插入表格

① 单击要创建表格的位置，在"插入"→"表格"选项组单击"表格"下拉按钮，调出一个 5×4 的网格，如图 3-72 所示。

② 拖动鼠标，选定所需的行数、列数。

2. 使用"插入表格"

使用该步骤可以在将表格插入文档之前选择表格的大小和格式。

① 单击要创建表格的位置，在"插入"→"表格"

选项组单击"表格"下拉按钮，选择"插入表格"命令，打开"插入表格"对话框。

② 在"表格尺寸"栏，选择所需的行数和列数，如图 3-73 所示。

③ 在"'自动调整'操作"栏，选择调整表格大小的选项。

④ 若要使用内置的表格格式，单击"快速表格"，选择所需选项。

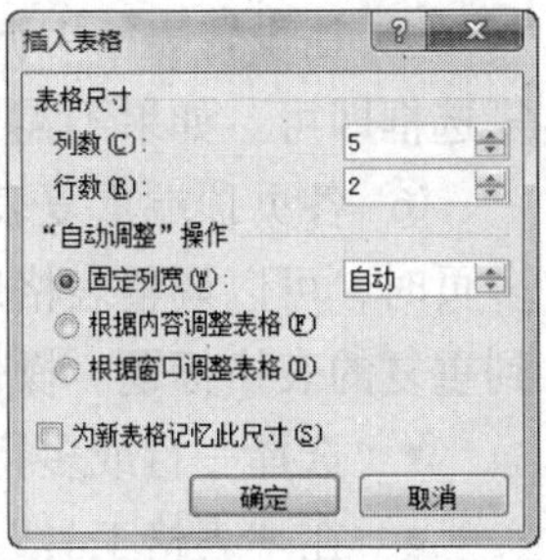

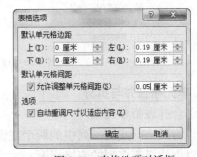

图 3-73　指定行、列数插入表

3. 设置表格属性

使用表格属性对话框，可以方便地改变表格的各种属性，主要包括对齐方式、文字环、边框和底纹、默认单元格边距、默认单元格间距、自动调整大小适应内容、行、列、单元格。下面以表 3-3 所示的学生成绩表为例设置表格的各种属性。

表 3-3　　　　　　　　　　学生成绩表

学号	姓名	性别	数学	英语	语文	化学	物理	总分	平均分
121232	李思飞	男	75	85	85	88	95	343	85.6
121231	汪婉清	女	95	68	80	85	90	350	83.6
121233	张蕊	女	96	69	98	86	96	376	89

① 单击需要设置属性的表格。在"表格工具"→"布局"→"表"选项组单击"表格属性"按钮，打开"表格属性"对话框，如图 3-74 所示。

② 设置"表居中，无文字环绕"。单击"文字环绕"栏下的"无"图文框，再单击"对齐方式"栏下的"居中"图文框即可。

③ 设置表格的默认单元格边距。在"表格工具"→"布局"→"对齐方式"选项组单击"单元格边距"按钮，打开"表格选项"对话框，如图 3-75 所示。在"默认单元格边距"栏，输入所需要的数值，上、下边距为 0 厘米，左、右边距为 0.19 厘米。

图 3-74　"表格属性"对话框

图 3-75　表格选项对话框

④ 设置表格的默认单元格间距（单元格之间的距离）为 0.05 厘米。在"表格选项"对话框中，选中"允许调整单元格间距"，在右边的框中输入所需要的数值"0.05"。

⑤ 在设置表格中调整尺寸。在"表格选项"对话框中，选中"自动调整尺寸以适应内容"复选框即可。如果不需要根据输入的文字自动调整大小，取消选中此复选框即可。

⑥ 各页顶端重复表格标题。当处理大型表格时，它一定会在分页符处被分割。当表格有多页时，可以调整表格以确认信息按所需方式显示。但只能在页面视图或打印出的文档中看到重复的表格标题。操作步骤如下。

- 选择一行或多行标题行，选定内容必须包括表格的第一行。
- 在"表格工具"→"布局"→"对齐方式"选项组单击"重复标题行"按钮。

> **注意**
>
> Word 能够依据分页符自动在新的一页上重复表格标题，如果在表格中插入了手动分页符，则 Word 无法重复表格标题。

3.7.2 表格的基本操作

1. 行、列操作

① 选定要插入的单元格、行或列数目相同的行或列。

② 在右键菜单中单击"插入"命令，选择"在左侧插入列"或"在右侧插入列"命令，即可在左侧或右侧插入一列，选择"在上方插入行"或"在下方插入行"命令，即可在上方或下方插入行，如图 3-76 所示。选择"单元格"命令，会弹出"插入单元格"对话框，选择要插入的位置，如图 3-77 所示。

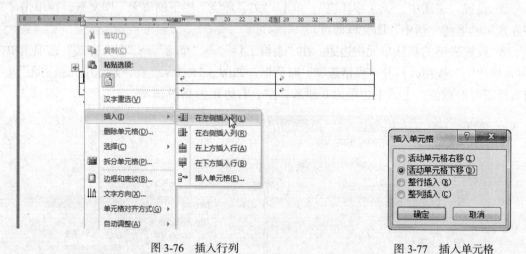

图 3-76 插入行列　　　　　　　图 3-77 插入单元格

2. 单元格合并与拆分

（1）合并表格单元格

可以将同一行或同一列中的两个或多个单元格合并为一个单元格。例如，可以横向合并单元格以创建横跨多列的表格标题。

① 选择要合并的单元格。

② 在"布局"→"合并"选项组单击"合并单元格"按钮，或单击"表格和边框"工具栏上的"合并单元格"按钮。

如果要将同一列中的若干单元格合并成纵跨若干行的纵向表格标题，可单击"表格和边框"工具栏上的"更改文字方向"来更改标题文字的方向。

（2）拆成多个单元格

① 在单元格中单击，或选择要拆分的多个单元格。

② 在"布局"→"拆分"选项组单击"拆分单元格"按钮，或单击"表格和边框"工具栏上的"拆分单元格"按钮。

③ 选择要将选定的单元格拆分成的列数或行数。

（3）拆分表格

方法一：

① 要将一个表格分成两个表格，单击要成为第二个表格的首行的行。

② 单击"表格"菜单中的"拆分表格"。

方法二：

选择要成为第二个表格的行（或行中的部分连续单元格，不连续选择仅对选择区域的最后一行有效），然后按【Shift】+【Alt】+【↓】组合键，即可按要求拆分表格。

用这种方法拆分表格更加自由、方便，特别是把表格中间的某几个连续的行拆分出来，作为一个独立的表格，或把表格中间的某些行拆分出来作为一个独立的表格。

3. 删除表格或清除其内容

可以删除整个表格，也可以清除单元格中的内容，而不删除单元格本身。

（1）删除表格及其内容

① 单击表格。

② 在"布局"→"行和列"选项组单击"删除"下拉按钮，在下拉菜单中选择"表格"命令。

（2）删除表格内容

① 选择要删除的项。

② 按【Delete】键。

（3）删除表格中的单元格、行或列

① 选择要删除的单元格、行或列。

② 在"布局"→"行和列"选项组单击"删除"下拉按钮，在下拉列表中选择"单元格""行"或"列"命令。

4. 移动或复制表格内容

① 选定要移动或复制的单元格、行或列。

② 请执行下列操作之一。

- 要移动选定内容，请将选定内容拖动至新位置。

• 要复制选定内容，请在按住【Ctrl】键的同时将选定内容拖动至新位置。

移动表格行的最简单方法：选定要移动的行的任意一个单元格，按【Shift】+【Alt】组合键，然后按上下方向键，按【↑】键可使选择的行在表格内向上移动，按【↓】键可使选定的行向下移动。用这种方法也可以非常方便地合并两个表格。

3.7.3 设置表格格式

1. 表格外观格式化

表格外观格式化有很多形式，如为表格添加边框、添加底纹，以及套用表格样式等。

（1）为表格添加边框

在 Word 中，在"设计"→"表格样式"选项组中单击"边框"下拉按钮，执行"边框和底纹"命令，在弹出的"边框和底纹"对话框中进行设置。也可以在"边框"下拉按钮中选择一种边框样式，对边框进行设置，如图 3-78 所示。

（2）为表格添加底纹

选择要添加底纹的区域，单击"表格样式"选项组中的"底纹"下拉按钮，在其下拉列表中选择一种色块，如"橙色"色块。也可以在"边框和底纹"对话框中单击"底纹"选项卡，在"填充颜色"下拉列表中选择一种色块。

（3）套用表格样式

Word 2010 为用户提供了多种表格样式，单击"设计"→"表格样式"选项组中的"其他"下拉按钮，在"内置"区域选择一种表格样式，即可套用表格样式，如图 3-79 所示。

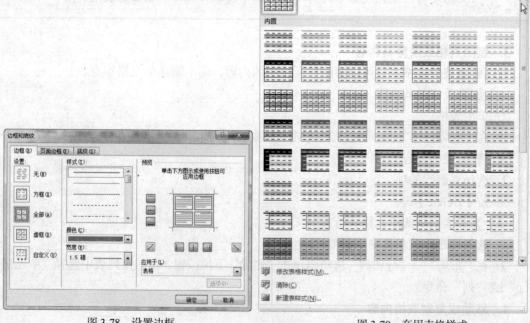

图 3-78　设置边框　　　　　　　　　　　　　图 3-79　套用表格样式

2. 表格内容格式化

对表格内容进行格式化，除了设置表格的对齐方式、文字方向等，还可以对表格进行转换。将文本转换成表格时，使用逗号、制表符或其他分隔符标记新的列开始的位置。

① 在要划分列的位置插入所需的分隔符。例如，在一行有两个字的列表中，在第一个字后插入逗号或制表符，从而创建一个两列的表格。

② 选择要转换的文本，在"表格工具"→"布局"→"数据"选项组单击"文本转换成表格"按钮。

③ 在"文字分隔位置"下，单击所需的分隔符按钮。

> **注意**
>
> 将表格转换成文本的操作步骤与此类似，只是在第②步中选择"将表格转换为文本"即可。

3.7.4 表格的高级应用

1. 表格计算

在表格中执行计算时，可用 A1、A2、B1、B2 的形式引用表格单元格，其中字母表示"列"，数字表示"行"。与 Word 不同，Word 对"单元格"的引用始终是绝对引用，并且不显示美元符号。例如，在 Word 中引用 A1 单元格与在 Word 中引用$A$1 单元格相同。

（1）引用单独的单元格

在公式中引用单元格时，用逗号分隔单个单元格，而选定区域的首尾单元格之间用冒号分隔，计算单元格的平均值。

（2）引用整行或整列

用以下方法在公式中引用整行和整列。

① 使用只有字母或数字的区域进行表示，如 1:1 表示表格的第一行。如果以后要添加其他的单元格，这种方法允许计算时自动包括一行中的所有单元格。

② 使用包括特定单元格的区域。例如，A1:A3 表示只引用一列中的三行。使用这种方法可以只计算特定的单元格。如果将来要添加单元格而且要将这些单元格包含在计算公式中，则需要编辑计算公式。

（3）计算行或列中数值的总和

① 单击要放置求和结果的单元格。如表 3-3 学生成绩表第一行的"总分"列下第一个单元格。

② 在"表格工具"→"布局"→"数据"选项组单击"公式"按钮。

③ 选定的单元格位于一行数值的右端，Word 将建议采用公式"=SUM（LEFT）"进行计算，单击"确定"按钮即可。如果选定的单元格位于一列数值的底端，Word 将建议采用公式"=SUM（ABOVE）"进行计算，单击"确定"按钮。

> **注意**
>
> - 若单元格中显示的是大括号和代码（例如，{=SUM（LEFT）}）而不是实际的求和结果，则表明 Word 正在显示域代码。按【Shift】+【F9】组合键，即可显示域代码的计算结果。
> - 若该行或列中含有空单元格，Word 不会对这一整行或整列进行累加。此时需要在每个空单元格中输入零值。

（4）在表格中进行其他计算

例如，计算表 3-3 学生成绩表第一行的平均分。

① 单击要放置计算结果的单元格。

② 在"表格工具"→"布局"→"数据"选项组单击"公式"按钮。

③ 若 Word 提议的公式非所需，请将其从"公式"框中删除。不要删除等号，如果删除了等号，请重新插入。

④ 在"粘贴函数"框中，单击所需的公式。例如，求平均值，单击"AVERAGE"。

⑤ 在公式的括号中输入单元格引用，可引用单元格的内容。如果需要计算单元格 D2 至 H2 中数值的平均值，应建立这样的公式："=AVERAGE（D2:H2）"。

2. 表格的排序

可以将列表或表格中的文本、数字或数据按升序或降序进行排序。在表格中对文本进行排序时，可以选择对表格中单独的列或整个表格进行排序。也可在单独的表格列中用多于一个的单词或域进行排序。

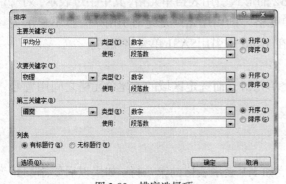

图 3-80　排序选择项

对表 3-3 学生成绩表按"平均分""物理""语文"进行升序排列，操作步骤如下。

① 选定要排序的列表或表格。

② 在"表格工具"→"布局"→"数据"选项组单击"排序"按钮。

③ 打开"排序"对话框，选择所需的排序选项。如果需要关于某个选项的帮助，请单击问号，然后单击该选项。排序设置如图 3-80 所示。

④ 完成设置后，单击"确定"按钮，即可进行排序。

3.8　Word 高级操作

3.8.1　样式与格式

1. 样式

（1）显示所有样式

先用鼠标选中文字，然后单击"开始"→"样式"选项组的"样式"下拉按钮，在下拉菜单中可以显示 Word 内置的所有样式。如果要把文字格式转化成两种主要的标题样式"标题 1""标题 2"，也可以直接使用键盘快捷方式，它们分别是【Ctrl】+【Alt】+【1】、【Ctrl】+【Alt】+【2】。

（2）去掉文本的一切修饰

假如用 Word 编辑了一段文本，并进行了多种字符排版格式，有宋体、楷体，有上标、下标等。如果对这段文本中字符排版格式不太满意，选中这段文本，然后按【Ctrl】+【Shift】+【Z】组合键就可以去掉选中文本的一切修饰，以缺省的字体和大小显示文本。

2. 格式

在文档中为文本设置格式后，如果想要继续在其他文档中使用相同的格式，可以将其保存到"样式"集中。

操作步骤如下。

① 选中设置好格式的文字，在"开始"→"样式"选项组单击 按钮，在下拉菜单中选择"将所选内容保存为新快速样式"命令，如图 3-81 所示。

② 打开"根据格式设置创建新样式"对话框，在"名称"文本框中输入名称"艺术字"，如图 3-82 所示。

③ 单击"确定"按钮，即可将选中的格式保存为新的样式。

④ 如果想要清除文档中的格式，可以在"样式"下拉菜单中选择"清除格式"命令。

图 3-81　保存格式

图 3-82　设置保存名称

3.8.2　拼写和语法检查

完成对文档的编写后，逐字逐句地检查文档内容会显得费力、费时，此时可以使用 Word 中的"拼写和语法"功能对文档内容进行检查。

在"审阅"→"校对"选项组单击"拼写和语法"按钮，打开"拼写和语法"对话框，对话框的"易错词"文本框中会显示出系统认为错误的词，并在"建议"文本框中显示建议的词，对错误的词汇进行更改，对正确的词汇可以直接跳过，如图 3-83 所示。

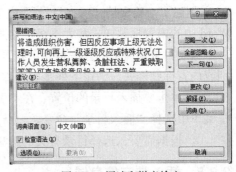

图 3-83　语法和拼音检查

3.8.3　文档审阅

为了便于联机审阅，Word 允许在文档中快速创建和查看修订和批注。为了保留文档的版式，Word 在文档的文本中显示一些标记元素，而其他元素则显示在批注框中，如图 3-84 所示。

修订用于显示文档中所做的诸如删除、插入或其他编辑更改的位置的标记。启用修订功能时，作者或其他审阅者的每一次插入、删除或是格式更改都会被标记出来。作者查看修订时，可以接受或拒绝每处更改。打开或关闭"修订"模式，在"审阅"→"修订"选项组单击"修订"按钮打开"修订"模式；再次单击"修订"按钮或使用快捷键【Ctrl】+【Shift】+【E】，关闭"修订"模式。

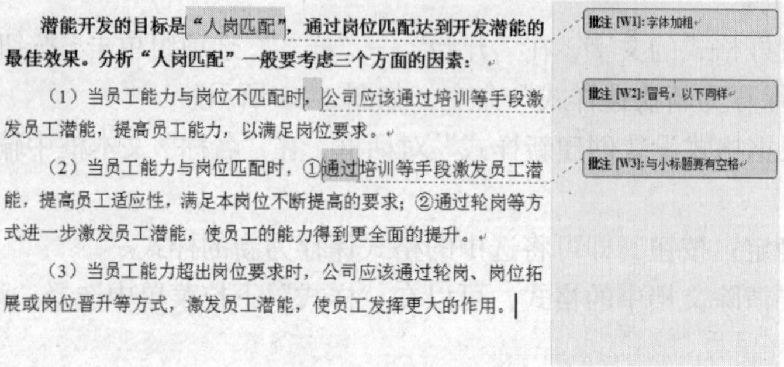

潜能开发的目标是"人岗匹配"，通过岗位匹配达到开发潜能的最佳效果。分析"人岗匹配"一般要考虑三个方面的因素：

（1）当员工能力与岗位不匹配时，公司应该通过培训等手段激发员工潜能，提高员工能力，以满足岗位要求。

（2）当员工能力与岗位匹配时，①通过培训等手段激发员工潜能，提高员工适应性，满足本岗位不断提高的要求；②通过轮岗等方式进一步激发员工潜能，使员工的能力得到更全面的提升。

（3）当员工能力超出岗位要求时，公司应该通过轮岗、岗位拓展或岗位晋升等方式，激发员工潜能，使员工发挥更大的作用。

批注 [W1]：字体加粗

批注 [W2]：冒号，以下同样

批注 [W3]：与小标题更有空格

图 3-84　插入批注

批注是作者或审阅者为文档添加的注释。Word 文档的页边距或"审阅窗格"中的气球上显示批注。当查看批注时，可以删除或对其进行响应。

插入批注的操作步骤如下。

① 选择要设置批注的文本或内容，或单击文本的尾部。

② 在"审阅"→"批注"选项组中单击"新建批注"按钮，即可插入批注框。

③ 在批注框中输入批注文字即可。

3.8.4　自动生成目录

目录是文档中标题的列表。用户可以通过目录来浏览文档中讨论了哪些主题。如果为 Web 创建了一篇文档，可将目录置于 Web 框架中，这样就可以方便地浏览全文了。可使用 Word 中的内置标题样式和大纲级别格式来创建目录。

编制目录最简单的方法是使用内置的大纲级别格式或标题样式。如果已经使用了大纲级别或内置标题样式，请按下列步骤操作。

① 单击要插入目录的位置，在"引用"→"目录"选项组单击"目录"下拉按钮，在下拉菜单中选择"插入目录"命令。

② 根据需要，选择目录有关的选项，如格式、级别等。

3.8.5　插入特定信息域

在 Word 文档中，还可以插入特定信息的域，如日期域。

① 在"插入"→"文本"选项组中单击"文档部件"下拉按钮，在其下拉类别中选择"域"命令，打开"域"对话框。

② 在对话框的"类别"文本框下拉列表中选择"日期和时间"选项，接着在"域名"列表框中选中"CreateDate"选项，激活"域属性"区，然后在"域属性"区下的日期列表框中选中"May 2，2013"选项，如图 3-85 所示。

③ 设置完成后，单击"确定"按钮，将设置的日期域插入指定位置。

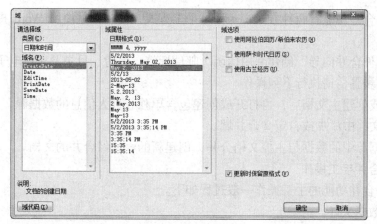

图 3-85　插入时间域

3.8.6　邮件合并

1. 邮件合并综述

在实际编辑文档中，经常遇到这种情况，即多个文档的大部分内容是固定不变的，只有少部分内容是变化的。例如，会议通知中，只有被邀请人的单位和姓名是变的，其他内容是完全相同的；会议通知的信封发出单位是固定不变的，收信人单位、邮政编码和收信人的姓名是变的。如图 3-86 所示。对于这类文档，如果逐份编辑，显然是费时费力，且易出错。Word 为解决这类问题提供了邮件合并功能，使用该功能可以方便地解决这类问题。

使用邮件合并功能解决上述问题需要两个文件。

● 主控文档：它包含两部分内容，一部分是固定不变的，另一部分是可变的，用"域名"表示，如图 3-87 所示。

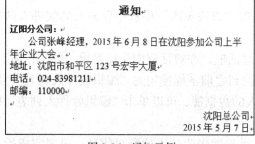

图 3-86　通知示例

图 3-87　主控文档

● 数据文件：它用于存放可变数据，如会议通知的单位和姓名。数据文件可以用 Excel 编写，如图 3-88 所示，也可以用 Word 编写。这些可变数据也可以存入数据库中，如存入 Access 中。

姓名	分公司	邮箱	职称
张峰	辽阳分公司	zhangfeng@126.com	经理
刘刚	阜新分公司	liugang@126.com	经理
李芳	铁岭分公司	lifang@sohu.com	经理
刘明伟	本溪分公司	lmingwei@126.com	经理
赵波	抚顺分公司	zhaobo@163.com	经理

图 3-88　数据文件

使用邮件合并功能有两种方式，一种是手工方式，另一种是使用 Word 提供的"邮件合并向导"。

使用"邮件合并向导"创建套用信函、邮件标签、信封、目录及大量电子邮件和传真。若要完成基本步骤，请执行下列操作。

① 打开或创建主文档后，再打开或创建包含单独收件人信息的数据源。

② 在主文档中添加或自定义合并域。

③ 将数据源中的数据与主控文档合并，创建新的、已经合并的文档。

2. 邮件合并手工操作

使用邮件合并功能的手工操作一般过程如下。

- 制作数据文件。
- 创建主控文档。
- 在主文档中添加或自定义合并域。
- 将数据源中的数据与主控文档合并，创建新的、已经合并的文档。

具体操作步骤如下。

① 制作数据文件。存入数据，文件名为"会议通知 Word 数据.doc"。

② 创建主控文档。

- 打开 Word 文档，利用创建的通知模板新建一个会议通知。
- 对文本进行格式化设置。

③ 启用"信函"功能及导入收件人信息。

- 打开通知，在"邮件"→"开始邮件合并"选项组中单击"开始邮件合并"下拉按钮，在其下拉列表中选择"信函"命令。
- 接着在"开始邮件合并"选项组单击"选择收件人"下拉按钮，在其下拉列表中选择"使用现有列表"命令。
- 打开"选择数据源"对话框，在对话框的"查找范围"中选中要插入的收件人的数据源。
- 单击"打开"按钮，打开"选择表格"对话框，在对话框中选择要导入的工作表。
- 单击"确定"按钮，返回文档中，可以看到之前不能使用的"编辑收件人列表""地址块""问候语"等按钮被激活，如果要编辑导入的数据源，可以单击"编辑收件人列表"按钮，打开"邮件合并收件人"对话框。
- 在"邮件合并收件人"对话框中，可以重新编辑收件人的资料信息，设置完成后，单击"确定"按钮。

④ 插入可变域。

- 在文档中将光标定位到文档头部，切换到"邮件"选项卡，在"编写和插入域"选项组中单击"插入合并域"下拉按钮。
- 在其下拉列表中选择"单位"域，即可在光标所在位置插入公司名称域。

⑤ 批量生成通知。

- 切换到"邮件"选项卡，在"完成"选项组中单击"完成并合并"下拉按钮。
- 在其下拉列表中选择"编辑单个文档"命令。
- 打开"合并到新文档"对话框，如果要合并全部记录，则选中"全部"单选项，如果要合并当前记录，则选中"当前记录"单选项，如果要指定合并记录，则可以选中最底部的单选项，并从中设置要合并的范围。选中"全部"单选项，直接单击"确定"按钮，即可生成"信函！"文档，并将所有记录逐一显示在文档中。

⑥ 以"电子邮件"方式发送通知。

• 在文档中"邮件"选项卡下的"完成"选项组中单击"完成并合并"下拉按钮，在其下拉列表中选择"发送电子邮件"命令。

• 打开"合并到电子邮件"对话框，在"邮件选项"栏下的"收件人"列表中选中"电子邮件"，在"主题行"文本框中输入邮件主题。

• 设置完成后单击"确定"按钮，即可启用 Outlook 2010，按照通知中的单位邮件地址，逐一向对象发送制作的通知。

3.9　文档打印

创建好 Word 文档后，有时候需要将文档打印出来，下面介绍文档的打印功能。

3.9.1　打印机设置

图 3-89　设置打印机

在打印文档前要准备好打印机：接通打印机电源、连接打印机与主机、添加打印纸、检查打印纸与设置的打印纸是否吻合等。

① 单击"文件"→"打印"命令，在右侧单击"打印机属性"按钮。

② 打开"Fax 属性"对话框，在对话框中可以设置纸张大小以及图形质量，如图 3-89 所示。

3.9.2　打印指定页

一般情况下，打印的是整个文档，但如果需要打印的文档过长，而又只需要打印文档中的某一个部分时，可以设置只打印指定的页，如打印 2～10 页。

① 单击"文件"→"打印"标签，展开打印设置选项。

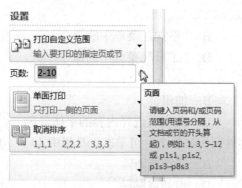

图 3-90　打印指定页

② 在右侧"设置"选项区域单击"打印所有页"下拉按钮，在下拉菜单中选择"打印自定义范围"命令，接着在"页数"文本中输入需要打印的页数，如图 3-90 所示。

3.9.3　打印奇偶页

在一篇长文档中会有奇数页和偶数页，用户可以根据需要只打印奇数页或者偶数页。

① 打开要打印的文档，单击"文件"→"打印"标签。

② 在右侧"设置"选项区域单击"打印所有页"下拉按钮，在下拉菜单中选择"仅打印奇数页"或者"仅打印偶数页"命令，如图 3-91 所示。

③ 单击"打印"按钮，即可只打印文档中的奇数页或者偶数页。

3.9.4　一次打印多份文档

单击"打印"按钮时，系统默认打印一份文档，如果想要打印多份文档，只需要在"打印"按钮后的"份数"文本框中输入需要打印的份数，如输入"6"，即可打印 6 份文档，如图 3-92 所示。

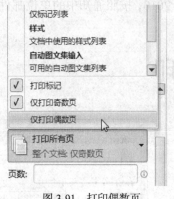

图 3-91　打印偶数页

图 3-92　打印多份文档

习题与操作题

一、选择题

1. 中文 Word 是（　　　）。

　　A. 字处理软件　　　　　B. 系统软件　　　　　C. 硬件　　　　D. 操作系统

2. 在 Word 的文档窗口进行最小化操作（　　　）。

　　A. 会将指定的文档关闭

　　B. 会关闭文档及其窗口

　　C. 文档的窗口和文档都没关闭

　　D. 会将指定的文档从外存中读入，并显示出来

3. 若想在屏幕上显示常用工具栏，应当使用（　　　）。

　　A. "视图"菜单中的命令　　　　　　　B. "格式"菜单中的命令

　　C. "插入"菜单中的命令　　　　　　　D. "工具"菜单中的命令

4. 在工具栏中 ∩ 按钮的功能是（　　　）。

　　A. 撤销上次操作　　　　　　　　　　B. 加粗

　　C. 设置下划线　　　　　　　　　　　D. 改变所选择内容的字体颜色

5. 用 Word 进行编辑时，要将选定区域的内容放到剪贴板上，可单击工具栏中（　　　）。

　　A. 剪切或替换　　　　　　　　　　　B. 剪切或清除

　　C. 剪切或复制　　　　　　　　　　　D. 剪切或粘贴

6. 在 Word 中，用户同时编辑多个文档，要一次将它们全部保存应（　　）。

A．按住【Shift】键，并选择"文件"菜单中的"全部保存"命令

B．按住【Ctrl】键，并选择"文件"菜单中的"全部保存"命令

C．直接选择"文件"菜单中"另存为"命令

D．按住【Alt】键，并选择"文件"菜单中的"全部保存"命令

7. 设置字符格式用（　　）操作。

A．"格式"工具栏中的相关图标　　　　　　B．"常用"工具栏中的相关图标

C．"格式"菜单中的"字体"选项　　　　　　D．"格式"菜单中的"段落"选项

8. 在使用 Word 进行文字编辑时，下面叙述中（　　）是错误的。

A．Word 可将正在编辑的文档另存为一个纯文本（*.TXT）文件

B．使用"文件"菜单中的"打开"命令可以打开一个已存在的 Word 文档

C．打印预览时，打印机必须是已经开启的

D．Word 允许同时打开多个文档

9. 使图片按比例缩放应选用（　　）。

A．拖动中间的句柄　　　　　　　　　　　　B．拖动四角的句柄

C．拖动图片边框线　　　　　　　　　　　　D．拖动边框线的句柄

10. 能显示页眉和页脚的方式是（　　）。

A．普通视图　　　　　B．页面视图　　　　　C．大纲视图　　　　D．全屏幕视图

11. 在 Word 中，如果要使图片周围环绕文字应选择（　　）操作。

A．"绘图"工具栏中"文字环绕"列表中的"四周环绕"

B．"图片"工具栏中"文字环绕"列表中的"四周环绕"

C．"常用"工具栏中"文字环绕"列表中的"四周环绕"

D．"格式"工具栏中"文字环绕"列表中的"四周环绕"

12. 将插入点定位于句子"飞流直下三千尺"中的"直"与"下"之间，按【Delete】
键，则该句子（　　）。

A．变为"飞流下三千尺"　　　　　　　　　B．变为"飞流直三千尺"

C．整句被删除　　　　　　　　　　　　　　D．不变

13. 在 Word 中，对表格添加边框应执行（　　）操作。

A．"格式"菜单中的"边框和底纹"对话框中的"边框"标签项

B．"表格"菜单中的"边框和底纹"对话框中的"边框"标签项

C．"工具"菜单中的"边框和底纹"对话框中的"边框"标签项

D．"插入"菜单中的"边框和底纹"对话框中的"边框"标签项

14. 要删除单元格，正确的是（　　）。

A．选中要删除的单元格，按【Delete】键

B．选中要删除的单元格，按剪切按钮

C．选中要删除的单元格，使用【Shift】+【Delete】组合键

D．选中要删除的单元格，使用右键的"删除单元格"

15. 中文 Word 的特点描述正确的是（　　）。

A．一定要通过使用"打印预览"才能看到打印出来的效果

B. 不能进行图文混排

C. 即点即输

D. 无法检查常见的英文拼写及语法错误

16. 在 Word 中，调整文本行间距应选取（   ）。

A. "格式"菜单中"字体"中的行距

B. "插入"菜单中"段落"中的行距

C. "视图"菜单中的"标尺"

D. "格式"菜单中"段落"中的行距

17. 在 Word 主窗口的右上角，可以同时显示的按钮是（   ）。

A. 最小化、还原和最大化　　　　　　B. 还原、最大化和关闭

C. 最小化、还原和关闭　　　　　　　D. 还原和最大化

18. 新建 Word 文档的快捷键是（   ）。

A.【Ctrl】+【N】　　　B.【Ctrl】+【O】　　　C.【Ctrl】+【C】　D.【Ctrl】+【S】

19. Word 的页边距可以通过（   ）设置。

A. "页面"视图下的"标尺"　　　　　B. "格式"菜单下的段落

C. "文件"菜单下的"页面设置"　　　D. "工具"菜单下的"选项"

20. 在 Word 中要使用段落插入书签应执行（   ）操作。

A. "插入"菜单中的"书签"命令　　　B. "格式"菜单中"书签"命令

C. "工具"菜单中的"书签"命令　　　D. "视图"菜单中"书签"命令

21. 下面对 Word 编辑功能的描述中（   ）是错误的。

A. Word 可以开启多个文档编辑窗口

B. Word 可以插入多种格式的系统时期、时间到插入点位置

C. Word 可以插入多种类型的图形文件

D. 使用"编辑"菜单中的"复制"命令可将已选中的对象拷贝到插入点位置

22. 在 Word 中，如果要在文档中层叠图形对象，应执行（   ）操作。

A. "绘图"工具栏中的"叠放次序"命令

B. "绘图"工具栏中的"绘图"菜单中"叠放次序"命令

C. "图片"工具栏中的"叠放次序"命令

D. "格式"工具栏中的"叠放次序"命令

23. 在 Word 中，要给图形对象设置阴影，应执行（   ）操作。

A. "格式"工具栏中的"阴影"命令

B. "常用"工具栏中的"阴影"命令

C. "格式"工具栏中的"阴影"命令

D. "绘图"工具栏中的"阴影"命令

24. Word 在编辑一个文档完毕后，要想知道它打印后的结果，可使用（   ）功能。

A. 打印预览　　　　B. 模拟打印　　　　C. 提前打印　　　D. 屏幕打印

25. 在 Word 中要删除表格中的某单元格，应执行（   ）操作。

A. 选定所要删除的单元格选择"表格"菜单中的"删除单元格"命令

B. 选定所要删除的单元格所在的列，选择"表格"菜单中的"删除行"命令

C．选定删除的单元格所在列，选择"表格"菜单中"删除列"命令

D．选定所在删除的单元格，选择"表格"菜单中的"单元格高度和宽度"命令

26．在 Word 中，将表格数据排序应执行（　　）操作。

A．"表格"菜单中的"排序"命令　　　　B．"工具"菜单中的"排序"命令

C．"表格"菜单中的"公式"命令　　　　D．"工具"菜单中的"公式"命令

27．在 Word 中若要删除表格中的某单元格所在行，则应选择"删除单元格"对话框中（　　）。

　A．右侧单元格左移　　　　　　　　　B．下方单元格上移

C．整行删除　　　　　　　　　　　　D．整列删除

28．在 Word 中要对某一单元格进行拆分，应执行（　　）操作。

A．"插入"菜单中的"拆分单元格"命令

B．"格式"菜单中"拆分单元格"命令

C．"工具"菜单中的"拆分单元格"命令

D．"表格"菜单中"拆分单元格"命令

29．以下操作不能退出 Word 的是（　　）。

A．单击标题栏左端控制菜单中的"关闭"命令

B．单击文档标题栏右端的"×"按钮

C．单击"文件"菜单中的"退出"命令

D．单击应用程序窗口标题栏右端的"×"按钮

选择题答案

1．A　　2．B　　3．A　　4．A　　5．C　　6．A　　7．A　　8．C　　9．B

10．B　　11．B　　12．B　　13．A　　14．D　　15．C　　16．A　　17．C　　18．A

19．C　　20．A　　21．D　　22．B　　23．C　　24．A　　25．A　　26．A　　27．C

28．D　　29．D

二、操作题

1．合同协议的制作

制作一份合同协议（实际内容略去），按照要求进行编辑、排版，文档效果如图 3-93 所示。

具体要求如下。

① 设置页面上、下、左、右页边距均为 3cm，方向为"横向"。

② 输入文字"合同协议"，设置字体为"黑体"，字号"一号"。

③ 输入协议内容，设置字体为"黑体"，字号为"小四"。

④ 插入 3 行两列表格，设置表格居中，输入表格文字，表格中的文字设置左对齐，设置字体为"黑体"，字号为"小四"。

⑤ 适当改变行高和表格宽度，使内容布局合理。

2．电子贺卡的制作

制作一张电子贺卡，对文字、艺术字和图片进行编辑排版，效果如图 3-94 所示。

具体要求如下。

① "新春快乐"为插入艺术字，字体为"华文行楷"，字号为"36"。

② 贺卡边框用自选图形绘制，填充颜色使用自定义颜色，线条颜色设置为橙色。

③ 插入文本框，添加文字，设置为"隶书，小四"。

④ 文本框、自选图形和艺术字的环绕方式自主进行调整。

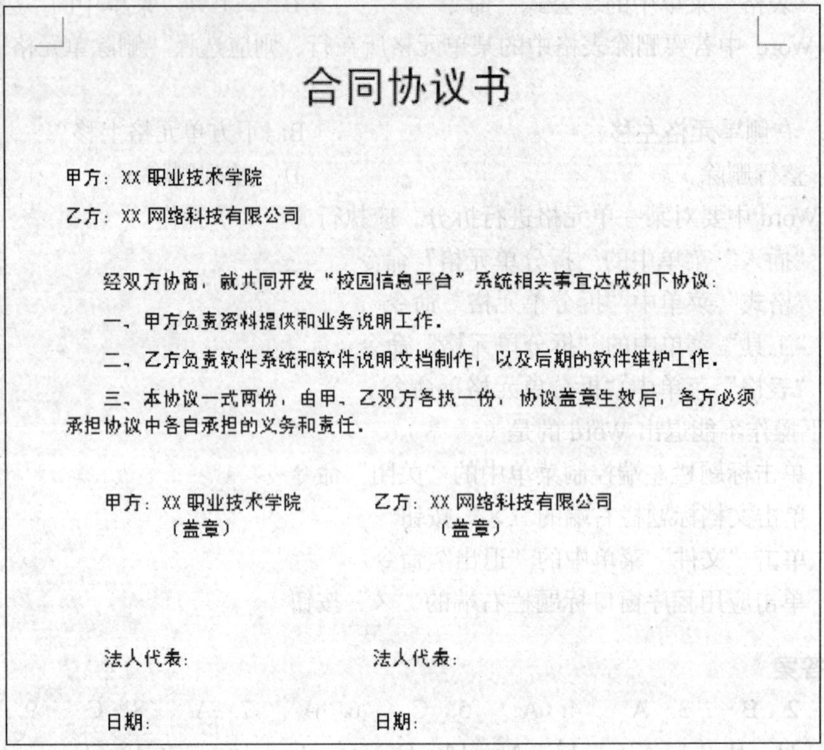

合同协议书

甲方：XX 职业技术学院

乙方：XX 网络科技有限公司

经双方协商，就共同开发"校园信息平台"系统相关事宜达成如下协议：

一、甲方负责资料提供和业务说明工作。

二、乙方负责软件系统和软件说明文档制作，以及后期的软件维护工作。

三、本协议一式两份，由甲、乙双方各执一份，协议盖章生效后，各方必须承担协议中各自承担的义务和责任。

甲方：XX 职业技术学院　　　乙方：XX 网络科技有限公司
　　　（盖章）　　　　　　　　　　（盖章）

法人代表：　　　　　　　　　法人代表：

日期：　　　　　　　　　　　日期：

图 3-93　合同协议的排版效果

图 3-94　电子贺卡效果

3．数学公式编辑

按照项目效果，编辑数学公式。

$$\int_0^{+\infty}\frac{(\alpha+\beta+1)}{\sqrt[a]{\sin x+\cos x}}\mathrm{d}x+\sum_{n=1}^{+\infty}\frac{(-1)^n}{n+1}$$

4. 文档排版

按照文档编排效果，输入文字并进行排版，文字的格式设置参照效果图，如图 3-95 所示。

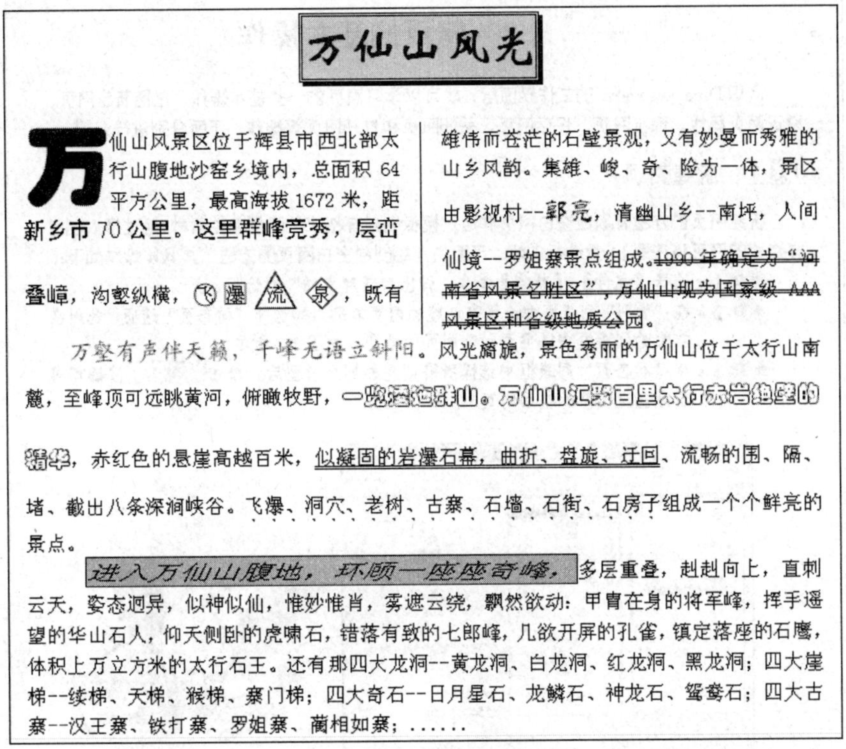

万仙山风光

万仙山风景区位于辉县市西北部太行山腹地沙窑乡境内，总面积 64 平方公里，最高海拔 1672 米，距新乡市 70 公里。这里群峰竞秀，层峦叠嶂，沟壑纵横，飞瀑流泉，既有雄伟而苍茫的石壁景观，又有妙曼而秀雅的山乡风韵。集雄、峻、奇、险为一体，景区由影视村--郭亮，清幽山乡--南坪，人间仙境--罗姐寨景点组成。1990 年确定为“河南省风景名胜区”，万仙山现为国家级 AAA 风景区和省级地质公园。

万壑有声伴天籁，千峰无语立斜阳。风光旖旎，景色秀丽的万仙山位于太行山南麓，至峰顶可远眺黄河，俯瞰牧野，一览逶迤群山。万仙山汇聚百里太行赤岩绝壁的精华，赤红色的悬崖高越百米，似凝固的岩瀑石幕，曲折、盘旋、迂回、流畅的围、隔、堵、截出八条深涧峡谷。飞瀑、洞穴、老树、古寨、石墙、石街、石房子组成一个个鲜亮的景点。

进入万仙山腹地，环顾一座座奇峰，多层重叠，赳赳向上，直刺云天，姿态迥异，似神似仙，惟妙惟肖，雾遮云绕，飘然欲动：甲胄在身的将军峰，挥手遥望的华山石人，仰天侧卧的虎啸石，错落有致的七郎峰，几欲开屏的孔雀，镇定落座的石鹰，体积上万立方米的太行石王。还有那四大龙洞--黄龙洞、白龙洞、红龙洞、黑龙洞；四大崖梯--续梯、天梯、猴梯、寨门梯；四大奇石--日月星石、龙鳞石、神龙石、鸳鸯石；四大古寨--汉王寨、铁打寨、罗姐寨、蔺相如寨；......

图 3-95　文档编排效果

5. 文档排版

按照文档编排效果，输入文字并进行排版，文字的格式设置参照效果图，如图 3-96 所示。

具体要求如下。

① 大标题汉字部分为“黑体，小二号”，数字部分为“Arial，小二号”；小标题汉字部分为“华文仿宋，四号”，数字部分为“Arial，四号”。

② 正文部分为“宋体，五号”。

③“步骤”部分为“隶书，五号，带底纹”，其他文字为“仿宋，五号”。

④ 标注内文字为“宋体，六号，红色”。

⑤ 例图中，教师图像可用剪贴画，另外图片可以其他图片替代。

⑥ 设置页眉，文字右对齐。

6. 课程表制作

制作课程表，编排效果如图 3-97 所示。

具体要求如下。

（1）表格标题为“黑体，加粗，四号”，表格内其他文字（斜线部分除外）为“楷体_GB2312，小四号”，斜线部分文字可适当减小字号。

（2）表格外框加粗。

（3）表格首行设置浅青绿色底纹。

第一章 网页设计基础

1.3 网页的基本操作

认识Dreamweaver8 的工作界面后，就可以学习网页的一些基本操作，包括新建网页、设置网页属性、预览网页、保存网页、关闭网页和打开网页等操作，下面分别进行介绍。

1.3.1 新建网页

新建网页的方法有新建空白网页和通过模板创建有格式的网页文档两种。通过模板创建有格式的网页将在第 14 章进行讲解。下面将介绍创建空白网页的方法，其具体操作如下：

步骤 1 选择【文件】/【新建】命令，弹出"新建文档"对话框。

步骤 2 在"类别"列表框中选择需创建的网页类别，如选择"动态页"选项，此时在右侧的列表框中将显示动态网页的类型，如图 1-7 所示。

步骤 3 在"动态页"列表框中选择所需创建的网页类型后，单击 创建(R) 按钮即可新建指定类型的空白网页。

图 1-7 "新建文档"对话框

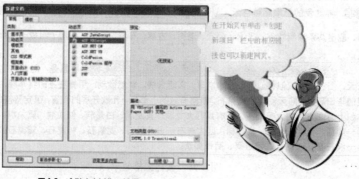

图 3-96 文档编排效果

课程表

节次 课程 星期	1、2 节	3、4 节	5、6 节	7、8 节	晚上
星期一	高数	制图	英语		
星期二	制图	计算机			
星期三	计算机	高数	体育		
星期四	英语				
星期五	马列	英语（听力）			

图 3-97 课程表效果

4.1 Excel 2010 概述

Excel 2010 是 Microsoft Office 办公软件系列中的电子表格程序。利用 Excel 2010 创建工作簿（电子表格集合）并设置工作簿格式，以便分析数据和做出更明智的业务决策。更具应用价值的是，可以使用 Excel 跟踪数据，生成数据分析模型，编写公式以对数据进行计算，以多种方式透视数据，并以各种具有专业外观的图表来显示数据。

4.1.1 Excel 2010 的主要功能与特点

1. Excel 2010 的主要功能

① 表格编辑：编辑制作各类表格，利用公式对表格中的数据进行各种计算，对表格中的数据进行增、删、改、查找、替换和超链接，对表格进行格式化。

② 制作图表：根据表格中的数据制作出柱型图、饼图、折线图等各种类型的图形来直观地表现数据和说明数据之间的关系。

③ 数据管理：对表格中的数据进行排序、筛选、分类汇总操作，利用表格中的数据创建数据透视表和数据透视图。

④ 公式与函数：Excel 提供的公式与函数功能，大大简化了 Excel 的数据统计工作。

⑤ 科学分析：利用系统提供的多种类型的函数对表格中的数据进行回归分析、规划求解、方案与模拟运算等各种统计分析。

⑥ 网络功能与发布工作簿：将 Excel 的工作簿保存为 Web 页，创建一个动态网页以供通过网络查看或交互使用工作簿数据。

2. Excel 2010 的特点

① 为了保证 Excel 2010 文件中包含的函数可以在 Excel 2007 以及更早版本的 Excel 中使用，在新的函数功能中添加了"兼容性"函数菜单。

② 添加了迷你图功能，可以在一个单元格内显示出一组数据的变化趋势，让用户获得直观、快速的数据的可视化显示，对于股票信息等来说，这种数据表现形式将会非常适用。

③ 更加丰富的条件格式。在 Excel 2010 中，增加了更多条件格式，在"数据条"选项卡下新增了"实心填充"功能，实心填充之后，数据条的长度表示单元格中值的大小。在效果上，"渐变填充"也与老版本有所不同。

④ Excel 2010 增加了数学公式编辑，许多专业的数学公式都能直接编辑。同时它还提供了包括积分、矩阵、大型运算符等在内的单项数学符号，足以满足专业用户的录入需要。

⑤ 在 Backstage 视图中可以管理文档和有关文档的相关数据、信息等。

4.1.2　Excel 2010 启动、工作窗口和退出

首先来学习一下 Excel 2010 程序的启动、工作窗口组成与程序退出操作。

1. Excel 2010 的启动

启动 Excel 2010 有以下几种方法。

① 通过单击"开始"→"所有程序"→"Microsoft Office 2010"→"Microsoft Excel 2010"命令，即可启动 Microsoft Excel 2010。

② 如果在桌面上或其他目录中建立了 Excel 的快捷方式，直接双击该图标即可。

③ 如果在快速启动栏中建立了 Excel 的快捷方式，直接单击快捷方式图标即可。

④ 按【Win】+【R】组合键，调出"运行"对话框，输入"Excel"，单击"确定"按钮后也可以启动 Microsoft Excel 2010。

2. Excel 2010 的工作窗口组成元素

Excel 2010 工作窗口组成元素如图 4-1 所示，主要包括有标题栏、菜单栏、快速访问工具栏、功能区、选项组、名称框、编辑栏、工作表编辑区、表标签、状态栏、标签滚动按钮等，用户可定义某些屏幕元素的显示或隐藏。

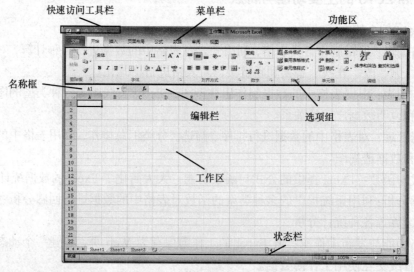

图 4-1　Excel 2010 工作窗口组成元素

① 标题栏与菜单栏。位于窗口最顶部。标题栏中显示当前工作簿的名称；菜单栏是显示 Excel 所有的菜单，如文件、开始、插入、页面布局、公式、数据、审阅、视图菜单，如图 4-2 所示。

图 4-2　标题栏与菜单栏

② 快速访问工具栏。位于窗口左上角，用于放置用户经常使用的命令按钮，如图 4-3 所示。快速启动工具栏中的命令可以根据用户的需要增加或删除。

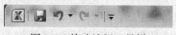

图 4-3　快速访问工具栏

③ 功能区。由选项组和各功能按钮组所组成，如图 4-4 所示。

图 4-4　功能区

④ 选项组。位于功能区中，如"开始"标签中包括"剪贴板、字体、对齐"等选项组，相关的命令组合在一起来完成各种任务。图 4-5 所示为"字体"选项组。

⑤ 名称框与编辑栏。名称框是用于显示工作簿中当前活动单元格的单元引用。编辑栏用于显示工作簿中当前活动单元格的存储的数据。

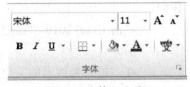

图 4-5　"字体"选项组

⑥ 工作表编辑区。用于编辑数据的单元格区域，Excel 中所有对数据的编辑操作都在此进行。

⑦ 表标签。显示工作表的名称，单击某一工作表标签可进行工作表之间的切换。

⑧ 状态栏。位于 Excel 界面的底部的状态栏可以显示许多有用的信息，如计数、和值、输入模式、工作簿中的循环引用状态等。

⑨ 标签滚动按钮。单击不同的标签滚动按钮，可以左右滚动工作表标签来显示隐藏的工作表。

3. Excel 2010 的退出

退出 Excel 2010 有以下几种方法。

① 打开 Microsoft Office Excel 2010 程序后，单击程序右上角的关闭按钮 ，可快速退出主程序。

② 打开 Microsoft Office Excel 2010 程序后，单击"开始"标签，在弹出的下拉菜单中选择"退出"按钮，可快速退出当前开启的 Excel 工作簿，如图 4-6 所示。

图 4-6　使用"退出"按钮

③ 直接按【Alt】+【F4】组合键。

注意

退出应用程序前没有保存编辑的工作簿，系统会弹出一个对话框，提示保存工作簿。

4.1.3　Excel 2010 的帮助系统

用户在使用 Excel 2010 的过程中遇到问题时可使用 Excel 2010 的"帮助"功能，操作步骤如下。

① 单击 Excel 2010 主界面右上角的 按钮或按【F1】键，打开"Excel 帮助"窗口，如图 4-7 所示。

② 在"键入要搜索的关键词"文本框中输入需要搜索的关键词，单击"搜索"按钮，即可显示出搜索结果，如图 4-8 所示。

③ 单击"自定义快速访问工具栏"链接，在打开的窗口中即可看到具体内容，如图 4-9 所示。

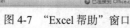

图 4-7　"Excel 帮助"窗口

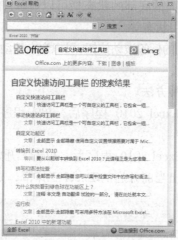

图 4-8　输入搜索的关键词

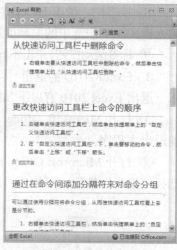

图 4-9　显示搜索结果

4.2　Excel 2010 的基本操作

4.2.1　新建工作簿

新建工作簿分为 3 种情况，一是建立空白工作簿，二是根据现有工作簿新建，三是用 Excel 本身所带的模板新建。

1. 建立空白工作簿

创建空白工作簿有 3 种方法。

① 启动 Excel 后，立即创建一个新的空白工作簿。

② 按【Ctrl】+【N】组合键，立即创建一个新的空白工作簿。

③ 单击"文件"→"新建"标签，在右侧任务窗格中选择"空白工作簿"，单击"创建"

按钮，立即创建一个新的空白工作簿。

2. 根据现有工作簿建立新的工作簿

根据现有工作簿建立新的工作簿时，新工作簿的内容与选择的已有工作簿内容完全相同。这是创建与已有工作簿类似的新工作簿最快捷的方法。

① 单击"文件"→"新建"标签，在右侧选中"根据现有工作簿"，打开"根据现有工作簿新建"对话框，如图 4-10 所示。

② 选择需要的工作簿文档，如"产品目录"，单击"新建"按钮即可，如图 4-11 所示。

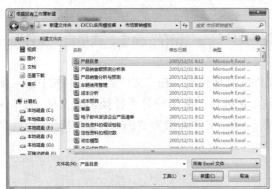

图 4-10 "根据现有工作簿新建"对话框   图 4-11 根据现有工作簿建立新的工作簿

3. 根据模板建立工作簿

根据模板建立工作簿的操作步骤如下。

① 单击"文件"→"新建"标签，打开"新建工作簿"任务窗格。

② 在"模板"栏中有"可用模板"和"Office.com 模板"，可根据需要进行选择，如图 4-12 所示。

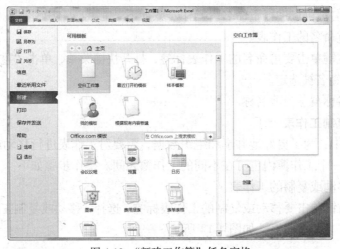

图 4-12 "新建工作簿"任务窗格

4.2.2 工作簿的打开、保存和关闭

1. 工作簿的打开

打开工作簿的一般操作步骤如下。

① 单击"文件"→"打开"标签，弹出"打开"对话框。

② 在"查找范围"列表中，指定要打开文件所在的驱动器、文件夹或 Internet 位置。

③ 在文件夹及文件列表中，选定要打开的工作簿文件。

④ 单击"打开"按钮。

2. 工作簿的保存

常用的保存工作簿的方法有单击"文件"→"保存"标签，或单击工具栏上的"保存"按钮■，或按组合键【Ctrl】+【S】。对于一个已保存过的工作簿，进行以上操作都会将文档以第一次保存时的参数进行保存。

操作方法如下。

① 单击工具栏上的"保存"按钮，或单击"文件"→"保存"命令，或单击"文件"→"另存为"命令，打开其对话框。

② 在"保存位置"列表框中选择要保存文件的具体位置，在"文件名"文本框中输入新的文件名。若输入的文件名与已有的文件名相同，系统将提醒用户是否替换已有文件。在"保存类型"下拉列表中指定文档的类型，Excel 默认保存文件类型为"Excel 工作簿"，扩展名为"*.xls"。用户还可以保存其他类型的文件。

③ 单击"保存"按钮即可。

3. 工作簿的关闭

关闭工作簿并且不退出 Excel，可以通过下面方法来实现：

单击"文件"→"关闭"标签，或单击工作簿右边的"关闭"窗口按钮▣，或按【Ctrl】+【F4】组合键。

4.2.3 工作表的基本操作

1. 重命名工作表

对工作表的名称可以进行重命名。操作步骤如下。

① 选择要重命名的工作表。

② 用鼠标右键单击要重命名的工作表标签，打开快捷菜单，单击"重命名"命令，如图 4-13 所示，原标签名被选定。

③ 输入新名称覆盖当前名称。

2. 移动或复制工作表

在实际工作中，为了更好地共享和组织数据，需要对工作表进行移动或复制。移动或复制工作表可在同一个工作簿内也可在不同的工作簿之间。操作步骤如下。

① 选择要移动或复制的工作表。

② 用鼠标右键单击要移动或复制的工作表标签，选择"移动或复制工作表"命令，打开"移动或复制工作表"对话框，如图 4-14 所示。

图 4-13 选择快捷菜单"重命名"

图 4-14 "移动或复制工作表"对话框

③ 在"工作簿"下拉列表中选择要移动或复制到的目标工作簿名。

④ 在"下列选定工作表之前"列表框中选择把工作表移动或复制到的目标工作簿中指定的工作表。

⑤ 如果要复制工作表,应选中"建立副本"复选框,否则为移动工作表,最后单击"确定"按钮。

另外,在同一工作簿内进行移动或复制工作表,可用鼠标拖动来实现。复制操作为按住【Ctrl】键,用鼠标拖动工作表,光标变成带加号的图标,鼠标拖动到目标工作表位置即可;移动操作为直接拖动工作表到目标工作表位置。

3. 插入工作表

操作步骤如下。

① 指定插入工作表的位置,即选择一个工作表,要插入的表在此工作表之前。

② 单击"插入"→"插入工作表"命令,即可插入一个空白工作表。

注意

从快捷菜单中选择"删除"命令,可删除选定的工作表。工作表被删除后,不可用"撤销"命令恢复。

4. 在工作表中滚动

当工作表的数据较多一屏幕不能完全显示时,可以拖动垂直滚动条和水平滚动条来上下或左右显示单元格数据,也可以单击滚动条两边的箭头按钮来显示数据,然后用鼠标单击要选的单元格。单元格操作也可使用键盘快捷键,如表 4-1 所示。

表 4-1 选择单元格的快捷键

快捷键	功 能
箭头键(【↑】、【↓】、【←】、【→】)	向上、下、左或右移动一个单元格
【Ctrl】+箭头键	移动到当前数据区域的边缘
【Home】	移动到行首
【Ctrl】+【Home】	移动到工作表的开头
【Ctrl】+【End】	移动到工作表的最后一个单元格,该单元格位于数据所占用的最右列的最下行中

快捷键	功　能
【Page Down】	向下移动一屏
【Page Up】	向上移动一屏
【Alt】+【Page Down】	向右移动一屏
【Alt】+【Page Up】	向左移动一屏
【F6】	切换到被拆分（窗口菜单上的"拆分"命令）的工作表中的下一个窗格
【Shift】+【F6】	切换到被拆分的工作表中的上一个窗格
【Ctrl】+【Backspace】	滚动以显示活动单元格
【F5】	显示"定位"对话框
【Shift】+【F5】	显示"查找"对话框
【Shift】+【F4】	重复上一次"查找"操作
【Tab】	在受保护的工作表上的非锁定单元格之间移动

5. 选择工作表

当输入或更改数据时，会影响所有被选中的工作表。这些更改可能会替换活动工作表和其他被选中的工作表上的数据。

选择工作表有以下几种操作方法。

① 选择单张工作表。单击工作表标签。如果看不到所需的标签，可单击标签滚动按钮来显示此标签，然后再单击它。

② 选择两张或多张相邻的工作表。先选中第一张工作表的标签，再按住【Shift】键，单击最后一张工作表的标签。

③ 选择两张或多张不相邻的工作表。单击第一张工作表的标签，再按住【Ctrl】键，单击其他要选的工作表标签。

④ 选择工作簿中所有工作表。右键单击工作表标签，再单击快捷菜单中的"选定全部工作表"命令。

取消对多张工作表的选取方法如下。

取消对工作簿中多张工作表的选取，可单击工作簿中任意一个未选取的工作表标签。若未选取的工作表标签不可见，可用鼠标右键单击某个被选取的工作表的标签，再单击快捷菜单中的"取消成组工作表"命令。

4.2.4　单元格的基本操作

1. 清除单元格格式或内容

清除单元格，只是删除了单元格中的内容（公式和数据）、格式或批注，但是空白单元格仍然保留在工作表中。操作步骤如下。

① 选定需要清除其格式或内容的单元格或区域。

② 在"开始"→"编辑"选项组中单击"清除"下拉按钮，弹出下拉菜单，如图 4-15 所示，在下拉菜单中执行下列操作之一。

- "全部清除"命令：可清除格式、内容、批注和数据有效性。
- "清除格式"命令：可清除格式。

- "清除内容"命令：可清除内容。也可单击【Delete】键直接清除内容；或右键单击选定单元格，选择快捷菜单中的"清除内容"命令。
- "清除批注"命令：可清除批注。
- "清除超链接"命令：可清除超链接。

2. 删除单元格、行或列

删除单元格，是从工作表中移去选定的单元格以及数据，然后调整周围的单元格填补删除后的空缺。操作步骤如下。

① 选定需要删除的单元格、行、列或区域。

② 在"开始"→"单元格"选项组中单击"删除"下拉按钮，在下拉菜单中进行选择删除，或从快捷菜单中选择"删除"命令，打开其对话框如图 4-16 所示，按需要进行选择并单击"确定"按钮。

图 4-15 下拉菜单

图 4-16 "删除"对话框

3. 插入空白单元格、行或列

插入新的空白单元格、行、列的操作步骤如下。

① 选定要插入新的空白单元格、行、列，具体执行下列操作之一。

- 插入新的空白单元格：选定要插入新的空白单元格的单元格区域。注意选定的单元格数目应与要插入的单元格数目相等。
- 插入一行：单击需要插入的新行之下相邻行中的任意单元格。例如，要在第 5 行之上插入一行，则单击第 5 行中的任意单元格。
- 插入多行：选定需要插入的新行之下相邻的若干行。选定的行数应与要插入的行数相等。
- 插入一列：单击需要插入的新列右侧相邻列中的任意单元格。例如，要在 B 列右侧插入一列，请单击 B 列中的任意单元格。
- 插入多列：选定需要插入的新列右侧相邻的若干列。选定的列数应与要插入的列数相等。

② 在"插入"菜单上，单击"插入单元格""插入工作表行""插入工作表列"或"插入工作表"，如图 4-17 所示。如果单击"插入单元格"，则打开其对话框，如图 4-18 所示。也可从快捷菜单中选择"插入"命令，打开其对话框，选择插入整行、整列或要移动周围单元格的方向，最后单击"确定"按钮。

4. 行列转换

把行和列进行转换，即是把复制区域的顶行数据变成粘贴区域的最左列，而复制区域的最左列变成粘贴区域的顶行，操作步骤如下。

① 选定要转换的单元格区域，如图 4-19 所示。

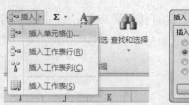

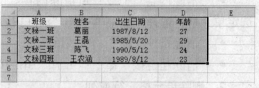

图 4-17 "插入"菜单　　图 4-18 "插入"对话框　　　　图 4-19 选定区域

② 在"开始"→"剪贴板"选项组中单击"复制"命令，或选择快捷菜单中的"复制"命令。

③ 选定粘贴区域的左上角单元格。此例选择 A8 单元格。注意，粘贴区域必须在复制区域以外。

④ 单击鼠标右键，在弹出的快捷菜单中单击"选择性粘贴"右侧的箭头，如图 4-20 所示，然后单击"转置"命令，结果如图 4-21 所示。

图 4-20 单击"选择性粘贴"

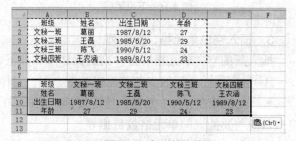

图 4-21 行列转换结果

5. 移动行或列

操作步骤如下。

① 选定需要移动的行或列，如图 4-22 所示。

② 在"开始"→"剪贴板"选项组中单击"剪切"按钮，如图 4-23 所示。

图 4-22 选定要移动的列　　　　　　图 4-23 单击"剪切"按钮

③ 选择要移动到的区域的行或列，或要移动到的区域的第一个单元格，如选择 A7 单元格。

④ 在"开始"→"单元格"选项组中单击"插入"→"插入剪切的单元格"命令，移动结果如图4-24所示。

6. 移动或复制单元格

操作步骤如下。

① 选定要移动或复制的单元格。

② 执行下列操作之一。

图4-24 移动结果

- 移动单元格：在"开始"→"剪贴板"选项组中单击"剪切"按钮，再选择粘贴区域的左上角单元格。

- 复制单元格：在"开始"→"剪贴板"选项组中单击"复制"按钮，再选择粘贴区域的左上角单元格。

- 将选定单元格移动或复制到其他工作表：在"开始"→"剪贴板"选项组中单击"剪切"按钮或"复制"按钮，再单击新工作表标签，然后选择粘贴区域的左上角单元格。

- 将单元格移动或复制到其他工作簿：在"开始"→"剪贴板"选项组中单击"剪切"按钮或"复制"按钮，再切换到其他工作簿，然后选择粘贴区域的左上角单元格。

③ 单击"粘贴"按钮，也可单击"选择性粘贴"按钮旁的箭头，再选择列表中的选项。

4.2.5 数据类型及数据输入

1. 常见数据类型

单元格中的数据有类型之分，常用的数据类型分为文本型、数值型、日期/时间型和逻辑型。

① 文本型：由字母、汉字数字和符号组成。

② 数值型：除了数字（0~9）组成的字符外，还包括 +、−、（、）、E、e、/、$、%以及小数点"."、千分位符","等字符。

③ 日期/时间型：输入日期时间型时要遵循 Excel 内置的一些格式。常见的日期时间格式为"yy/mm/dd""yy-mm-dd""hh:mm[:ss]［AM/PM］"。

④ 逻辑型：TRUE、FALSE。

2. 数据输入

在工作表中选定了要输入数据的单元格，就可以在其中输入数据。操作方法为单击要选定的单元格或双击要选定的单元格，直接输入数据。

（1）文本型数据输入

- 字符文本：直接输入包括英文字母、汉字、数字和符号，如 ABC、姓名、a10。

- 数字文本：由数字组成的字符串。先输入单引号，再输入数字，如 '12580。

> **注意**
>
> 单元格中输入文本的最大长度为 32 767 个字符。单元格最多只能显示 1024 个字符，在编辑栏可全部显示。文本型数据默认为左对齐。当文字长度超过单元格宽度时，如果相邻单元格无数据，则可显示出来，否则隐藏。

（2）数值型数据输入

- 输入数值。直接输入数字，数字中可包含逗号。如 123、1,895,710.89。如果在数字中间出现任一字符或空格，则认为它是一个文本字符串，而不再是数值，如 123A45、2345－67。

- 输入分数。代分数的输入是在整数和分数之间加一个空格；真分数的输入是先输入 0 和空格，再输入分数，如 4 3/5、0 3/5。
- 输入货币数值。先输入$ 或￥，再输入数字，如$123、￥845。
- 输入负数。先输入减号，再输入数字，或用圆括号( )把数括起来。如-1234、-(1234)。
- 输入科学计数法表示的数。直接输入，如 3.46E+10。

> **注意**
>
> 数值数据默认为右对齐。当数据太长，Excel 自动以科学计数法表示，如输入 123456789012，显示为 1.23457E+11。当单元格宽度变化时，科学计数法表示的有效位数也会变化，但单元格存储的值不变。数字精度为 15 位，当超过 15 位时，多余的数字转换为 0。

（3）日期/时间型数据输入

- 日期数据输入：直接输入格式为 "yyyy/mm/dd" 或 "yyyy-mm-dd" 的数据，也可以是 "yy/mm/dd" 或 "yy-mm-dd" 的数据，也可输入 "mm/dd" 的数据。例如，2013/05/05，04-04-21，8/20。
- 时间数据输入：直接输入格式为 "hh:mm[:ss]   [AM/PM]" 的数据，如 9:35:45，9:21:30 PM。
- 日期和时间数据输入：日期和时间用空格分隔，如 2013-4-21 9:03:00。
- 快速输入当前日期：按【Ctrl】+【 ; 】组合键。
- 快速输入当前时间：按【Ctrl】+【 : 】组合键。

> **注意**
>
> 日期/时间型数据系统默认为右对齐。当输入了系统不能识别的日期或时间时，系统将认为输入的是文本字符串。单元格太窄，非文本数据将以 "#" 号显示。

注意分数和日期数据输入的区别，如分数 03/6，日期 3/6。

（4）逻辑型数据输入

逻辑真值输入：直接输入 "TRUE"。

逻辑假值输入：直接输入 "FALSE"。

4.2.6 工作表格式化

1. 设置工作表和数据格式

在单元格中输入数据时，系统一般会根据输入的内容自动确定它们的类型、字形、大小、对齐方式等数据格式。也可以根据需要进行重新设置。操作步骤如下。

① 在 "开始" → "单元格" 选项组中单击 "格式" 下拉按钮，在下拉菜单中选择 "设置单元格格式" 命令或选择快捷菜单中的 "设置单元格格式" 命令，如图 4-25 所示，打开 "单元格格式" 对话框。

图 4-25　选择"设置单元格格式"命令

② 单击"数字"选项卡，在"分类"列表框中选择要设置的数字，在右边"类型"列表框中选择具体的表示形式。例如，选择"日期"，并选择"*2001/3/14"的显示格式，如图 4-26 所示。

③ 如选择"数值"，并设置小数位数、使用千位分隔符和负数的表示形式，如图 4-27 所示。

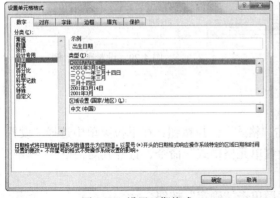

图 4-26　设置日期格式　　　　　　　图 4-27　设置数值格式

注意

对数字、货币还可以用工具栏中的各种按钮设置格式。

④ 单击"确定"按钮，完成格式的设置。

注意

对话框中数字形式的分类共有 12 种，可以根据需要选择不同的格式，在"自定义"类别中包含所有的格式，用户可以自行设置。

2. 边框和底纹

（1）设置边框

① 选定要设置边框的单元格区域。

② 在"开始"→"单元格"选项组中单击"格式"下拉按钮，在下拉菜单中选择"设置单元格格式"命令，或选择快捷菜单中的"设置单元格格式"命令，打开其对话框。

③ 选择"边框"选项卡，如图 4-28 所示。

④ 进行"线条""颜色""边框"的选择，最后单击"确定"按钮，效果如图 4-29 所示。

	A	B	C	D
1	班级	姓名	出生日期	年龄
2	文秘一班	葛丽	1987/8/12	27
3	文秘二班	王磊	1985/5/20	29
4	文秘三班	陈飞	1990/5/12	24
5	文秘四班	王农涵	1989/8/12	23
6				

图 4-28 "边框"选项卡　　　　　　　　　图 4-29 设置底纹示例

（2）设置底纹

① 选定要设置底纹的单元格区域。

② 在"开始"→"单元格"选项组中单击"格式"下拉按钮，在下拉菜单中选择"设置单元格格式"命令，或选择快捷菜单中的"设置单元格格式"命令，打开其对话框。

③ 选择"填充"选项卡。

④ 具体进行"颜色""图案"的选择，然后单击"确定"按钮。

3. 条件格式

条件格式是指当指定条件为真时，系统自动应用于单元格的格式，如单元格底纹或字体颜色。例如，在单元格格式中的突出显示单元格规则，可以设置满足某一规则的单元格突出显示出来，如大于或小于某一规则。下面介绍设置产品底价大于 300 元的数据以红色标记出来。

（1）设置条件格式

① 选中要设置条件格式的单元格区域。

② 在"开始"→"样式"选项组中单击"条件格式"下拉按钮。

③ 在下拉列表中选择"突出显示单元格规则"选项，在右边的子菜单中选择"大于"，如图 4-30 所示。

图 4-30　"条件格式"下拉菜单

④ 打开"大于"对话框，在"大于"对话框中"为大于以下值的单元格设置格式"文本框中输入作为特定值的数值，如"300"，在右侧下拉列表中选择一种单元格样式，如"浅红填充色深红色文本"，如图 4-31 所示。

⑤ 单击"确定"按钮，即可自动查找到单元格区域中大于 300 元的数据，并将它们以红色标记出来，如图 4-32 所示。

图 4-31　"大于"对话框

（2）更改或删除条件格式

执行下列一项或多项操作。

- 如果要更改格式，单击相应条件的"条件格式"按钮，打开"条件格式规则管理器"如图 4-33 所示，单击"编辑规则"按钮，即可进行更改。

图 4-32　设置后的效果

图 4-33　"条件格式规则管理器"对话框

- 要删除一个或多个条件，单击"删除规则"按钮，打开其对话框，然后选中要删除条件的复选框即可。

4．行高和列宽的设置

创建工作表时，在默认情况下，所有单元格具有相同的宽度和高度，输入的字符串超过列宽时，超长的文字在左右有数据时被隐藏，数字数据则以"######"显示。可通过行高和列宽的调整来显示完整的数据。

（1）鼠标拖动

- 将鼠标移到列标或行号上两列或两行的分界线上，拖动分界线以调整列宽和行高，如图 4-34 所示。
- 鼠标双击分界线，列宽和行高会自动调整到最适当大小。

> **注意**
>
> 用鼠标单击某一分界线，会显示有关列的宽度和行的高度信息。

（2）行高和列宽的精确调整

① 单击"格式"下拉按钮，在下拉菜单中进行设置，如图4-35所示。

图4-34　拖动分界线　　　　　　　图4-35　"格式"菜单

② 执行下列操作之一。

● 选择"列宽""行高"或"默认列宽"，打开相应的对话框，输入需要设置的数据。

● 选择"自动调整列宽"或"自动调整行高"命令，选定列中最宽的数据为宽度或选定行中最高的数据为高度自动调整。

5. 单元格样式

样式是格式的集合。样式中的格式包括数字格式、字体格式、字体种类、大小、对齐方式、边框、图案等。当不同的单元格需要重复使用同一格式时，逐一设置很费时间。如果利用系统的"样式"功能，可提高工作的效率。

（1）应用样式

① 选择要设置格式的单元格，在"开始"→"样式"选项中单击"单元格样式"下拉按钮。

② 从"样式名"下拉列表中选择具体样式，对"样式包括"的各种复选框进行选择，如图4-36所示。

注意

如果要应用普通数字样式，单击工具栏上的"千位分隔样式"按钮、"货币样式"按钮或"百分比样式"按钮。

（2）创建新样式

① 选定一个单元格，它含有新样式中要包含的格式组合（给样式命名时可指定格式）。

② 在"开始"→"样式"选项组中单击"单元格样式"命令，在下拉列表中选择"新建单元格样式"命令，打开"样式"对话框，如图4-37所示。

③ 在"样式名"文本框中输入新样式的名称。

④ 如果要定义样式并同时将它应用于选定的单元格，单击"确定"按钮。如果只定义样式而并不应用，可单击"添加"按钮，再单击"确定"按钮。

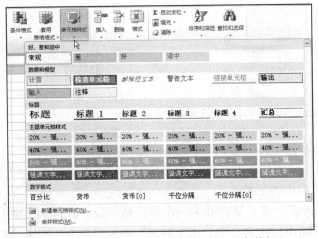

图 4-36 单击"单元格样式"下拉按钮   图 4-37 "样式"对话框

6. 文本和数据

在默认情况下，单元格中文本的字体和字号是"宋体，12"，并且靠左对齐，数字靠右对齐。用户可根据实际需要进行重新设置。

设置文本字体的方法如下。

① 选中要设置格式的单元格或文本。

② 单击鼠标右键，在弹出的快捷菜单中选择"设置单元格格式"命令，打开其对话框。执行下列一项或多项操作。

● 单击"开始"→"字体"选项组右下角的 按钮，打开"设置单元格格式"的"字体"选项卡，如图 4-38 所示。

对"字体""字形""字号""下划线""颜色"等进行设置。另外，也可用"格式"工具栏中的各种格式按钮进行设置。

● 单击"对齐"选项卡，如图 4-39 所示进行具体设置。

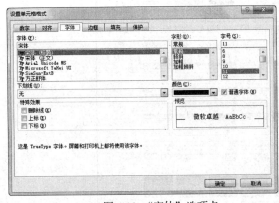

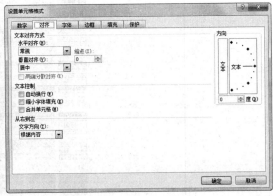

图 4-38 "字体"选项卡   图 4-39 "对齐"选项卡

③ "文本对齐方式"栏的"水平对齐"下拉列表中有 7 种方式，如图 4-40（a）所示；"垂直对齐"下拉列表中有 4 种方式，如图 4-40（b）所示；"文字方向"下拉列表中有 3 方式，如图 4-40（c）所示。

(a)

(b)

(c)

图 4-40　格式中的各种选择方式

- 自动换行：对输入的文本根据单元格的列宽自动换行。

- 缩小字体填充：减小字符大小，使数据的宽度与列宽相同。如果更改列宽，则将自动调整字符大小。此选项不会更改所应用的字号。

- 合并单元格：将所选的两个或多个单元格合并为一个单元格。合并后的单元格引用为最初所选区域中位于左上角的单元格中的内容。和"水平对齐"中的"居中"按钮结合，一般用于标题的对齐显示，也可用工具栏上的"合并及居中"按钮完成此种设置。

- 方向："方向"框用来改变单元格中文本旋转的角度。

④ 单击"确定"按钮。

7. 套用表格样式

利用系统的"套用表格样式"功能，可以快速地对工作表进行格式化，使表格变得美观大方。系统预定义了 17 种表格的格式。

① 选中要设置格式的单元格或区域。

② 在"开始"→"样式"选项组中单击"套用表格样式"下拉按钮，展开下拉列表，如图 4-41 所示。

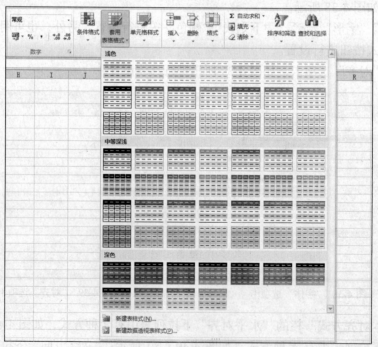

图 4-41　表格样式

③ 选择一种格式即可应用。

4.2.7 保护工作表和工作簿

Microsoft Excel 中与隐藏数据、使用密码保护工作表和工作簿有关的功能并不是为数据安全机制或保护 Excel 中的机密信息而设计的。可使用这些功能隐藏可能干扰某些用户的数据或公式，从而使信息显示更为清晰。这些功能还有助于防止其他用户对数据进行不必要的更改。Excel 不会对工作簿中隐藏或锁定的数据进行加密。只要用户具有访问权限，并花费足够的时间，即可获取并修改工作簿中的所有数据。若要防止修改数据和保护机密信息，请将包含这些信息的所有 Excel 文件存储到只有授权用户才可访问的位置，并限制这些文件的访问权限。

1. 工作表保护

（1）设置允许用户进行的操作

为工作表设置允许用户进行的操作，可以有效保护工作表数据安全。需要时可以通过"保护工作表"功能来实现。

① 打开需要保护的工作表，在"审阅"→"更改"选项组中单击"保护工作表"按钮。

② 在打开的"保护工作表"对话框中选中"保护工作表及锁定的单元格内容"复选框。在"取消工作表保护时使用的密码"文本框中输入一个密码。在"允许此工作表的所有用户进行"列表框中选中允许用户进行的菜单前的复选框，单击"确定"按钮，如图 4-42 所示。

③ 在弹出的"确认密码"对话框中重新输入一次密码，单击"确定"按钮，接着保存工作簿，即可完成设置，如图 4-43 所示。

图 4-42　"保护工作表"对话框

图 4-43　"确认密码"对话框

（2）隐藏含有重要数据的工作表

除了可通过设置密码对工作表实行保护外，还可利用隐藏行列的方法将整张工作表隐藏起来，以达到保护的目的。例如，隐藏含有重要数据的工作表。

切换到要隐藏的工作表中，单击"开始"选项卡，在"单元格"选项组中选择"格式"下拉按钮。在下拉菜单中选中"隐藏和取消隐藏"命令，在子菜单中选中"隐藏工作表"命令，如图 4-44 所示，即可实现工作表的隐藏。

（3）保护公式不被更改

如果工作表中包含大量的重要公式，不希望这些公式被别人修改，可以对公式进行保护。

① 在"视图"→"宏"选项组中单击"宏"按钮下拉菜单，在弹出菜单中选择"宏录制"命令，打开"录制新宏"对话框，如图 4-45 所示。

图 4-44 "格式"菜单

图 4-45 "录制新宏"对话框

② 输入宏名为"保护公式",设置组合键为【Ctrl】+【Q】。设置保存在"个人宏工作簿",接着单击"确定"开始录制宏。按【Ctrl】+【A】组合键,选中工作表中的所有单元格。切换到"开始"选项卡,在"单元格"选项组中单击"格式"下拉按钮,在下拉菜单中单击"锁定单元格"命令,取消锁定单元格。

③ 在"编辑"选项组中单击"查找和选择"下拉按钮,在弹出的菜单中选择"公式"命令,选中工作表中所有的公式,如图 4-46 所示。

④ 切换到"审阅"→"更改"选项组中单击"保护工作表"按钮。

⑤ 打开"保护工作表"对话框,如图 4-47 所示。把"允许此工作表的所有用户进行"列表框中的所有允许选项全部选中。单击"视图"选项卡,在"宏"选项组中单击"宏"按钮下拉菜单,在弹出菜单中选择"停止录制"命令,完成宏的录制,如图 4-48 所示。

⑥ 按【Ctrl】+【Q】组合键,即可保护所有公式了。

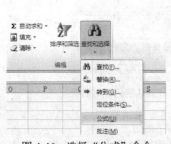

图 4-46 选择"公式"命令

图 4-47 "保护工作表"对话框

图 4-48 "宏"菜单

2. 工作簿保护

(1)保护工作簿不能被修改

如果不希望其他用户对整个工作表的结构和窗口进行修改,可以进行保护。

① 在"审阅"→"更改"选项组中单击"保护工作簿"按钮,打开"保护结构和窗口"对话框。选中"结构"复选框和"窗口"复选框,如图 4-49 所示。

② 在"密码"文本框中输入密码,单击"确定"按钮,接着在打开的"确认密码"对话框中重新输入一遍密码,单击"确定"按钮即可完成设置,如图 4-50 所示。

图 4-49　"保护结构和窗口"对话框

图 4-50　"确认密码"对话框

（2）加密工作簿

如果工作簿中的内容比较重要，不希望其他用户打开，可以给该工作簿设置一个打开权限密码。

① 打开需要设置打开权限密码的工作簿。单击"文件"选项卡，选中"另存为"标签，打开"另存为"对话框。单击左下角的"工具"按钮下拉菜单，在弹出的菜单中选择"常规选项"命令，如图 4-51 所示。

② 打开"常规选项"对话框，在"常规选项"对话框中的"打开权限密码"文本框中输入密码，如图 4-52 所示。

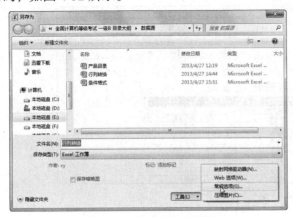

图 4-51　"另存为"对话框

图 4-52　"常规选项"对话框

③ 单击"确定"按钮，在打开的"确认密码"对话框中再次输入密码，如图 4-53 所示。单击"确定"按钮，返回到"另存为"对话框。

④ 设置文件的保存位置和文件名，单击"保存"按钮保存文件。以后再打开这个工作簿时，就会弹出一个"密码"文本框，只有输入正确的密码才能打开工作簿。

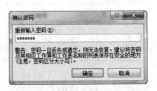

图 4-53　"确认密码"对话框

4.3　数据处理

4.3.1　排序

系统的排序功能可以将表中列的数据按照升序或降序排列，排列的列名通常称为关键字。进行排序后，每个记录的数据不变，只是跟随关键字排序的结果记录顺序发生了变化。

升序排列时，默认的次序如下。

- 数字：从最小的负数到最大的正数。

- 文本和包含数字的文本：0～9（空格）！"＃＄％＆（ ）＊,./:;?@[\]^_`{|}~+<＝>A～Z。撇号 （'） 和连字符 （-） 会被忽略。

但例外情况是，如果两个文本字符串除了连字符不同外其余都相同，则带连字符的文本排在后面。

- 字母：在按字母先后顺序对文本项进行排序时，从左到右一个字符一个字符地进行排序。
- 逻辑值：FALSE 在 TRUE 之前。
- 错误值：所有错误值的优先级相同。
- 空格：空格始终排在最后。

降序排列的次序与升序相反。

1. 单列排序

① 选择需要排序的数据列，如"编号"列。

② 在"数据"→"排序和筛选"选项组中单击"升序排序"按钮 $2\downarrow$（见图 4-54），即可对"编号"字段升序排序。

图 4-54 "编号"字段升序排序

> **注意**
>
> 千万不要选中部分区域就进行排序，这样会出现记录数据混乱。选择数据时，不是选中全部区域，就是选中一个单元格。

2. 多列排序

① 在需要排序的区域中，单击任意单元格。

② 在"数据"→"排序和筛选"选项组中单击"排序"命令，打开其对话框，如图 4-55 所示。

③ 选定"主要关键字"以及排序的次序后，可以设置"次要关键字"和"第三关键字"以及排序的次序。

> **注意**
>
> 多个关键字排序是当主要关键字的数值相同时，按照次要关键字的次序进行排列，次要关键字的数值相同时，按照第三关键字的次序排列。单击"选项"按钮，打开"排序选项"对话框如图 4-56 所示，可设置区分大小写、按行排序、按笔画排序等复杂的排序。

④ 数据表的字段名不参加排序，应选中"有标题行"单选项；如果没有字段名行，应选中"无标题行"单选项，再单击"确定"按钮。

图 4-55 "排序"对话框

图 4-56 "排序选项"对话框

4.3.2 筛选

利用数据筛选可以方便地查找符合条件的行数据，筛选有自动筛选和高级筛选两种。自动筛选包括按选定内容筛选，它适用于简单条件。高级筛选适用于复杂条件。一次只能对工作表中的一个区域应用筛选。与排序不同，筛选并不重排区域，它只是暂时隐藏不必显示的行。

1. 自动筛选

① 单击要进行筛选的区域中的单元格。

② 在"数据"→"排序和筛选"选项组中单击"筛选"命令，数据区域中各字段名称行的右侧显示出下拉列表按钮，如图 4-57 所示。

③ 单击下拉列表按钮，可选择要查找的数据。例如，选择"费用类别"下拉列表中的"办公费"，查找出所有办公费的记录，结果如图 4-58 所示。

图 4-57 筛选数据

图 4-58 筛选结果示例

列表框中的选项含义如下。

- 升序排列：按升序方式排列该列的数据记录。
- 降序排列：按降序方式排列该列的数据记录。
- 全部：取消所进行的筛选，显示全部行。
- 前 10 个：选择该项可打开一个对话框，做进一步的设置，如图 4-59 所示。
- 自定义：选择该项可打开一个对话框，根据自定义的条件进行设置，如图 4-60 所示，筛选出额在大于或等于 4000 分到小于 6000 分的行。

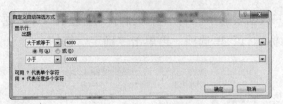

图 4-59　"自动筛选前 10 个"对话框 　　　　　图 4-60　自定义自动筛选条件

如果要取消筛选，再次单击"数据"→"筛选"→"自动筛选"命令即可。

> **注意**
>
> 在对第一个字段进行筛选后，如果再对第二个字段进行筛选，这时是在第一个字段筛选结果的基础上进行再次筛选。

2. 高级筛选

① 指定一个条件区域，即在数据区域以外的空白区域中输入要设置的条件。

② 单击要进行筛选的区域中的单元格，在"数据"→"排序和筛选"选项组中单击"高级"命令，打开其对话框，如图 4-61 所示。

对筛选结果的位置进行选择：

- 若要通过隐藏不符合条件的数据行来筛选区域，选择"在原有区域显示筛选结果"。

- 若要通过将符合条件的数据行复制到工作表的其他位置来筛选区域，选择"将筛选结果复制到其他位置"，然后在"复制到"编辑框中单击鼠标左键，再单击要在该处粘贴行的区域的左上角。

③ 在"条件区域"编辑框中，输入条件区域的引用。如果要在选择条件区域时暂时将"高级筛选"对话框移走，可单击其"折叠"按钮压缩对话框，用鼠标拖动选择条件区域。

④ 单击"确定"按钮，效果如图 4-62 所示。

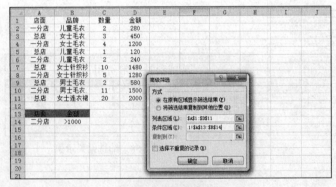

图 4-61　设置筛选条件

图 4-62　筛选结果

4.3.3　分类汇总

在实际应用中经常用到分类汇总。分类汇总指的是按某一字段汇总有关数据，如按部门汇总工资、按班级汇总成绩等。分类汇总必须先分类，即按某一字段排序，把同类别的数据放在一起，然后再进行求和、求平均等汇总计算。分类汇总一般在数据列表中进行。

（1）简单汇总

① 选择汇总字段，并进行升序或降序排序。此例为把"电器价格表"按"月份"排序。

② 在"数据"→"分级显示"选项组中单击"分类汇总"命令，打开"分类汇总"对话框，如图 4-63 所示。

③ 设置分类字段、汇总方式、汇总项、汇总结果的显示位置。

- 在"分类字段"框中选定分类的字段，此例选择"月份"。
- 在"汇总方式"框中指定汇总函数，如求和、平均值、计数、最大值等，此例选择"求和"。
- 在"选定汇总项"框中选定汇总函数进行汇总的字段项，此例选择"金额"字段。

④ 单击"确定"按钮，分类汇总表的结果如图 4-64 所示。

图 4-63 "分类汇总"对话框

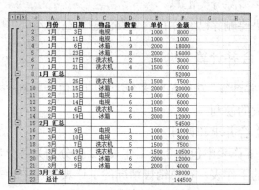

图 4-64 分类汇总表的结果

⑤ 分级显示汇总数据。

在分类汇总表的左侧可以看到分级显示的"123"3 个按钮标志。"1"代表总计，"2"代表分类合计，"3"代表明细数据。

- 单击按钮"1"，将显示全部数据的汇总结果，不显示具体数据。
- 单击按钮"2"，将显示总的汇总结果和分类汇总结果，不显示具体数据。
- 单击按钮"3"，将显示全部汇总结果和明细数据。
- 单击"＋"和"－"按钮可以打开或折叠某些数据。

分级显示也可以通过在"数据"→"分级显示"选项组中单击"显示明细数据"按钮来显示，如图 4-65 所示。

图 4-65 "组及分级显示"子菜单

（2）嵌套汇总

对汇总的数据还想进行不同的汇总，如求各月份金额合计后，又想统计各物品的数量，可再次进行分类汇总。在图 4-66 所示的对话框中选择"计数"汇总方式，选择"数量"为汇总项，清除其余汇总项，并取消"替换当前分类汇总"复选框，即可叠加多种分类汇总，如图 4-67 所示。

图 4-66 "分类汇总"对话框

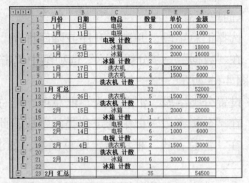

图 4-67 各月份金额、物品合计叠加汇总结果图

（3）清除分类汇总

如果要删除已经存在的分类汇总，在图 4-66 中单击"全部删除"按钮即可。

4.3.4 合并计算

"合并计算"功能是将多个区域中的值合并到一个新区域中，利用此功能可以为数据计算提供很大的便利。

（1）合并求和计算

① 工作表中包含 3 张工作表，2 张分别为各分店的销售统计数据，另外 1 张为显示总销售情况的工作表。在总销售情况的工作表中选中合并计算后数据存放的起始单元格。

② 在"数据"→"数据工具"选项组中单击"合并计算"按钮，打开"合并计算"对话框，如图 4-68 所示。

③ 在打开的"合并计算"对话框中单击"函数"下拉列表框，在弹出的列表中选择"求和"，接着在"引用位置"文本框中输入"南京!$B$3:$D$6"，然后单击"添加"按钮，将输入的引用位置添加到"所有引用位置"列表。

④ 接着使用相同的方法将"温州!$B$3:$D$6"添加到"所有引用位置"列表中。

⑤ 单击"确定"按钮，在"汇总"工作表中即可得到合并求和计算的结果，如图 4-69 所示。

图 4-68 "合并计算"对话框

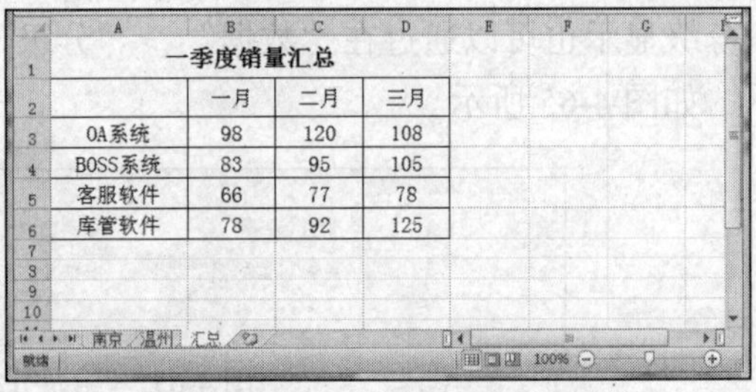

图 4-69 合并求和计算结果

（2）合并求平均值计算

① 在"汇总"工作表中选中存放合并计算结果的单元格区域 B3:D6，单击"数据"标签，在"数据工具"选项组中单击"合并计算"命令。

② 在打开的"合并计算"对话框中单击"函数"下拉列表框，在弹出的列表中选择"平

均值"，接着在"引用位置"文本框中输入"南京!$B$3:$D$6"，然后单击"添加"按钮，将输入的引用位置添加到"所有引用位置"列表中，如图 4-70 所示。

③ 接着使用相同的方法将"温州!$B$3:$D$6"添加到"所有引用位置"列表中。

④ 单击"确定"按钮，在"汇总"工作表中即可得到合并求和计算的结果，如图 4-71 所示。

图 4-70 "合并计算"对话框 图 4-71 合并平均值计算结果

4.3.5 数据分列

在 Excel 中，分列是对某一数据按一定的规则分成两列以上。分列时，选择要进行分列的数据列或区域，再从数据菜单中选择分列，分列按照向导进行即可。关键是分列的规则，有固定列宽，但一般应视情况选择某些特定的符号，如空格、逗号、分号等。

（1）使用分隔符对单元格数据分列

① 选中需要分列的单元格或单元格区域（本例选中的单元格数据中的"省"和"市"之间都有一个空格），单击"数据"选项卡，在"数据工具"→"数据工具"选项组中单击"分列"按钮，如图 4-72 所示。

② 在弹出的"文本分列向导-第 1 步，共 3 步"对话框中，选中"分隔符"单选项，接着单击"下一步"按钮，在"文本分列向导-第 2 步，共 3 步"对话框中的"分隔符号"栏中选中"空格"复选框，在下面的"数据预览"栏中可以看到分隔后的效果，如图 4-73 所示。

图 4-72 单击"分列"按钮

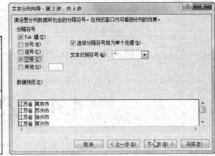

图 4-73 文本分列向导

③ 单击"下一步"按钮，在"文本分列向导-第 3 步，共 3 步"对话框中的"列数据格式"栏中根据需要选择一种数据格式，如"文本"，如图 4-74 所示。

④ 单击"完成"按钮，即可完成数据的分列，如图 4-75 所示。

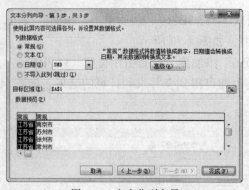

图 4-74　文本分列向导

图 4-75　分列结果

（2）设置固定宽度对单元格数据分列

① 选中需要分列的单元格或单元格区域（本例中选中的单元格数据中的"省"和"市"之间都有一个空格），在"数据"→"数据工具"选项组中单击"分列"按钮。

② 在弹出的"文本分列向导-第 1 步，共 3 步"对话框中，选中"固定宽度"单选项，然后单击"下一步"按钮，如图 4-76 所示。

③ 在"文本分列向导-第 2 步，共 3 步"对话框中的"数据预览"栏中需要分列的位置单击鼠标左键，接着会显示出一个分列线，分列线所在的位置就是分列的位置，单击"下一步"按钮，在"文本分列向导-第 3 步，共 3 步"对话框中的　"列数据格式"栏中根据需要选择一种数据格式，如"文本"，如图 4-76 所示。

④ 单击"完成"按钮，即可完成数据的分列，如图 4-77 所示。

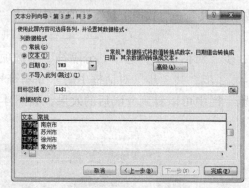

图 4-76　文本分列向导

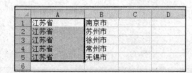

图 4-77　分列结果

4.4　公式、函数的使用

Excel 除了进行一般的表格处理工作外，它的数据计算功能是其主要功能之一。公式就是进行计算和分析的等式，它可以对数据进行加、减、乘、除等运算，也可以对文本进行比较等。

函数是 Excel 预定义的内置公式，可以进行数学、文本和逻辑的运算或查找工作表的数据，与使用公式进行比较，使用函数的速度更快，同时减小出错的概率。

4.4.1 公式基础

1. 标准公式

单元格中只能输入常数和公式。公式以"="开头，后面是用运算符把常数、函数、单元格引用等连接起来有意义的表达式。在单元格中输入公式后，按回车键即可确认输入，这时显示在单元格中的将是公式计算的结果。函数是公式的重要成分。

标准公式的形式为"=操作数和运算符"。

操作数为具体引用的单元格、区域名、区域、函数及常数。

运算符表示执行哪种运算，具体包括以下运算符。

- 算术运算符：( )、%、^、*、/、+、−。
- 文本字符运算符：&（它将两个或多个文本连接为一个文本）。
- 关系运算符：=、>、>=、<=、<、<>（按照系统内部的设置比较两个值，并返回逻辑值"TRUE"或"FALSE"）。
- 引用运算符：引用是对工作表的一个或多个单元格进行标识，以告诉公式在运算时应该引用的单元格。引用运算符包括区域、联合、交叉。区域表示对包括两个引用在内的所有单元格进行引用；联合表示产生由两个引用合成的引用；交叉表示产生两个引用的交叉部分的引用。例如，A1:D4；B2:B6，E3:F5；B1:E4 C3:G5。

运算符的优先级：算术运算符>字符运算符>关系运算符。

2. 创建及更正公式

（1）创建和编辑公式

选定单元格，在其单元格中或其编辑栏中输入或修改公式（见图 4-78），根据"销售统计表"中各员工的销售量，计算总销售量。操作：单击 C10 单元格，输入"=SUM（C2:C8）"，然后按回车键或单击编辑栏中的"√"按钮。

图 4-78 创建计算总销售量的公式

如果需要对公式进行修改，可以双击 C10 单元格，直接修改即可。

（2）更正公式

Excel 有几种不同的工具可以帮助查找和更正公式的问题。

- 监视窗口：在"公式"→"公式审核"选项组中单击"监视窗口"按钮，显示"监视窗口"工具栏，在该工具栏上观察单元格以及其中的公式，甚至可以在看不到单元格的情况下进行。
- 公式错误检查：就像语法检查一样，Excel 用一定的规则检查公式中出现的问题。这些规则不保证电子表格不出现问题，但是对找出普通的错误会大有帮助。

问题可以用两种方式检查出来，一种是每次像拼写检查一样，另一种是立即显示在所操作的工作表中。当找出问题时会有一个三角显示在单元格的左上角 ⬜，单击该单元格，在其旁边出现一个按钮 ◈，单击此按钮出现选项菜单如图 4-79 所示，第一项是发生错误的原因，可根据需要选择编辑修改、忽略错误、错误检查等操作来解决问题。

常出现的错误的值包括以下几种。

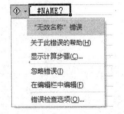

图 4-79 错误及更正选项

- #DIV/0!：被除数字为零。
- #N/A：数值对函数或公式不可用。
- #NAME?：不能识别公式中的文本。
- #NULL!：使用了并不相交的两个区域的交叉引用。
- #NUM!：公式或函数中使用了无效数字值。
- #REF!：无效的单元格引用。
- #VALUE!：使用了错误的参数或操作数类型。
- #####：列不够宽，或者使用了负的日期或负的时间。

（3）复制公式

对 Excel 函数公式可以像一般的单元格内容那样进行"复制"和"粘贴"操作。复制公式可以避免大量重复输入相同公式的操作。下面介绍利用填充柄复制公式，操作方法为选定原公式单元格，将鼠标指针指向该单元格的右下角，鼠标指针会变为黑色的"十"字形填充柄，此时按住鼠标左键向下或向右等方向拖曳，就可以将公式复制到其他的单元格区域。

4.4.2 函数基础

Excel 中自带了很多函数，函数按类别可分为文本和数据、日期与时间、数学和三角、逻辑、财务、统计、查找和引用、数据库、外部、工程、信息等函数。

函数的一般形式为"函数名（参数 1，参数 2，…）"，参数是函数要处理的数据，它可以是常数、单元格、区域名、区域和函数。

下面介绍几个常用函数。

- SUM：对数值求和。它是数字数据的默认函数。
- COUNT：统计数据值的数量。COUNT 是除了数字型数据以外其他数据的默认函数。
- AVERAGE：求数值平均值。
- MAX：求最大值。
- MIN：求最小值。
- PRODUCT：求数值的乘积。
- AND：如果其所有参数为 TRUE，则返回 TRUE，否则返回 FALSE。
- IF：指定要执行的逻辑检验。执行真假值判断，根据逻辑计算的真假值，返回不同结果。
- NOT：对其参数的逻辑值求反。
- OR：只要有一个参数为 TRUE，则返回 TRUE，否则返回 FALSE。

用户可以在公式中插入函数或者直接输入函数来进行数据处理。直接输入函数更为快捷，但必须记住该函数的用法。

例如，利用 AVERAGE 函数计算如图 4-80 所示"销售统计表"中平均销售量。

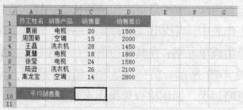

图 4-80　销售统计表

① 选中要插入函数的单元格，此例为 C10。

② 单击"公式"选项卡下的"插入函数"按钮 _fx_，打开其对话框，如图 4-81 所示。

③ 从"选择函数"列表框中选择平均值函数"AVERAGE"，单击"确定"按钮，打开"函数参数"对话框，如图 4-82 所示。

图 4-81 "插入函数"对话框　　　　　　　图 4-82 "函数参数"对话框

④ 在"函数参数"框中已经有默认单元格区域"C2:C8"，如果该区域无误，单击"确定"按钮。如果该区域不对，单击折叠按钮，"函数参数"对话框被折叠，如图 4-83 所示，可以拖动鼠标重新选择单元格区域，再单击折叠按钮，展开"函数参数"对话框，最后单击"确定"按钮。计算结果如图 4-84 所示。

 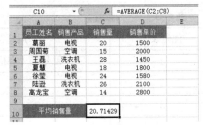

图 4-83 "函数参数"对话框被折叠图　　　图 4-84 操作结果

4.4.3 运算优先级

1. 公式中常用的运算符

运算符是公式的基本元素，是必不可少的元素，每一个运算符代表一种运算。在 Excel 中有 4 类运算符类型，每类运算符及其作用如表 4-2 所示。

表 4-2　　　　　　　　　　　　　　常用的运算符

运算符类型	运算符	作　　用	示　　例
算术运算符	+	加法运算	6+1 或 A1+B1
	−	减法运算	4-1 或 A1-B1 或-A1
	*	乘法运算	6*1 或 A1*B1
	/	除法运算	6/1 或 A1/B1
	%	百分比运算	80%
	^	乘幂运算	6^3

运算符类型	运算符	作　用	示　例
比较运算符	=	等于运算	A1=B1
	>	大于运算	A1>B1
	<	小于运算	A1<B1
	>=	大于或等于运算	A1>=B1
	<=	小于或等于运算	A1<=B1
	<>	不等于运算	A1<>B1
文本连接运算符	&	用于连接多个单元格中的文本字符串，产生一个文本字符串	A1&B1
引用运算符	：（冒号）	特定区域引用运算	A1:D8
	，（逗号）	联合多个特定区域引用运算	SUM（A1:B8,C5:D8）
	（空格）	交叉运算，即对2个共引用区域中共有的单元格进行运算	A1:B8 B1:D8

2. 运算符的优先级顺序

公式中拥有众多运算符，而它们的运算优先顺序也各不相同，正是因为这样它们才能默契合作实现各类复杂的运算。运算符的优先顺序如表4-3所示。

表4-3　　　　　　　　　　　　　运算符的优先级顺序

优先顺序	运算符	说　明
1	：（冒号）（空格），（逗号）	引用运算符
2	–	作为负号使用（如-8）
3	%	百分比运算
4	^	乘幂运算
5	* 和 /	乘和除运算
6	+和–	加和减运算
7	&	连接两个文本字符串
8	=、<、>、<=、>=、<>	比较运算符

4.4.4　名称定义与使用

1. 按规则定义名称

在定义单元格、数值、公式等名称时，定义的名称不能是任意字符，必须要遵循以下规则。

* 名称的第一个字符必须是字母、汉字或下划线，其他字符可以是字母、汉字、句号和下划线。
* 名称不能与单元格名称相同。
* 引用名称时，不能用空格符来分隔名称，可以使用"."。
* 名称长度不能超过255个字符，字母不区分大小写。
* 同一个工作簿中定义的名称不能相同。

2. 创建名称

在 Excel 2010 中创建名称非常方便，可以通过下面 3 种方法来实现。

① 在公式栏的左侧是名称框，在工作表中选择要命名的区域，然后单击名称框并输入一个名称，按回车键创建该名称。

② 选择要命名的区域，然后在“公式”→“定义名称”选项组中单击“定义名称”按钮，打开“新建名称”对话框，设置名称、可用范围及说明信息，最后单击“确定”按钮。

③ 选择要命名的区域，必须包含要作为名称的单元格，然后在“公式”→“定义名称”选项组中单击“根据所选内容创建”按钮，在打开的对话框中单击“确定”按钮即可。

4.4.5 常用函数的应用实例

Excel 2010 中提供的函数类型非常多，利用不同的函数可以实现不同的功能。下面介绍一些常见函数的使用。

1. 根据销售数量与单价计算总销售额

实例描述：表格中统计了各产品的销售数量与单价。

达到目的：要求用一个公式计算出所有产品的总销售金额。

选中 B8 单元格，在公式编辑栏中输入公式：

=SUM（B2:B6*C2:C6）

按【Ctrl】+【Shift】+【Enter】组合键得出结果，如图 4-85 所示。

2. 用通配符对某一类数据求和

实例描述：表格中统计了各服装（包括男女服装）的销售金额。

达到目的：要求统计出女装的合计金额。

选中 E2 单元格，在公式编辑栏中输入公式：

=SUMIF（B2:B13,"*女",C2:C9）

按【Enter】键得出结果，如图 4-86 所示。

B8 {=SUM(B2:B6*C2:C6)}

	A	B	C	D	E
1	产品名称	销售数量	单价		
2	登山鞋	22	225		
3	攀岩鞋	16	168		
4	沙滩鞋	26	216		
5	溯溪鞋	18	186		
6	徒步鞋	19	199		
7					
8	总销售金额	20383			
9					

图 4-85　计算结果

E2 =SUMIF(B2:B13,"*女",C2:C9)

	A	B	C	D	E	F	G
1	序号	名称	金额		女装合计金额		
2	1	泡泡袖长袖T恤 女	1061		9828		
3	2	男装新款体恤 男	1169				
4	3	新款纯棉男士短袖T恤 男	1080				
5	4	修身简约V领t恤上衣 女	1299				
6	5	日韩版打底衫T恤 男	1388				
7	6	大码修身V领字母长袖T恤 女	1180				
8	7	韩版拼接假两件包臀打底裤 女	1180				
9	8	加厚抓绒韩版卫裤 男	1176				
10	9	韩版条纹圆领长袖T恤修身 女	1849				
11	10	卡通创意个性t恤 男	1280				
12	11	女长袖冬豹纹泡泡袖t恤 女	1560				
13	12	韩版抓收脚休闲长裤 女	1699				

图 4-86　计算结果

3. 根据业务处理量判断员工业务水平

实例描述：表格中记录了各业务员的业务处理量。

达到目的：通过设置公式根据业务处理量来自动判断员工业务水平。具体要求如下。

- 当两项业务处理量都大于 20 时，返回结果为“好”；
- 当某一项业务量大于 30 时，返回结果为“好”；
- 否则返回结果为“一般”。

① 选中 D2 单元格，在公式编辑栏中输入公式：

=IF（OR（AND（B2>20, C2>20），（C2>30））,"好","一般"）

按【Enter】键得出结果。

② 选中 D2 单元格，拖动右下角的填充柄向下复制公式，即可根据 B 列与 C 列中的数量批量判断业务水平，如图 4-87 所示。

4. 统计数据表中前 5 名的平均值

实例描述：表格中统计了学生成绩。

达到目的：要求计算成绩表中前 5 名的平均值。

选中 E2 单元格，在公式编辑栏中输入公式：

=AVERAGE（LARGE（C2:C12,{1,2,3,4,5}））

按【Enter】键即可统计出 C2:C12 单元格区域中排名前 5 位数据的平均值，如图 4-88 所示。

姓名	电话处理量	邮件处理量	业务水平
郑立媛	12	22	一般
艾羽	22	21	好
章晔	7	31	好
钟文	22	45	好
朱安婷	15	16	一般
钟武	12	35	好
梅香菱	16	22	一般
李霞	22	17	一般
苏海涛	15	32	好

图 4-87 计算结果

E2 =AVERAGE(LARGE(C2:C12, {1, 2, 3, 4, 5}))

班级	姓名	成绩		前5名平均分
1	宋燕玲	85		128
2	郑芸	120		
1	黄嘉俐	95		
2	区菲娅	112		
1	江小丽	145		
1	麦子聪	132		
2	叶雯静	60		
2	钟琛	77		
1	陆穗平	121		
2	李霞	105		
1	周成	122		

图 4-88 计算结果

5. 判断应收账款是否到期

实例描述：数据表中记录了各项账款的金额、已收金额、还款日期。

达到目的：要求根据到期日期判断各项应收账款是否到期，如果到期（约定超过还款日期 90 天为到期）返回未还的金额，如果未到期返回“未到期”文字。

① 选中 E2 单元格，在公式编辑栏中输入公式：

=IF（TODAY（）-D2>90,B2-C2,"未到期"）

按【Enter】键得出结果。

② 选中 E2 单元格，拖动右下角的填充柄向下复制公式，即可批量得出如图 4-89 所示的结果。

E2 =IF(TODAY()-D2>90, B2-C2, "未到期")

发票号码	应收金额	已收金额	还款日期	是否到期
12023	20850.00	5000.00	2012/2/12	15850
12584	5000.00	0.00	2012/10/11	5000
20596	15600.00	5600.00	2012/10/15	10000
23562	120000.00	5000.00	2013/2/22	未到期
63001	15000.00	0.00	2013/3/25	未到期

图 4-89 计算结果

6. 分性别判断成绩是否合格

实例描述：表格中记录了学生的跑步用时，性别不同，其对合格成绩的要求也不同。

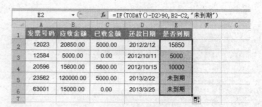

达到目的：通过设置公式实现根据性别与跑步用对返回“合格”或“不合格”。具体要求如下。

- 当性别为“男”时，用时小于 30 时，返回结果为“合格”。
- 当性别为“女”时，用时小于 32 时，返回结果为“合格”。
- 否则返回结果为“不合格”。

① 选中 D2 单元格，在公式编辑栏中输入公式：

=IF（OR（AND（B2="男",C2<30）,AND（B2="女",C2<32））,"合格","不合格"）

按【Enter】键得出结果。

② 选中 D2 单元格，拖动右下角的填充柄向下复制公式，即可根据 C 列中的数据批量判断每位学生的跑步成绩是否合格，如图 4-90 所示。

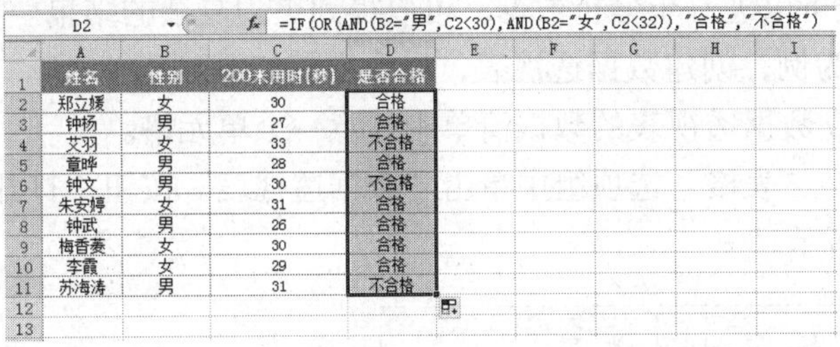

D2 =IF(OR(AND(B2="男",C2<30),AND(B2="女",C2<32)),"合格","不合格")

姓名	性别	200米用时(秒)	是否合格
郑立媛	女	30	合格
钟杨	男	27	合格
艾羽	女	33	不合格
章晔	男	28	合格
钟文	男	30	不合格
朱安婷	女	31	合格
钟武	男	26	合格
梅香菱	女	30	合格
李霞	女	29	合格
苏海涛	男	31	不合格

图 4-90　计算结果

4.5　数据透视表（图）的使用

4.5.1　数据透视表概述与组成元素

1. 数据透视表概述

数据透视表是一种交互的、交叉制表的 Excel 报表，用于对多种来源的数据进行汇总和分析。

数据透视表有机地综合了数据排序、筛选、分类汇总等数据分析的优点，可方便地调整分类汇总的方式，灵活地以多种不同方式展示数据的特征。建立数据表之后，通过鼠标拖动来调节字段的位置可以快速获取不同的统计结果，即表格具有动态性。

对于数量众多、以流水账形式记录、结构复杂的工作表，为了将其中的一些内在规律显现出来，可将工作表重新组合并添加算法，即可以建立数据透视表。数据透视表是专门针对以下用途设计的：

- 以多种方式查询大量数据。
- 按分类和子分类对数据进行汇总，创建自定义计算和公式。
- 展开或折叠要关注结果的数据级别，查看感兴趣区域汇总数据的明细。
- 将行移动到列或将列移动到行（或“透视”），以查看源数据的不同汇总。
- 对最有用和最关注的数据子集进行筛选、排序、分组和有条件地设置格式，以获取所需要的数据。

2. 数据透视表组成元素

数据透视表由下列元素组成。

- 页字段：页字段用于筛选整个数据透视表，是数据透视表中指定为页方向的源数据列表中的字段。
- 行字段：行字段是在数据透视表中指定为行方向的源数据列表中的字段。
- 列字段：列字段是在数据透视表中指定为列方向的源数据列表中的字段。
- 数据字段：数据字段提供要汇总的数据值。常用数字字段，可用求和函数、平均值函数合并数据。

4.5.2　数据透视表的新建

利用数据透视表可以进一步分析数据，可以得到更为复杂的结果。下面以"费用支出记录表"（见图 4-91）为例，创建数据透视表，操作步骤如下。

① 单击需要建立数据透视表的数据清单中任意一个单元格。

② 在"插入"→"表格"选项组中单击"数据透视表"按钮，打开"创建数据透视表"对话框，如图 4-92 所示。

图 4-91　单击任意单元格　　　　图 4-92　"创建数据透视表"对话框

③ 在"请选择要分析的数据"栏中，选中"选择一个表或区域"单选项，在"表/区域"文本框中输入或使用鼠标选取引用位置，如"Sheet1!\$A\$2:\$F\$26"。

④ 在"选择放置数据透视表的位置"栏中选中"现有工作表"单选项，在"位置"文本框中输入数据透视表的存放位置，如"Sheet1!\$H\$3"，如图 4-93 所示。

⑤ 单击"确定"按钮，一个空的数据透视表将添加到指定的位置，并显示数据透视表字段列表，以便用户可以添加字段、创建布局和自定义数据透视表，如图 4-94 所示。

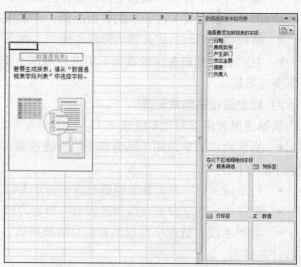

图 4-93　开始创建数据透视表　　　　图 4-94　创建初始数据透视表

4.5.3 数据透视表的编辑

默认建立的数据透视表只是一个框架，要得到相应的分析数据，则需要根据实际需要合理地设置字段，同时也需要进行相关的设置操作。

（1）添加字段

① 在右侧的字段列表中选中"产生部门"字段，然后单击鼠标右键，弹出快捷菜单，单击"添加到行标签"命令（见图 4-95），即可让字段显示在指定位置，同时数据透视表也做相应的显示（即不再为空）。

② 按相同的方法可以添加"支出金额"字段到"数值"列表中，此时可以看到数据透视表中统计了各个部门支出金额合计值，如图 4-96 所示。

（2）删除字段

要实现不同的统计结果，需要不断地调整字段的布局，因此对于之前设置的字段，如果不需要可以将其从"列标签"或"行标签"中删除，在"字段列表"中取消其前面的选中状态即可删除。

图 4-95　添加字段

图 4-96　添加字段后的统计效果

（3）更改默认的汇总方式

当设置了某个字段为数值字段后，数据透视表会自动对数据字段中的值进行合并计算。数据透视表通常为包含数字的数据字段使用 SUM 函数（求和），而为包含文本的数据字段使用 COUNT 函数（求和）。如果想得到其他的统计结果，如求最大最小值、求平均值等，则需要修改对数值字段中值的合并计算类型。

① 设置"费用类别"字段为"行标签"字段，设置"支出金额"字段为"数值"字段（默认汇总方式为"求和"）。在"数值"列表框中单击"支出金额"数值字段，打开下拉菜单，选择"值字段设置"命令，如图 4-97 所示。

图 4-97　添加字段

② 打开"值字段设置"对话框。选择"值汇总方式"标签，在列表框中可以选择汇总方式，如此处选择"计数"（见图4-98）。单击"确定"按钮即可更改默认的求和汇总方式为计数，即统计出各个类别费用的支出次数，结果如图4-99所示。

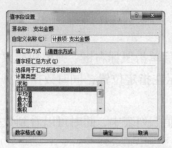

图4-98 "值字段设置"对话框

图4-99 设置后的效果

4.5.4 数据透视表的设置与美化

建立数据透视表之后，在"数据透视表工具"→"设计"菜单的"布局"选项组中提供了相应的布局选项，可以设置分类汇总项的显示位置、是否显示总计列、调整新的报表布局等。另外，在Excel 2010中还提供了可以直接套用的数据透视表样式，方便快速美化编辑完成的数据透视表。

（1）设置分类汇总项的显示位置

当行标签或列标签不只一个字段时，则会产生一个分类汇总项，该分类汇总项默认显示在组的顶部，可以通过设置更改其默认显示位置。

① 选中数据透视表，单击"数据透视表工具"→"设计"菜单，在"布局"选项组中单击"分类汇总"按钮。

② 在下拉菜单中单击"在组的底部显示所有分类汇总"命令，可看到数据透视表中组的底部显示了汇总项。

（2）设置是否显示总计项

选中数据透视表，单击"数据透视表工具"→"设计"菜单，在"布局"选项组中单击"总计"按钮，在打开的下拉菜单中可以选择是否显示"总计"项，或在什么位置上显示"总计"。

（3）美化数据透视表

① 选中数据透视表的任意单元格，单击"数据透视表工具"→"设计"菜单，在"数据透视表样式"选项组中可以选择套用的样式，单击右侧的按钮可打开下拉菜单，有多种样式可供选择，如图4-100所示。

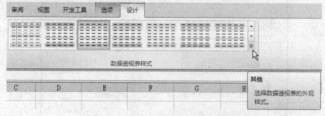

图4-100 选择美化数据透视表样式

② 选中样式后，单击鼠标即可应用到当前数据透视表中。

4.6 图表的使用

4.6.1 图表结构与分类

1. 图表结构

Excel 中的图表有两种：一种是嵌入式图表，它和创建图表的数据源放置在同一张工作表中；另一种是独立图表，它是一张独立的图表工作表。

Excel 为用户建立直观的图表提供了大量的预定义模型，每一种图表类型又有若干种子类型。此外，用户还可以自己定制格式。

图表的组成如图 4-101 所示。

* 图表区：整个图表及包含的所有对象。
* 图表标题：图表的标题。
* 数据系列：在图表中绘制的相关数据点，这些数据源自数据表的行或列。每个数据系列具有唯一的颜色或图案并且在图表的图例中表示。可以在图表中绘制一个或多个数据系列。饼图只有一个数据系列。
* 坐标轴：绘图区边缘的直线，为图表提供计量和比较的参考模型。分类轴（X轴）和数值轴（Y轴）组成了图表的边界并包含相对于绘制数据的比例尺，Z轴用于三维图表的第三坐标轴。饼图没有坐标轴。

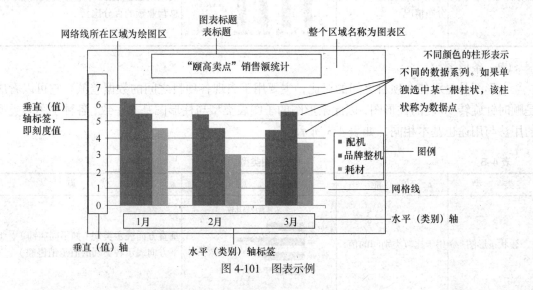

图 4-101 图表示例

* 网格线：从坐标轴刻度线延伸开来并贯穿整个绘图区的可选线条系列。网格线使用户查看和比较图表的数据更为方便。
* 图例：用于标记不同数据系列的符号、图案和颜色，每一个数据系列的名字作为图例的标题，可以把图例移到图表中的任何位置。

2. 常用图表类型与应用

对于初学者而言，如何根据当前数据源选择一个合适的图表类型是一个难点。不同的图表类型其表达重点有所不同，因此，首先要了解各类型图表的应用范围，学会根据当前数据源以及分析目的选用最合适的图表类型。

（1）柱形图

柱形图显示一段时间内数据的变化，或者显示不同项目之间的对比。柱形图是最常用的图表之一，其具有如表 4-4 所示的子图表类型。

表 4-4　　　　　　　　　　　　　　　柱形图类型

类　型	功　能	示　意	优　点
簇状柱形图	用于比较类别间的值	各店铺营业额比较	从图表中可直观比较各店铺中两种不同设备的营业额多少
堆积柱形图	显示各个项目与整体之间的关系，从而比较各类别的值在总和中的分布情况	各店铺营业额比较	从图表中可以直观看出哪个店铺的营业额最高，哪个店铺营业额最低
百分比堆积柱形图	以百分比形式比较各类别的值在总和中的分布情况	各店铺营业额比较	垂直轴的刻度显示的为百分比而非数值，因此图表显示了各个分类营业额占总营业额的百分比

（2）条形图

条形图是显示各个项目之间的对比，主要用于表现各项目之间的数据差额。它可以看成是顺时针旋转 90 度的柱形图，因此条形图的子图表类型与柱形图基本一致，各种子图表类型的用法与用途也基本相同，如表 4-5 所示。

表 4-5　　　　　　　　　　　　　　　条形图类型

类　型	功　能	示　意	优　点
簇状条形图	用于比较类别间的值	各店铺营业额比较	垂直方向表示类别（如不同店铺），水平方向表示各类别的值（销售额）
堆积条形图	显示各个项目与整体之间的关系，从而比较各类别的值在总和中的分布情况	各店铺营业额比较	从图表中可以直观看出哪个店铺的营业额最高，哪个店铺营业额最低
百分比堆积条形图	以百分比形式比较各类别的值在总和中的分布情况		

（3）折线图

折线图显示随时间或类别的变化趋势。折线图分为带数据标记与不带数据标记两大类，不带数据标记是指只显示折线不带标记点，如表 4-6 所示。

表 4-6　　　　　　　　　　　　　　　　折线图类型

类　型	功　能	示　意	优　点
折线图	显示各个值的分布随时间或类别的变化趋势		各分类营业额在上半年的变化趋势，如"鸿业店"呈上升趋势，"顺达店"呈先上升再下降趋势
堆积折线图	显示各个值与整体之间的关系，从而比较各个值在总和中的分布情况		通过最上面一条折线可以看出 1～6 月中总营业额呈先上升后下降的趋势
百分比堆积折线图	这种图表类型以百分比方式显示各个值的分布随时间或类别的变化趋势		

（4）饼图

饼图显示组成数据系列的项目在项目总和中所占的比例。饼图通常只显示一个数据系列（建立饼图时，如果有几个系列同时被选中，那么图表只绘制其中一个系列）。饼图有饼图与复合饼图两种类别，如表 4-7 所示。

表 4-7　　　　　　　　　　　　　　　　饼图类型

类　型	功　能	示　意	优　点
饼图	显示各个值在总和中的分布情况		直观看到各分类销售金额占比情况
复合饼图	是一种将用户定义的值提取出来并显示在另一个饼图中的饼图		第一个饼图为"销售机器"与"耗材"两个分类各占比例，而"耗材"又分为 3 个类；第二个饼图是对"耗材"中的各类别进行比例分析

除了上面介绍的几种图表类型外，还有 XY（散点图）、股价图、气泡图、曲面图几种图表类型。这几种图表类型一般用于专用数据的分析，如股价数据、工程数据、数学数据等。

4.6.2　图表的新建

创建图表的一般步骤是，先选定创建图表的数据区域。选定的数据区域可以连续，也可以不连续。注意，如果选定的区域不连续，每个区域所在行或所在列有相同的矩形区域；如果选定的区域有文字，文字应在区域的最左列或最上行，以说明图表中数据的含义。建立图表的具体操作如下。

①　选定要创建图表的数据区域。

②　单击"插入"→"图表"选项组右下角的 按钮，打开"插入图表"对话框，在对话框中选择要创建图表类型，如图 4-102 所示。

③　选择一种柱形图样式，如"三维簇状柱形图"，设置完成后，单击"确定"按钮，效果如图 4-103 所示。

图 4-102　"插入图表"对话框

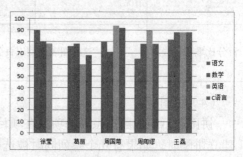

图 4-103　创建后的效果

4.6.3　图表中数据的编辑

编辑图表是指对图表及图表中各个对象的编辑，包括数据的增加、删除，图表类型的更改，图表的缩放、移动、复制、删除，数据格式化等。

一般情况下，先选中图表，再对图表进行具体的编辑。当选中图表时，"数据"菜单自动变为"图表"菜单，而且"插入"菜单、"格式"菜单中的命令也自动做相应的变化。

1. 编辑图表中的数据

（1）增加数据

要给图表增加数据系列，用鼠标右键单击图表中的任意位置，在弹出的快捷菜单中选择"选择数据"命令，打开"选择数据源"对话框，接着单击"添加"按钮。

打开"编辑数据系列"对话框，在对话框中设置需要添加的系列名称和系列值。

例如，增加"PS"数据系列。

①　用鼠标右键单击图表中的任意位置，在弹出的快捷菜单中选择"选择数据"命令（见图 4-104），打开"选择数据源"对话框。

②　在"图例项（系列）"列表中单击"添加"按钮，如图 4-105 所示，打开"编辑数据系列"对话框。

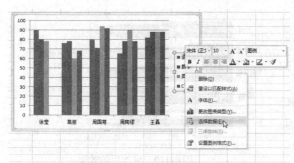
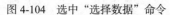

图 4-104　选中"选择数据"命令

图 4-105　打开"编辑数据系列"对话框

③ 将光标定位在"系列名称"文本框中，在表格中选中"F2"单元格，接着将光标定位在"系列值"文本框中，在表格中选中"C3:F7"单元格区域，如图 4-106 所示。

④ 连续两次单击"确定"按钮，即可将 C3:F7 单元格区域中的数据添加到图表中，如图 4-107 所示。

图 4-106　"编辑数据系列"对话框

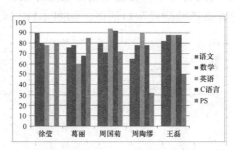

图 4-107　添加数据后的图表

（2）删除数据

删除图表中的指定数据系列，可先单击要删除的数据系列，再单击【Delete】键，或右键单击数据系列，从快捷菜单中选择"清除"命令即可。

（3）更改系列的名称

用鼠标右键单击图表中的任意位置，在弹出的快捷菜单中选择"选择数据"命令，打开"选择数据源"对话框。在"图例项（系列）"列表中选中需要更改的数据源，接着单击"编辑"按钮，打开"编辑数据系列"对话框。

图 4-108　"编辑数据系列"对话框

① 在"系列名称"文本框中将原有数据删除，接着输入"PS-选修课"（见图 4-108），完成后单击"确定"按钮。

② 返回到"选择数据源"对话框中，再次单击"确定"按钮即可完成修改，效果如图 4-109 所示。

2．更改图表的类型

选中图表，单击"设计"标签，在"类型"选项组中单击"更改图表类型"按钮，打开"更改图表类型"对话框。

在对话框左侧选择一种合适的图表类型，接着在右侧窗格中选择一种合适的图表样式，单击"确定"按钮，即可看到更改后的结果，如图 4-110 所示。

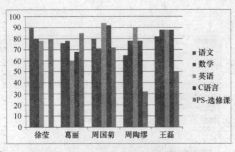

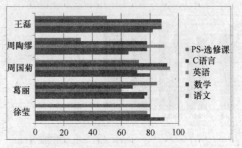

图 4-109　更改系列的名称后的效果　　　　　　图 4-110　更改后的效果

3. 设置图表格式

设置图表格式是指对图表中各个对象进行文字、颜色、外观等格式的设置。

① 双击欲进行格式设置的图表对象，如双击图表区，打开"设置图表区格式"对话框，如图 4-111 所示。

② 指向图表对象，右键单击图表坐标轴，从快捷菜单中选择该图表对象格式设置命令，打开"设置坐标轴格式"对话框，如图 4-112 所示。

图 4-111　"设置图表区格式"对话框　　　　　图 4-112　"设置坐标轴格式"对话框

4.7　表格页面设置与打印

工作表创建好后，可以按要求进行页面设置或设置打印数据的区域，然后再预览或打印出来。Excel 也具有默认的页面设置，因此可直接打印工作表。

4.7.1　设置"页面"

① 在"页面布局"→"页面设置"选项组中单击右下角的 ![]按钮，打开"页面设置"对话框，如图 4-113 所示。

② 设置"页面"选项卡。

● "方向"和"纸张大小"栏：设置打印纸张方向与纸张大小。

● "缩放"栏：用于放大或缩小打印的工作表，其中"缩放比例"框可在 10%～400% 之间选择。100%为正常大小，小于 100%为缩小，大于 100%为放大。"调整为"框可把工作表拆分为指定页宽和指定页高打印，如指定 2 页宽、2 页高表示水平方向分 2 页，垂直方向分 2 页，共 4 页打印。

- "打印质量"框：设置每英寸打印的点数，数字越大，打印质量越好。

图 4-113　页面设置的"页面"对话框

打印机不同，数字会不一样。

- "起始页码"框：设置打印首页页码，默认为"自动"，从第一页或接上一页开始打印。

4.7.2　设置"页边距"

① 在"页面布局"→"页面设置"选项组中单击右下角的 按钮，打开"页面设置"对话框。单击"页边距"选项卡，进入"页边距"对话框，如图 4-114 所示。

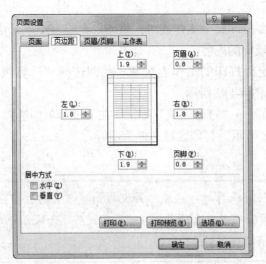

图 4-114　页面设置的"页边距"对话框

② 设置打印数据距打印页四边的距离、页眉和页脚的距离以及打印数据的水平居中、垂直居中方式，默认为靠上靠左对齐。

4.7.3 设置"页眉页脚"

在"页面布局"→"页面设置"选项组中单击右下角的 ■ 按钮，打开"页面设置"对话框。单击"页眉/页脚"选项卡，进入"页眉/页脚"对话框，如图 4-115 所示。

- "页眉""页脚"框：可从其下拉列表框中进行选择。
- "自定义页眉""自定义页脚"按钮：单击打开相应的对话框自行定义，如图 4-116 所示，在左、中、右框中输入指定页眉，用给出的按钮定义字体、插入页码、插入总页数、插入日期、插入时间、插入路径、插入文件名、插入标签名、插入图片、设置图片格式。
- 完成设置后，单击"确定"按钮即可。

图 4-115　页面设置的"页眉/页脚"对话框

图 4-116　自定义"页眉"对话框

4.7.4 设置打印区域

打印区域是指不需要打印整个工作表时，打印一个或多个单元格区域。如果工作表包含打印区域，则只打印区域中的内容。

① 用鼠标拖动选定待打印的工作表区域。此例选择"计算机基础成绩单"工作表的 A2:F10 单元格区域，如图 4-117 所示。

② 单击"页面布局"→"打印区域"按钮，在下拉菜单中选择"设置打印区域"，设置好打印区域，如图 4-118 所示，打印区域边框为虚线。

> **注意**
>
> 在保存文档时，会同时保存打印区域，再次打开时设置的打印区域仍然有效。如果要取消打印区域，可单击"页面布局"选项卡，在"页面设置"选项组中单击"打印区域"按钮，在下拉菜单中选择"取消打印区域"。

图 4-117 选定打印区域 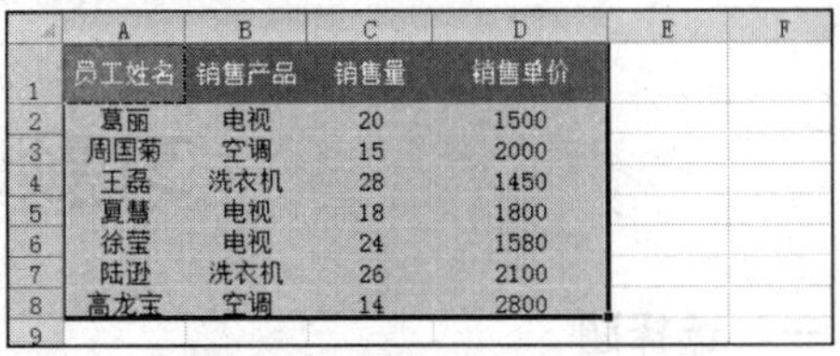　　　　　　　　　图 4-118 设置好的打印区域

4.7.5　分页预览与打印

分页是人工设置分页符，Excel 可以进行打印预览以模拟显示打印的设置结果，不满意可重新设置直至满意，再进行打印输出。

1．添加、删除分页符

一般系统对工作表进行自动分页，如果需要也可以进行人工分页。

插入水平或垂直分页符操作：在要插入水平或垂直分页符的位置下边或右边选中一行或一列，再单击"页面布局"→"分隔符"按钮，在下拉菜单中选择"插入分页符"命令，分页处出现虚线。

如果选定一个单元格，再单击"页面布局"→"分隔符"按钮，在下拉菜单中选择"插入分页符"命令，则会在该单元格的左上角位置同时出现水平和垂直两分页符，即两条分页虚线。

删除分页符操作：选择分页虚线的下一行或右一列的任何单元格，再单击"页面布局"→"分隔符"按钮，在下拉菜单中选择"删除分页符"命令。若要取消所有的手动分页符，可选择整个工作表，再单击"页面布局"→"分隔符"按钮，在下拉菜单中选择"重置所有分页符"命令。

2．分页预览

单击"视图"→"分页预览"命令，可以在分页预览视图中直接查看工作表分页的情况，如图 4-119 所示，粗实线框区域为浅色是打印区域，每个框中有水印的页码显示，可以直接拖动粗线以改变打印区域的大小。在分页预览视图中同样可以设置、取消打印区域，插入、删除分页符。

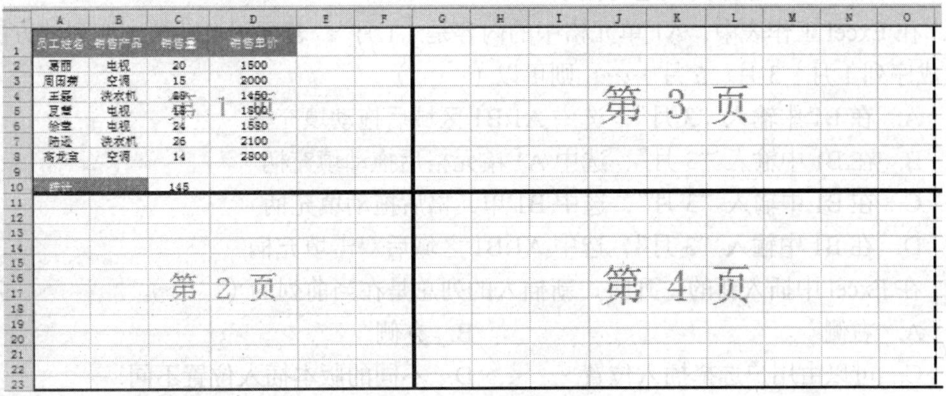

图 4-119　分页预览视图

3. 打印工作表

单击"文件"→"打印"命令，在右侧的窗口中单击"打印"按钮即可直接打印当前工作表。

习题与操作题

一、选择题

1. 如果想要更改工作表的名称，可以通过下述（   ）操作实现。

    A. 单击工作表的标签，然后输入新的标签内容

    B. 双击工作表的标签，然后输入新的标签内容

    C. 在名称框中输入工作表的新名称

    D. 在编辑栏中输入工作表的新名称

2. 在 Excel 中，对单元格进行编辑时，下列不能进入编辑状态的是（   ）。

    A. 双击单元格   B. 单击单元格   C. 单击编辑栏   D. 按【F2】键

3. 在利用选择性粘贴时，源单元格中的数据与目标单元格中的数据不能进行（   ）操作。

    A. 加减运算   B. 乘除运算   C. 乘方运算   D. 无任何运算

4. 在选择性粘贴中，如果选中"转置"复选框，则源区域的最顶行，在目标区域中成为（   ）。

    A. 最底行   B. 最左列

    C. 最右列   D. 在原位置处左右单元格对调

5. 当鼠标移动到填充柄上时，鼠标指针的形状变为（   ）。

    A. 空心粗"十"字形   B. 向左上方箭头

    C. 黑色（实心细）"十"字形   D. 黑色矩形

6. 在 Excel 中，利用填充柄进行填充时，填充柄（   ）。

    A. 只可以在同一行内进行拖动

    B. 只可以在同一列内进行拖动

    C. 只可以沿着右下方的方向进行拖动

    D. 可以在任意方向上进行拖动

7. 在 Excel 工作表中，A1 单元格中的内容是"1月"，若要用自动填充序列的方法在第 1 行生成序列 1 月、3 月、5 月……，则可以（   ）。

    A. 在 B1 中输入"3月"，选中 A1:B1 区域后拖动填充柄

    B. 在 B1 中输入"3月"，选中 A1 单元格后拖动填充柄

    C. 在 B1 中输入"3月"，选中 B1 单元格后拖动填充柄

    D. 在 B1 中输入"3月"，选中 A1:B1 区域后双击填充柄

8. 在 Excel 中插入新的一列时，新插入的列总是在当前列的（   ）。

    A. 右侧   B. 左侧

    C. 可以由用户选择插入位置   D. 不同的版本插入位置不同

9. 在 Excel 中插入新的一行时，新插入的行总是在当前行的（   ）。

A. 上方   B. 下方

C. 可以由用户选择插入位置   D. 不同的版本插入位置不同

10. 已知 A1 单元格的存储值为 0.789，如果将其数字格式设置为"数值"、小数位数设置为"1"位，则当 A1 单元格参与数学运算时，数值为（   ）。

A. 0.7   B. 0.789   C. 0.8   D. 1.0

11. 格式刷的作用是（   ）。

A. 输入格式   B. 复制格式   C. 复制公式   D. 复制格式和公式

12. 在 Excel 中，如果想让含有公式的单元格中的公式不被显示在编辑栏中，则应该设置（   ）。

A. 该单元格为"锁定"状态

B. 该单元格为"锁定"状态，并保护其所在的工作表

C. 该单元格为"隐藏"状态

D. 该单元格为"隐藏"状态，并保护其所在的工作表

13. 在一个工作簿中，不能进行隐藏的是（   ）。

A. 工作表   B. 行   C. 列   D. 一个单元格

14. 在 Excel 中，关于公式计算，以下说法正确的是（   ）。

A. 函数运算的结果可以是算术值，也可以是逻辑值

B. 比较运算的结果是一个数值

C. 算术运算的结果值最多有三种

D. 比较运算的结果值可以有三种

15. 设 B3 单元格中的数值为 20，在 C3 和 D4 单元格中分别输入="B3"＋8 和=B3＋"8"，则（   ）。

A. C3 单元格与 D4 单元格中均显示"28"

B. C3 单元格中显示"#VALUE!"，D4 单元格中显示"28"

C. C3 单元格中显示"28"，D4 单元格中显示"#VALUE!"

D. C3 单元格与 D4 单元格中均显示"#VALUE!"

16. 关于嵌套函数，以下说法正确的是（   ）。

A. 只有逻辑函数才可以进行嵌套   B. 只有同名的函数才可以进行嵌套

C. 函数嵌套最多允许三层   D. 对于函数嵌套，先计算的是最里层

17. 设在 A1:A20 区域中已输入数值数据，为了在 B1:B20 区域的 Bi 单元格中计算出 A1:Ai 区域（i=1，2，…，20）中的各单元格内数值之和，应该在 B1 单元格中输入公式（   ），然后将其复制到 B2:B20 区域中即可。

A. =SUM（A\$1:A\$1）   B. =SUM（\$A\$1:A\$1）

C. =SUM（A\$1:A1）   D. =SUM（\$A\$1:\$A\$1）

18. 将 C1 单元格中的公式"=A1+B2"复制到 E5 单元格中，则 E5 单元格中的公式是（   ）。

A. =C1+D2   B. =C5+D6   C. =A3+B4   D. =A5+B6

19. 如果在 A3 单元格中输入公式"=\$A1+A\$2"，然后将该公式复制到 F5 单元格，则 F5 单元格中的公式为（   ）。

A. =$A1+A$2   B. =$A3+$A4   C. =$F1+F$2   D. =$A3+F$2

20. 已知 A3，B3，C3，D3，E3 单元格中分别存放的是学生甲的各科成绩，如果要在 F3 单元格中计算学生甲的平均成绩，则以下公式中不正确的是（　　　）。

    A. =SUM(A3:E3)/COUNT(A3:E3)

    B. =AVERAGE(A3:E3)/COUNT(A3:E3)

    C. =(A3+B3+C3+D3+E3)/COUNT(A3:E3)

    D. =AVERAGE(A3:E3)

21. 在 Excel 工作表中，要统计 A1:C5 区域中数值大于等于 30 的单元格个数，应该使用公式（　　　）。

    A. =COUNT（A1:C5，">=30"）   B. =COUNTIF（A1:C5，>=30）

    C. =COUNTIF（A1:C5，">=30"）   D. =COUNTIF(A1:C5，>="30"）

22. 如果 B2:B10 区域中是某单位职工的工龄，C2:C10 区域中是职工的工资，求工龄大于 5 年的职工工资之和，应该使用公式（　　　）。

    A. =SUMIF（B2:B10，">5"，C2:C10）

    B. =SUMIF（C2:C10，">5"，B2:B10）

    C. =SUMIF（C2:C10，B2:B10，">5"）

    D. =SUMIF（B2:B10，C2:C10，">5"）

23. 在 Excel 中，如果想用鼠标选择不相邻的单元格区域，在使用鼠标的同时，需要按住（　　）键。

    A.【Alt】   B.【Ctrl】   C.【Shift】   D.【Esc】

24. 下列（　　　）是 Excel 工作表的正确区域表示。

    A. Al#D4   B. A1..D4   C. A1:D4   D. A1>D4

25. 对 D5 单元格，Excel 的绝对引用写法是（　　　）。

    A. D5   B. D$5   C. $D$5   D. $D5

26. Excel 引用单元格时，列标前加"$"符号，而行号前不加，或者行号前加"$"符号，而列标前不加，这属于（　　　）。

    A. 相对引用   B. 绝对引用   C. 混合引用   D. 以上说法都不对

27. 在 Excel 中，如果想要选择连续的单元格区域，可以先单击区域左上角单元格，然后，在单击区域右下角单元格时，需要按住（　　　）键。

    A.【Ctrl】   B.【Shift】   C.【Alt】   D.【Esc】

28. 引用单元格时，列标和行号前都加"$"符号，这属于（　　　）。

    A. 相对引用   B. 绝对引用   C. 混合引用   D. 以上说法都不对

29. Excel 中，日期型数据"2011 年 3 月 21 日"的正确输入形式是（　　　）。

    A. 2011-3-2   B. 2011. 3. 21   C. 2011,3,21   D. 2011:3:21

30. Excel 工作表中，D2:E4 区域所包含的单元格个数是（　　　）。

    A. 5   B. 6   C. 7   D. 8

31. Excel 工作表中，不正确的单元格地址是（　　　）。

    A. C$66   B. $C66   C. C6$6   D. $C66

32. Excel 工作表中，在某单元格内输入数字 123，不正确的输入形式是（　　　）。

A.　123　　　　　B.　=123　　　　　C.　+123　　　　　D.　*123

33. Excel 工作表中，正确的 Excel 公式形式为（　　　）。

　　A.　=B3*Sheet3!A2　　　　　　　B.　=B3*Sheet3$A2

　　C.　=B3*Sheet3:A2　　　　　　　D.　=B3*Sheet3%A2

34. Excel 工作簿中，有关移动和复制工作表的说法正确的是（　　　）。

　　A.　工作表只能在所在工作簿内移动不能复制

　　B.　工作表只能在所在工作簿内复制不能移动

　　C.　工作表可以移动到其他工作簿内，不能复制到其他工作簿内

　　D.　工作表可以移动到其他工作簿内，也可复制到其他工作簿内

35. 用图表类型表示随时间变化的趋势时效果最好的是（　　　）。

　　A.　层叠图　　　　　B.　条形图　　　　　C.　折线图　　　　　D.　饼图

选择题答案

1. B　　2. B　　3. C　　4. B　　5. C　　6. D　　7. A　　8. B　　9. A

10. B　　11. B　　12. D　　13. D　　14. A　　15. B　　16. D　　17. C　　18. B

19. D　　20. B　　21. C　　22. A　　23. B　　24. C　　25. C　　26. C　　27. B

28. B　　29. A　　30. B　　31. C　　32. D　　33. A　　34. D　　35. C

二、操作题

1. 学生成绩表制作

制作和编辑学生成绩表，按照要求进行编辑、排版，基本效果如图 4-120 和图 4-121 所示。具体要求如下。

① 设计表格并输入基本数据。

② 对于表格名，设置为"黑体，16，加粗"，合并居中。

③ 表头按照图 4-120 设计，文字设置为"宋体，14，加粗"，居中显示，单元格背景填充为"浅绿"；基本数据设置为"宋体，12"，居中显示，学号要求自动填充，设置表格内外边框为细线。

④ 对于不及格的成绩，要设置条件格式，以"红色，倾斜"显示。

⑤ 计算每名学生的总分和平均分；计算每门课程的平均分。

⑥ 对学生按总分排序，设置自动筛选项。

⑦ 画出计算机基础的统计折线图。

	A	B	C	D	E	F	G	H	I	J
1	计算机应用班第一学期期末成绩表									
2	学号	姓名	性别	出生日期	高数	外语	计算机基础	普物	总分	平均分
3	1	李诗诗	女	1992/3/3	90	86	91	82		
4	2	张山山	男	1992/4/16	87	76	93	68		
5	3	马芭	女	1991/8/15	52	78	78	87		
6	4	周玖	女	1992/10/25	70	55	76	85		
7	5	孙帅	男	1991/12/12	77	68	58	81		
8	6	王武武	男	1992/6/18	65	73	82	61		
9	7	赵柳	女	1992/2/15	55	66	76	80		
10	8	刘奇	男	1992/7/8	67	65	77	60		
11	9	陈星	男	1991/11/23	78	65	73	53		
12		科平均分								

图 4-120　学生成绩表

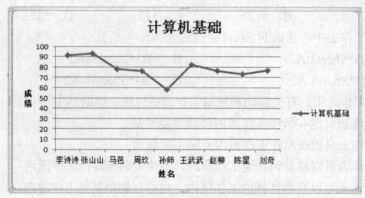

图 4-121　计算机基础的统计折线图

2. 报销单的制作

制作和编辑单位报销单，按照要求进行编辑、排版，效果如图 4-122 所示。

具体要求如下。

① 表格名称"报销单"三个字设置为"幼圆，22"，适当调整到合适位置，"简要说明："
"姓名"等黑色文字部分设置为"楷体，12，加粗"，表头文字部分设置为"宋体，12"，居中
对齐，"票据期限"的日期部分设置为"宋体，12"，其他日期和数值数据设置为"Arial，11"，
"说明"以下的相关文字设置为"宋体，11"。

② 对 D5:I5、D7:E7、D8:E8、G5:H5、G7:H7、G8:H8、C24:C25、F24:F25、I24:I25、
K24:L24、K25:L25 进行合并居中。

③ 依照报销单效果，设置表格高度和单元格边框。

④ 报销日期部分由系统自动填写（使用 TODAY 函数）。

⑤ 票据期限来自于 C12:C21 单元格区域的最小值和最大值。

⑥ 计算横向和纵向的小计值，计算退回现金数值（=M24-M22）。

⑦ 相应的单元格填充图案为"浅青绿"，并分别在票据期限下发日期的单元格插入批注
"起始日期自动计算，请勿填写"，"小计"单元格插入批注"绿色单元格自动计算，请勿填写"。

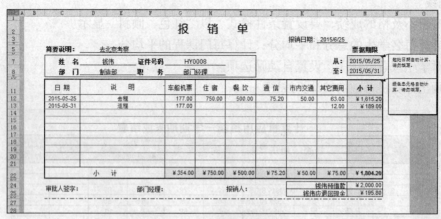

图 4-122　报销单效果图

3. 药房销售表的制作及图表制作

制作和编辑连锁药房销售表，按照要求进行格式排版、数据处理和统计图表制作，具体

要求如下。

① 标题从 A3:G3 合并居中，"黑体、20 磅"，其他部分采用"宋体，10 磅"。

② 利用函数功能求年度合计（保留 2 位小数）、年度总营业额（保留 2 位小数）和百分比（用%表示，保留 2 位小数）。

③ 利用函数功能求各个季度中营业额大于 30.00 的连锁店的个数，存放在 B21:E21 中。

④ 将各连锁店营业额中大于 30.00 且小于 40.00 的数据，设置为"红色，倾斜"，以区别显示。

⑤ 以药店名称为横轴标志，作出第一季度和第四季度的营业额柱状图，图例在下方，图名为"一四季度营业额比例图"。

⑥ 做出各个连锁店占总营业额百分比的饼图，标明各连锁店的百分比。

原始数据表如图 4-123 所示。

	A	B	C	D	E	F	G	H
1								
2								
3	药房各连锁店营业额报表							
4							单位：万元	
5	药店名称	第一季度	第二季度	第三季度	第四季度	年度合计	年度比例	
6	第一连锁店	42.36	28.76	33.69	36.93			
7	第二连锁店	32.56	43.79	50.31	49.21			
8	第三连锁店	29.38	39.88	27.82	38.25			
9	第四连锁店	39.63	12.36	7.93	16.37			
10	第五连锁店	20.37	47.21	23.37	34.25			
11	第六连锁店	45.54	34.25	35.52	45.54			
12	第七连锁店	43.69	26.17	38.76	23.69			
13	第八连锁店	42.34	22.56	43.59	42.34			
14	第九连锁店	25.82	27.48	39.58	45.54			
15	第十连锁店	22.56	34.33	12.46	34.25			
16	第十一连锁店	37.48	32.56	43.79	36.17			
17	第十二连锁店	34.33	29.38	39.88	24.66			
18	第十三连锁店	42.35	39.63	12.36	37.48			
19	第十四连锁店	35.56	20.37	47.21	17.78			
20	年度总营业额							
21	统计个数							

图 4-123 药房销售原始数据

报表和图表制作和设计之后的最终效果如图 4-124 所示。

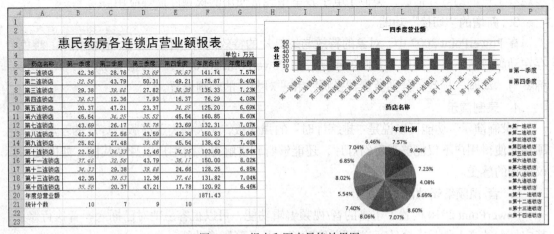

图 4-124 报表和图表最终效果图

第 5 章

PowerPoint 2010 的使用

5.1　PowerPoint 2010 概述

PowerPoint 是 Microsoft 公司出品的办公软件系列重要组件之一，它是功能强大的演示文稿制作软件，可协助用户独自或联机创建出色的视觉效果。它增强了多媒体支持功能，利用 PowerPoint 制作的文稿，可以通过不同的方式播放，可将演示文稿打印成一页一页的幻灯片，使用幻灯片机或投影仪播放，也可以将演示文稿保存到光盘中以进行分发，并可在幻灯片放映过程中播放音频流或视频流。PowerPoint 2010 对用户界面进行了改进并增强了对智能标记的支持，可以更加便捷地查看和创建高品质的演示文稿。

5.1.1　PowerPoint 2010 的功能与特点

PowerPoint 2010 在原版本的基础上，其功能有了更进一步的增强，主要体现在以下几个方面。

1. 在线主题

PowerPoint 2010 在主题获取上更加丰富，除了内置的几十款主题之外，还可以直接下载网络主题，极大地扩充了幻灯片的美化范畴，使得该工具在操作上也变得更加便捷。

2. 广播幻灯片

广播幻灯片是 PowerPoint 2010 中新增加的一项功能，该功能允许其他用户通过互联网同步观看主机的幻灯片播放，类似于电子教室中经常使用的视频广播等应用。

3. 新增的"切换"功能

在 PowerPoint 2007 中，对象的特效与幻灯片的特效同属一个标签中，在使用时，难免会存在动画数量不够或操作不方便等问题。而 PowerPoint 2010 中，特别新增加了一个"切换"标签与"动画"标签，分别负责"换页"和"对象"的动画设置。

4. 录制演示

"录制演示"功能可以说是"排练计时"的强化版，大大提高了新版幻灯片的互动性。这项功能使得用户不仅能够观看幻灯片，还能够听到讲解等，给用户以身临其境，如同处在会议现场的感受。

5. 音/视频编辑功能

PowerPoint 2010 内置了丰富的音/视频编辑功能，可以很容易地对已插入影音执行修正，其中最大的亮点就是便捷的音/视频截取功能以及预览影像功能。

6. 图形组合

制作图形时，可能需要使用不同的组合形式，如联合、交集、打孔和裁切等。在 PowerPoint

2010 中也加入了这项功能，但默认没有显示在功能区中，使用时需要使用"自定义功能区"功能进行添加。

7. 文档压缩

为了方便用户存储、播放幻灯片，PowerPoint 2010 还提供了针对不同应用环境的文档压缩功能，该功能对于包含有大量图片的幻灯片效果尤其明显。

8. Backstage 视图

PowerPoint 2010 中的"文件"标签与 PowerPoint 2007 中的"Office"按钮是对应的，单击"文件"标签，就会切换到 Backstage 视图，在 Backstage 视图中可以管理演示文稿和有关演示文稿的相关数据、信息等。

5.1.2　PowerPoint 2010 启动、工作窗口和退出

1. 启动 PowerPoint 应用程序

① 选择"所有程序"→"Microsoft Office"→"Microsoft Office PowerPoint 2010"命令，即可以启动 PowerPoint 应用程序。类似操作可以启动 Office 2010 中的其他程序。

② 如果在桌面上建立了各应用程序的快捷方式，直接双击快捷方式图标即可启动相应的应用程序。

2. 退出 PowerPoint 2010 应用程序

① 打开 Microsoft Office PowerPoint 2010 程序后，单击程序右上角的"关闭"按钮 ，可快速退出主程序，如图 5-1 所示。

② 打开 Microsoft Office PowerPoint 2010 程序后，右键单击"开始"菜单栏中的任务窗口，打开快捷菜单，选择"关闭"按钮，可快速关闭当前开启的 PowerPoint 演示文稿，如果同时开启较多演示文稿可用该方式分别进行关闭，如图 5-2 所示。

　图 5-1　单击"关闭"按钮　　　　　　　　　图 5-2　使用"关闭"按钮

③ 直接按【Alt】+【F4】组合键。

注意

　　退出应用程序前没有保存编辑的演示文稿，系统会弹出一个对话框，提示保存演示文稿。

5.1.3　PowerPoint 2010 窗口组成与操作

快速启动 PowerPoint 2010 程序后，打开操作界面如图 5-3 所示。

图 5-3　PowerPoint 2010 窗口组成元素

PowerPoint 2010 工作窗口主要包括标题栏、快速访问工具栏、菜单栏、功能区、幻灯片编辑区、状态栏、备注窗格等。

① **标题栏**：在窗口的最上方显示文档的名称。

② **窗口控制按钮**：它的左端显示控制菜单按钮图标，其后显示文档名称，它的右端显示最小化、最大化或还原和关闭按钮图标。

③ **快速访问工具栏**：显示在标题栏最左侧，包含一组独立于当前所显示选项卡的选项，是一个可以自定义的工具栏，可以在快速访问工具栏添加一些最常用的按钮。

④ **菜单栏**：显示 PowerPoint 2010 所有的菜单项，如文件、开始、插入、设计、切换、幻灯片放映、审阅和视图菜单等。

⑤ **功能区**：功能区中显示每个菜单中包括的选项组，这些选项组中包含具体的功能按钮。

⑥ **幻灯片编辑区**：设计与编辑 PowerPoint 文字、图片、图形等的区域。

⑦ **备注窗格**：用于添加与幻灯片内容相关的注释，供演讲者演示文稿时参考。

⑧ **状态栏**：显示当前状态信息，如页数和所使用的设计模板等。

⑨ **视图按钮**：可切换不同的视图效果对幻灯片进行查看。

⑩ **显示比例滑块**：用于显示文稿编辑区的显示比例，拖动显示比例滑块即可放大或缩小演示文稿显示比例。

5.1.4　PowerPoint 2010 帮助的使用

用户在使用 PowerPoint 2010 的过程中遇到问题时可使用 PowerPoint 2010 的"帮助"功能，操作步骤如下。

① 单击 PowerPoint 2010 主界面右上角的 ◎ 按钮，打开"PowerPoint 帮助"窗口，在该窗口中可以搜索帮助信息，如图 5-4 所示。

② 在"键入要搜索的关键词"文本框中输入需要搜索的关键词，如"模板"，单击"搜索"按钮，即可显示出搜索结果，如图 5-5 所示。

③ 单击搜索结果中需要的链接，在打开的窗口中即可看到具体内容，如图 5-6 所示。

图 5-4　"PowerPoint 帮助"窗口　　　　图 5-5　输入搜索的关键词　　　　图 5-6　显示帮助内容

5.2　PowerPoint 2010 的基本操作

5.2.1　新建空白演示文稿

PowerPoint 2010 从空白文稿出发建立演示文稿，用户可以根据自己的需要来制作一个独特的演示文稿。创建空白演示文稿的操作如下。

单击"文件"→"新建"→"演示文稿"，立即创建一个新的空白演示文稿，如图 5-7 所示。

图 5-7　新建空白演示文稿

> **注意**
>
> 新创建的空白演示文稿，其临时文件名为"演示文稿 1"，如果是第二次创建空白演示文稿，其临时文件名为"演示文稿 2"，其他的文件名依此类推。

5.2.2　根据现有模板新建演示文稿

根据 PowerPoint 2010 内置模板新建演示文稿，所建演示文稿的内容与选择的模板内容完全相同。

① 单击"文件"→"新建"标签，在右侧选中"样本模板"，如图 5-8 所示。

② 在"样本模板"列表中选择适合的模板，如"项目状态报告"，如图 5-9 所示。

图 5-8 选择样本模板

图 5-9 选择"项目状态报告"模板

③ 单击"新建"按钮即可创建一个与样本模板相同的演示文稿。

5.2.3 根据现有演示文稿新建演示文稿

如果想要创建的演示文稿与本机上的演示文稿类型相似，可以直接依据本机上的演示文稿来新建演示文稿。

① 单击"文件"→"新建"标签，在"可用的模板和主题"区域选择"根据现有内容新建"，如图 5-10 所示。

② 打开"根据现有演示文稿新建"对话框，找到需要使用的演示文稿存在路径并选中，如图 5-11 所示。

图 5-10 选择"根据现有内容新建"

图 5-11 找到现有内容

③ 单击"新建"按钮，即可根据现有演示文稿创建新演示文稿。

5.2.4 保存演示文稿

创建演示文稿并对其进行编辑后，需要将演示文稿保存到计算机上的指定位置。

① 单击"文件"→"另存为"标签，如图 5-12 所示。

② 打开"另存为"对话框，设置文件的保存位置，在"文件名"文本框中输入要保存文稿的名称，如图 5-13 所示。

图 5-12　选择"另存为"标签

图 5-13　设置保存文件名和位置

③ 单击"保存"按钮，即可保存演示文稿。

5.2.5　打开演示文稿

PowerPoint 2010 可以打开该版本及之前任意版本下制作的演示文稿和演示文稿模板文件，使其处于激活状态，并显示内容。一般情况下，可通过现有文稿打开其他演示文稿，或者利用最近使用的文档列表打开演示文稿。

1. 使用"打开"命令打开演示文稿

① 单击"文件"→"打开"标签，如图 5-14 所示。

② 打开"打开"对话框，找到需要打开的文件所在路径并选中，如图 5-15 所示。

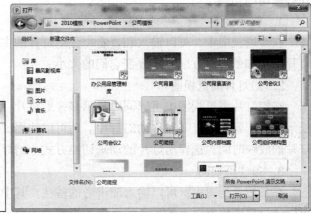

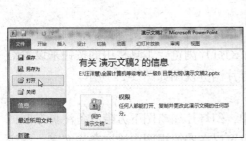

图 5-14　选择"打开"标签

图 5-15　选择需要打开的文档

③ 单击"打开"按钮，即可打开该演示文稿。

2. 打开最近使用过的演示文稿

① 单击"文件"→"最近所用文件"标签。

② 在"最近使用的演示文稿"列表中选中需要打开的演示文稿，在右键菜单中选择"打开"命令，如图 5-16 所示，即可打开演示文稿。

图 5-16　从最近列表中打开文档

5.2.6　演示文稿视图的应用

每种视图按自己不同的方式显示和加工文稿，在一种视图中对文稿进行的修改，会自动反映在其他视图中。

PowerPoint 2010 中提供了普通视图、幻灯片浏览视图、备注页视图和阅读视图，各视图间的集成更合理，使用也比以前的版本更方便。PowerPoint 能够以不同的视图方式来显示演示文稿的内容，使演示文稿易于浏览、便于编辑。

在视图选项标签下的"演示文稿视图"选项组中有横排的 4 个视图按钮，利用它们可以在各视图间切换。

1．普通视图

在普通视图中，可以输入和查看每张幻灯片的主题、小标题以及备注，并且可以移动幻灯片图像和备注页方框，或改变它们的大小。

2．幻灯片浏览视图

在幻灯片浏览视图中可以同时显示多张幻灯片，也可以看到整个演示文稿，因此可以轻松地添加、删除、复制和移动幻灯片。还可以使用"幻灯片浏览"工具栏中的按钮来设置幻灯片的放映时间，选择幻灯片的动画切换方式。幻灯片浏览视图如图 5-17 所示。

3．备注页视图

在备注页视图中，可以输入演讲者的备注。其中，幻灯片缩略图下方带有备注页方框，可以通过单击该方框来输入备注文字。当然，用户也可以在普通视图中输入备注文字。备注页视图如图 5-18 所示。

4．阅读视图

单击"视图"选项卡中"演示文稿视图"选项组中的"阅读视图"按钮，进入放映视图（见图 5-19）。

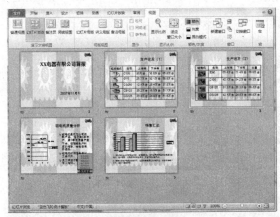

图 5-17　幻灯片浏览视图

图 5-18　备注页视图

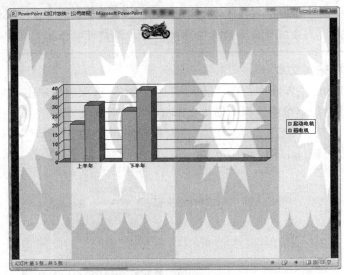

图 5-19　阅读视图

5.3　幻灯片的文本编辑与格式设置

5.3.1　输入与复制文本

PowerPoint 2010 的基本功能是进行文字的录入和编辑工作，本小节主要针对文本录入时的各种技巧进行具体介绍。

1．在占位符中输入文本

① 在打开的 PowerPoint 演示文稿中，中间有"单击此处添加标题"的文字称为占位符，如图 5-20 所示。

② 将光标置于其中，输入文本，一般为标题性文字。

2．在大纲视图中输入文本

① 打开演示文稿，在其界面中功能区左侧下方单击"大纲"按钮，即可进入"大纲"窗格。

② 在"大纲"窗格中，将光标置于需要输入文本的地方，输入需要的文字即可，如图 5-21 所示。

图 5-20　在占位符中输入文本

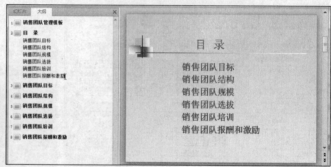

图 5-21　在大纲视图中输入文本

注意

在"大纲"视图中还可以按【Backspace】键删除不需要的文字。如果删除一张幻灯片上的所有文字之后，则会提示是否删除整张幻灯片，用户可以根据需要确定。

3. 通过文本框输入文本

① 在 PowerPoint 主界面中，在"插入"→"文本"选项组中单击"文本框"下拉按钮（见图 5-22），在其下拉菜单中选择"横排文本框"或"竖排文本框"，单击即可插入。

图 5-22　插入文本框

② 在文本框中输入文字，如图 5-23 所示。

4. 添加备注文本

在 PowerPoint 主界面中，将光标置于备注文本框中，输入文字即可，如图 5-24 所示。

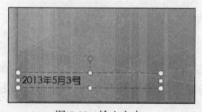

图 5-23　输入文本

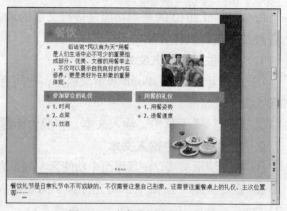

图 5-24　在备注页中输入文本

5.3.2 编辑文本内容

1. 选择文本

① 打开演示文稿，按【Ctrl】+【A】组合键即可选中整个演示文稿。

② 打开演示文稿，按【Ctrl】+【Home】组合键，将光标移至演示文稿首部，再按【Ctrl】+【Shift】+【End】组合键，即可选中整篇演示文稿。

③ 打开演示文稿，按【Ctrl】+【End】组合键，将光标移至演示文稿尾部，再按【Ctrl】+【Shift】+【Home】组合键，即可选中整篇演示文稿。

2. 复制与移动文本

① 在 PowerPoint 2010 主界面中，选中文本，按【Ctrl】+【C】组合键，或者用鼠标右键单击，在属性对话框中单击"复制"按钮。

② 在幻灯片的合适位置用鼠标右键单击，在弹出的属性对话框中单击"粘贴"命令，即可移动文本。

3. 删除与撤销删除文本

① 在幻灯片中，选择需要删除的文本后按【Backspace】键，即可快速删除文本。

② 撤销删除的文本，只需要在演示文稿主界面的顶部单击 ⌐· 按钮，即可快速撤销删除的文本。

5.3.3 编辑占位符

占位符就是先占住一个固定的位置，用于幻灯片上就表现为一个虚框，虚框内往往有"单击此处添加标题"之类的提示语，一旦鼠标单击之后，提示语会自动消失，在其中输入文字会带有固定的格式。

1. 利用占位符自动调整文本

在占位符中输入文本，其格式就与占位符的文本格式相一致，即"华文新魏（标题），44"。

2. 取消占位符自动调整文本

① 在 PowerPoint 2010 主界面中，单击"文件"→"选项"标签。

② 在弹出的"PowerPoint 选项"对话框中单击"校对"按钮，在右侧窗口单击"自动更正选项"按钮，如图 5-25 所示。

图 5-25 "PowerPoint 选项"对话框

③ 在弹出的"自动更正"对话框中单击"键入时自动套用格式"选项卡，在"键入时应用"栏下，取消选中"根据占位符自动调整标题文本"和"根据占位符自动调整正文文本"复选框，单击"确定"按钮即可，如图 5-26 所示。

图 5-26　取消自动调整文本

5.3.4　设置字体格式

在设计 PowerPoint 演示文稿时，对文本的修饰看似简单，但要做到简约而不简单十分不易，需要靠用户根据实际情况灵活应变。

1. 通过"字体"栏设置文本格式

通过"字体"栏设置文本格式方便快捷，具体操作如下。

① 在幻灯片中选择需要设置格式的文本，在"开始"→"字体"选项组中进行设置，如图 5-27 所示。

② 例如在其中可以选择"加粗，文字阴影，黑色"，设置完成后的效果如图 5-28 所示。

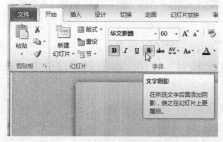

图 5-27　设置字体格式

图 5-28　设置后的效果

2. 通过浮动工具栏设置文本格式

所谓浮动工具栏，即是鼠标右键单击或选择文本之后，鼠标指针在其上停留几秒钟便可以弹出的字体对话框。用户可以在其中设置字体格式。

① 在幻灯片中选择需要设置格式的文本，鼠标在其上停留几秒钟，弹出浮动工具栏。

② 在其中可以选择"倾斜，华文新魏，72，黑色"，设置完成后的效果如图 5-29 所示。

图 5-29　通过浮动工具栏设置

5.3.5 字体对话框设置

选择文本之后用鼠标右键单击，不仅可以弹出浮动工具栏，还可以弹出属性对话框。用户可以通过其设置文本格式。

① 在幻灯片中选择需要设置格式的文本，在"开始"→"字体"选项组单击 按钮。

② 打开"字体"对话框，可以在对话框中设置文字的字体、字号、字体颜色、下划线以及各种效果，如图5-30所示。

图 5-30　在"字体"对话框中设置

5.3.6 设置段落格式

在设计演示文稿的过程中，为了让输入的大段文字更加美观，用户除了设置文本的对齐方式，还可以设置文本段落行间距。

1. 对齐方式设置

在设计演示文稿的过程中，为了让输入的大段文字更加美观，用户可以设置文本的对齐方式。

在幻灯片中，选中需要设置对齐方式的文本，在"开始"→"段落"选项组中单击选择合适的对齐方式，如中部对齐，如图5-31所示。

2. 行间距设置

在幻灯片中，选中需要设置对齐方式段落行间距的文本，在"开始"→"段落"选项组中单击 按钮，在其下拉菜单中单击"2.0"选项，如图5-32所示，即可设置行间距为2.0。

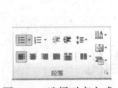

图 5-31　选择对齐方式

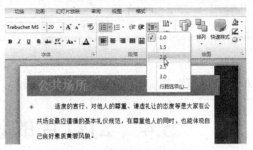

图 5-32　设置段落行间距

5.3.7 段落对话框设置

段落缩进是指段落中的行相对于页面左边界或右边界的位置，在对演示文稿中的文字进行设置时，可以通过段落对话框来设置文字的段落格式。

1. 缩进设置

① 将光标定位到要设置的段落中，在"开始"→"段落"选项组单击 按钮，打开"段落"对话框。切换到"缩进和间距"选项卡，在"缩进"栏设置"文本之前"尺寸，如图 5-33 所示。

图 5-33 "段落"对话框

② 单击"确定"按钮，完成段落的缩进设置。

2. 悬挂缩进

① 将光标定位到要设置的段落中，打开"段落"对话框。切换到"缩进和间距"选项卡，在"缩进"栏"特殊格式"下拉列表中选择"悬挂缩进"选项，接着在"文本之前"和"度量值"文本框中分别输入数值，如图 5-34 所示。

② 单击"确定"按钮，完成段落的悬挂设置。

3. 首行缩进

① 将光标定位到要设置的段落中，打开"段落"对话框。切换到"缩进和间距"选项卡，在"缩进"栏"特殊格式"下拉列表中选择"首行缩进"选项，接着在"文本之前"和"度量值"文本框中分别输入数值，如图 5-35 所示。

图 5-34 悬挂缩进

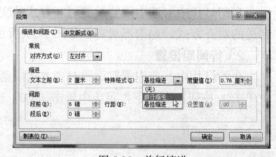

图 5-35 首行缩进

② 单击"确定"按钮，完成段落的首行设置。

5.4 幻灯片的设计与美化

5.4.1 幻灯片母版的设计

幻灯片母版是指存储有关应用的设计模板信息的幻灯片，包括字形、占位符大小或位置、背景设计和配色方案，包含标题样式和文本样式。

1. 插入、删除与重命名幻灯片母版

用户在幻灯片中插入、删除与重命名幻灯片母版，可以通过以下方法进行操作。

① 在幻灯片母版视图中，在"编辑母版"选项组中单击"插入幻灯片母版"按钮，如图 5-36 所示。

② 插入幻灯片母版之后，具体效果如图 5-37 所示。

图 5-36　单击"插入幻灯片母版"按钮

图 5-37　插入的母版

③ 在"编辑母版"选项组中单击"重命名"按钮（见图 5-38），在弹出的"重命名版式"对话框中输入合适的母版名称，单击"重命名"按钮，如图 5-39 所示。

图 5-38　重命名母版

图 5-39　输入母版名称

④ 在"编辑母版"选项组中单击"删除"按钮，即可删除幻灯片母版。

2. 修改母版

用户在设计演示文稿的过程中，如果对系统自带的母版版式不满意，可以进行修改，如添加图片占位符。

在 PowerPoint 2010 主界面中，在"视图"→"母版版式"选项组中单击"插入占位符"下拉按钮，在其下拉菜单中选择"图片"命令，如图 5-40 所示。

3. 设置母版背景

在设计幻灯片母版的过程中，用户还可以设置幻灯片母版的背景。

① 在幻灯片母版视图中，在"背景"选项组中单击"背景样式"下拉按钮。

② 在弹出的下拉菜单中选择一种背景颜色，如图 5-41 所示。

图 5-40　插入"图片"占位符

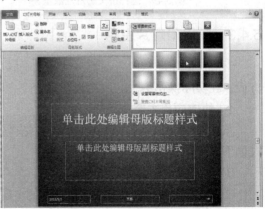

图 5-41　设置母版背景颜色

5.4.2 讲义母版的设计

打开讲义母版，用户可以更改讲义的打印设计与版式。

1. 设置讲义方向

讲义的方向，即讲义的页面方向，分为横向与纵向两种。

① 在"视图"菜单中打开讲义母版视图，在"页面设置"选项组中单击"讲义方向"下拉按钮。

② 在其下拉菜单中选择"横向"命令，效果如图 5-42 所示。

图 5-42 选择讲义方向

2. 设置每页幻灯片数量

在讲义母版中，有时为了实际需要还需要设置每页幻灯片的数量，具体操作如下。

① 在"视图"菜单中打开讲义母版视图，在"页面设置"选项组中单击"每页幻灯片数量"下拉按钮，在其下拉菜单中选择"9 张幻灯片"，如图 5-43 所示。

② 设置完成后每页显示 9 张幻灯片，效果如图 5-44 所示。

图 5-43 选择讲义幻灯片数量

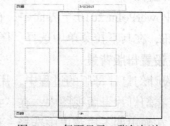

图 5-44 每页显示 9 张幻灯片

5.4.3 应用幻灯片主题

幻灯片的主题一般包括幻灯片的主题颜色、主题字体与主题效果，以及主题设计方案等方面，在实际操作中，应用相当普遍。

1. 快速应用主题

默认情况下，新建的演示文稿主题是"空白页"，这样显得比较单调和呆板，用户可以通过如下方法快速应用程序内置的主题。

① 打开需要应用主题的演示文稿，在"设计"→"主题"选项组中单击右下角的 按钮。

② 在弹出的菜单中选择一款合适的主题样式，这里选择蓝色风格的"流畅"，如图 5-45所示。

图 5-45　选择需要应用的主题

③ 更改主题后，演示文稿中所有幻灯片的图形、颜色和字体、字号等也变成了新更换的主题中的样式。

2. 更改主题颜色

PowerPoint 2010 中的主题是可以更改颜色的，每一种风格的主题都可以变换若干种颜色。程序内置了若干种颜色样式，对于有特殊要求的用户，还可以手动新建颜色样式，设置起来非常灵活。

① 在"设计"→"主题"选项组中单击右上角的"颜色"下拉按钮，在下拉菜单中选择"新建主题颜色"命令。

② 打开"新建主题颜色"对话框，在对话框中可以设置主题颜色，如图 5-46 所示。

③ 在"设计"→"主题"选项组中单击右上角的"字体"下拉按钮，在下拉菜单中选择"新建主题字体"命令，在打开的"新建主题字体"对话框中可以设置主题的字体样式，如图5-47 所示。

图 5-46　新建主题颜色

图 5-47　新建主题字体

5.4.4　应用幻灯片背景

幻灯片的背景颜色要与幻灯片的主题颜色搭配协调，必要时还可以重新设置幻灯片背景。

1. 背景渐变填充

如果默认的背景填充效果不能满足需求，可以重新设置背景填充效果。

① 在"设计"→"背景格式"选项组单击"背景样式"下拉按钮，在下拉菜单中选择"设置背景格式"命令，如图 5-48 所示。

② 打开"设置背景格式"对话框，单击左侧窗格中的"填充"选项，在右侧窗格中根据需要选择一种填充样式，如"渐变填充"，如图 5-49 所示。

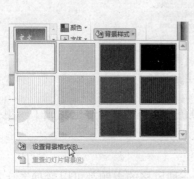

图 5-48　选择"设置背景格式"命令

图 5-49　设置渐变填充

③ 根据需要设置预设颜色、类型、方向和角度等，设置完成后单击"全部应用"按钮即可。

2．背景纹理填充

在实际设计幻灯片的过程中，用户可以将特定的图片或者美观的图片设置为幻灯片背景。

① 在幻灯片中单击鼠标右键，在弹出的快捷菜单中选择"设置背景格式"命令，打开"设置背景格式"对话框。

② 单击左侧窗格中的"填充"选项，在右侧窗格中的"填充"栏中选中"图片或纹理填充"单选项，接着单击"纹理"右侧下拉按钮，如图 5-50 所示。

③ 在纹理下拉菜单中选择适合的纹理，如图 5-51 所示。

图 5-50　单击"纹理"按钮

图 5-51　选择纹理

④ 单击"全部应用"按钮即可为演示文稿添加纹理填充背景。

5.4.5　插入图片

插入图片是在幻灯片中应用图片的基本操作。

1. 插入图片

① 打开 PowerPoint 演示文稿，在"插入"→"图像"选项组中单击"图片"按钮。

② 在弹出的"插入图片"对话框中选择合适的图片，单击"插入"按钮，如图 5-52 所示。

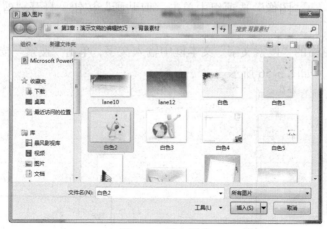

图 5-52　插入图片

2. 图片编辑

在演示文稿中，对插入幻灯片的图片进行编辑是图片处理的重要环节，关系着图片的实际应用效果。

① 在幻灯片中选中需要进行编辑的图片，用鼠标调整其大小和位置。

② 同样还可以设置图片样式。在"格式"→"图片样式"选项组中单击 按钮，在下拉菜单中选择图片样式，如选择"金属椭圆"，效果如图 5-53 所示。

3. 图片效果

在幻灯片中，有时对插入的图片进行效果处理，会取得意想不到的效果。

① 在幻灯片中选择需要进行效果处理的图片，在"格式"→"图片样式"选项组中单击"图片效果"命令。

② 在其下拉菜单中进行设置，如设置发光效果"紫色，18pt，发光，强调文字颜色 2"，如图 5-54 所示。

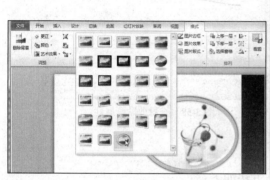

图 5-53　设置图片样式

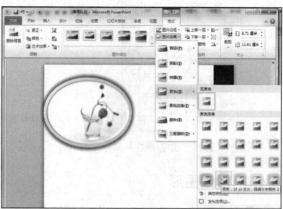

图 5-54　为图片添加发光效果

5.4.6　插入剪贴画

在幻灯片中插入剪贴画，可以通过以下步骤进行操作。

1．插入剪贴画

① 在"插入"→"图像"选项组中单击"剪贴画"按钮，打开"剪贴画"窗格，如图 5-55 所示。

② 在剪贴画窗格的"搜索文字"文本框中输入文字，单击"搜索"按钮，然后选择合适的剪贴画单击即可，如图 5-56 所示。

图 5-55　打开"剪贴画"窗格

图 5-56　插入剪贴画

2．预览剪贴画属性

① 选中剪贴画，在右键菜单中选择"预览/属性"命令，如图 5-57 所示。

② 打开"预览/属性"对话框，即可查看选中剪贴画的属性，如图 5-58 所示。

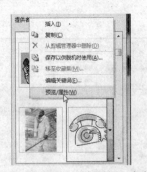

图 5-57　选择"预览/属性"命令

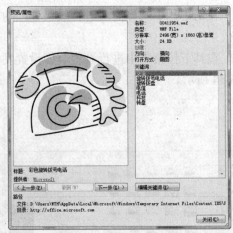

图 5-58　查看剪贴画属性

5.4.7　插入图形

在幻灯片中，用户可以自行绘制图形，具体方法如下。

1. 绘制图形

① 在"插入"→"插图"选项组单击"形状"下拉按钮,在其下拉菜单中选择"云形",如图 5-59 所示。

图 5-59　选择要插入的形状

② 待鼠标变成画笔形,绘制图形。

2. 在图形中添加文字

在设计幻灯片的过程中,用户可以在自选图形中添加文字,更好地发挥自选图形在演示文稿中的作用。

① 选中图形,在右键菜单中选择"编辑文字"命令,如图 5-60 所示。

② 此时可以在图形中看到光标,直接输入文字即可,输入后效果如图 5-61 所示。

图 5-60　选择"编辑文字"命令

图 5-61　在图形中输入文字

5.4.8　插入表格

在演示文稿的设计制作中,插入表格可以直观形象地表现数据与内容,十分常用。因此,插入表格作为一项基本操作必须掌握。

1. 通过占位符快速插入表格

① 在幻灯片中插入占位符,单击占位符中的▦按钮,如图 5-62 所示,弹出"插入表格"对话框,如图 5-63 所示。

图 5-62　选择"插入表格"图标

图 5-63　设置表格行列数

② 输入行列数，如 7 行 5 列，单击"确定"按钮即可插入 7 行 5 列的表格。

2. 通过插入菜单下的表格选项组插入表格

① 在"插入"→"表格"选项组中单击"表格"下拉按钮，在其下拉菜单中选择合适的行列数，或单击"插入表格"命令。

② 选择合适的行列数，如 4 行 6 列，单击即可插入表格，效果如图 5-64 所示。

图 5-64　通过菜单栏插入表格

5.4.9　插入艺术字

① 在"插入"→"文本"选项组中单击"艺术字"下拉按钮，在其下拉菜单中选择合适的艺术字样式，如图 5-65 所示。

② 此时会在演示文稿中添加一个艺术字文本框，直接在文本框中输入文字即可，效果如图 5-66 所示。

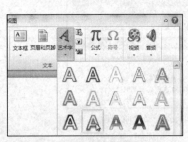

图 5-65　选择艺术字样式

图 5-66　插入艺术字

5.5　设置动画效果

5.5.1　动画方案

使用动画可以让受众将注意力集中在要点和控制信息流上，还可以提高受众对演示文稿的兴趣。在 PowerPoint 2010 中可以创建包括进入、强调、退出、路径等不同类型的动画效果。

1. 创建进入动画

① 打开演示文稿，选中要设置进入动画效果的文字或图片。

② 在"动画"→"动画"选项组中单击 按钮，在弹出的下拉列表中"进入"栏下选择

进入动画，如"飞入"，如图 5-67 所示。

③ 添加动画效果后，文字对象前面将显示动画编号 １ 标记，如图 5-68 所示。

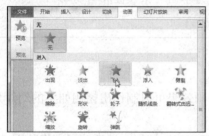

图 5-67　选择动画样式

图 5-68　创建进入动画

2. 创建强调动画

① 打开演示文稿，选中要设置强调动画效果的文字，然后在"动画"选项组中单击 按钮，在弹出的下拉列表中"强调"栏下选择强调动画，如下划线，如图 5-69 所示。

② 添加动画效果后，在预览时可以看到在文字下添加了下划线，如图 5-70 所示。

图 5-69　选择动画样式

图 5-70　创建强调动画

3. 创建退出动画

① 打开演示文稿，选中要设置退出动画效果的文字，然后在"动画"选项组中单击 按钮，在弹出的下拉列表中选择"更多退出效果"，如图 5-71 所示。

② 打开"更改退出效果"对话框，选择"消失"退出效果，单击"确定"按钮即可，如图 5-72 所示。

图 5-71　选择"更多退出效果"

图 5-72　选择要退出的效果

> 按照相同的方法可创建路径动作动画。如果想要为不同对象设置相同的动画，可以按住【Shift】键选中对象，然后按以上方法设置动画即可。

5.5.2　添加高级动画

动画效果是 PowerPoint 功能中的重要部分,使用动画效果可以制作出栩栩如生的幻灯片,用户可以在动画窗格中设置动画的播放时间等。

① 在"动画"→"高级动画"选项组中单击"动画窗格"按钮,打开动画窗格如图 5-73 所示。

图 5-73　打开"动画窗格"

② 单击"谢谢支持"动画右侧的下拉按钮,在下拉菜单中选择"效果选项"命令,如图 5-74 所示。

③ 打开"飞入"对话框,在"计时"选项卡下的"期间"文本框中设置动画播放的时间,如图 5-75 所示。

图 5-74　选择"效果选项"

图 5-75　设置动画播放时间

④ 单击"确定"按钮,完成设置动画播放时间。

5.5.3　设置幻灯片间的切换效果

放映幻灯片时,在上一张播放完毕后若直接进入下一张,将显得僵硬、死板,因此有必要设置幻灯片切换效果。

① 单击要设置切换效果的幻灯片的空白处，将其选中。

② 在"切换"→"切换到此幻灯片"选项组中单击 按钮，在下拉菜单中选择"百叶窗"，如图 5-76 所示。

③ 接着在"切换"→"切换到此幻灯片"选项组中单击"效果选项"下拉按钮，在下拉菜单中选择"水平"命令（见图 5-77），即可设置切换效果。

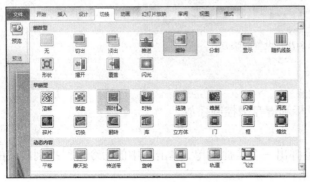
图 5-76　选择切换效果

图 5-77　选择切换效果样式

5.6　演示文稿的放映

5.6.1　放映演示文稿

制作好演示文稿后，就可以对演示文稿进行放映，检查制作过程中有无出现问题。

① 在"幻灯片放映"→"开始放映幻灯片"选项组中单击"从头开始"或"从当前幻灯片开始"选项。如果没有进行过相应的设置，这两种方式将从演示文稿中的第一张幻灯片起，放映到最后一张幻灯片为止。

② 单击视图按钮中的 按钮切换到"幻灯片放映"视图，此时将从当前幻灯片开始放映到演示文稿中的最后一张幻灯片。

注意

无须启动 PowerPoint，直接用鼠标右键单击演示文稿文件名，从弹出的快捷菜单中选择"显示"命令，即可开始放映演示文稿。

5.6.2　设置放映方式

在 PowerPoint 中有几种方式可以放映幻灯片，用户可以根据需要进行设置。

① 打开制作完成的演示文稿，在"幻灯片放映"→"设置"选项组中单击"设置幻灯片放映"按钮。

② 打开"设置放映方式"对话框，在对话框里可以对幻灯片的放映类型、放映选项、换片方式等进行设置，如图 5-78 所示。

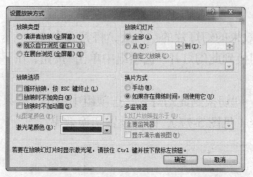

图 5-78　设置放映方式

5.6.3　控制幻灯片放映

在幻灯片放映过程中，可以通过鼠标和键盘来控制播放。

1．用鼠标控制播放

① 在放映过程中，右键单击屏幕会弹出一个快捷菜单，单击其中的命令可以控制放映的过程，单击"帮助"命令，如图 5-79 所示。

② 打开"幻灯片放映帮助"对话框，可以在其中查看相关帮助，如图 5-80 所示。

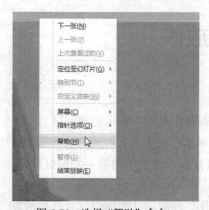

图 5-79　选择"帮助"命令

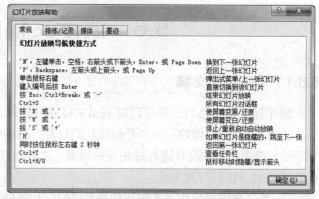

图 5-80　"幻灯片放映帮助"对话框

2．用键盘控制放映

常用的控制放映的按键如下。

- 【→】键、【↓】键、【Space】键、【Enter】键、【PageUp】键：前进一张幻灯片。
- 【←】键、【↑】键、【Backspace】键、【PageDown】键：回退一张幻灯片。
- 输入数字然后按【Enter】键：跳到指定的幻灯片。
- 【Esc】键：退出放映。

5.6.4　放映幻灯片时使用绘图笔

在演示文稿放映过程中，单击鼠标右键，弹出演示快捷菜单，从中可获取一些很有用的操作，如为幻灯片添加墨迹。

1．绘制墨迹

① 在幻灯片放映过程中单击鼠标右键，在弹出的菜单中选择"指针选项"→"笔"，如

图 5-81 所示。

② 此时鼠标指针变为笔的样式，拖动鼠标即可在幻灯片上添加墨迹，如图 5-82 所示。

图 5-81　选择"笔"

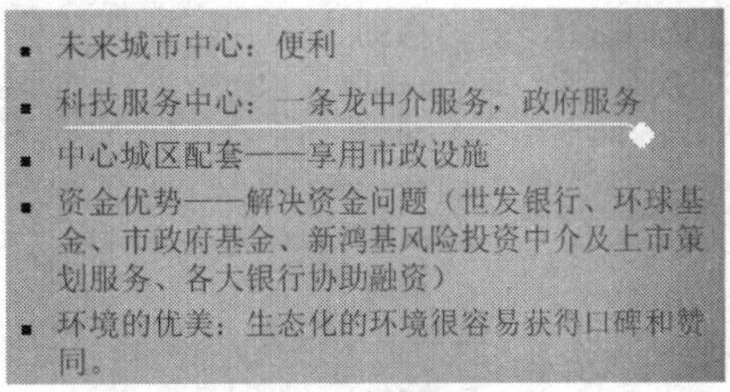

图 5-82　绘制墨迹

2. 更改绘图笔颜色

① 在"幻灯片放映"→"幻灯片设置"选项组中单击"设置幻灯片放映"按钮。

② 打开"设置放映方式"对话框，单击"绘图笔颜色"右侧文本框下拉按钮，在下拉菜单中选择"其他颜色"命令，如图 5-83 所示。

③ 打开"颜色"对话框，在"颜色"区域选中需要的颜色，如图 5-84 所示。单击"确定"按钮，即可更改绘图笔颜色。

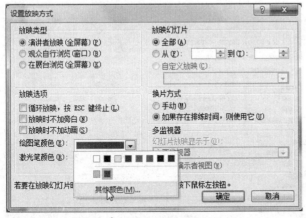

图 5-83　选择"其他颜色"选项

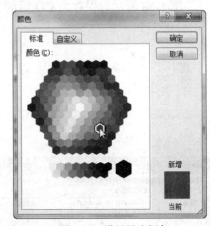

图 5-84　设置墨迹颜色

5.7　演示文稿的打包与打印

5.7.1　演示文稿的打包

1. 打包成 CD

在演示文稿的设计制作放映准备完成后，用户可以将演示文稿打包成 CD，便于携带。

① 单击"文件"→"保存并发送"标签，在右侧"文件类型"栏下选择"将演示文稿打包成 CD"，在最右侧单击"打包成 CD"，如图 5-85 所示。

② 打开"打包成 CD"对话框，单击"复制到文件夹"按钮，如图 5-86 所示。

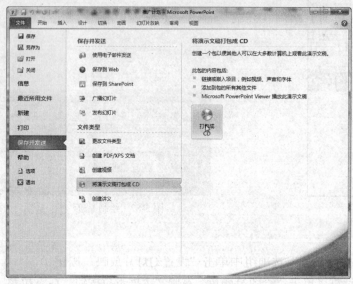

图 5-85　选择"打包成 CD"保存方式

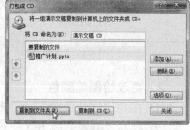

图 5-86　复制到指定文件夹

③ 打开"复制到文件夹"对话框，设置文件夹名称和保存位置，单击"确定"按钮，如图 5-87 所示，即可将演示文稿保存为 CD。

图 5-88 所示为保存为 CD 后的文件。

图 5-87　设置名称和保存位置

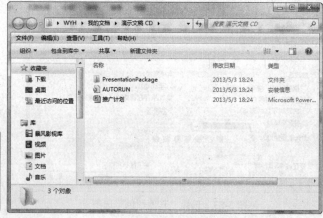

图 5-88　打包成 CD

2. 打包成讲义

① 单击"文件"→"保存并发送"标签，在右侧"文件类型"栏下选择"创建讲义"，在最右侧单击"创建讲义"，如图 5-89 所示。

② 打开"发送到 Microsoft Word"对话框（见图 5-90），选择使用的版式，单击"确定"按钮，即可将演示文稿打包成讲义。

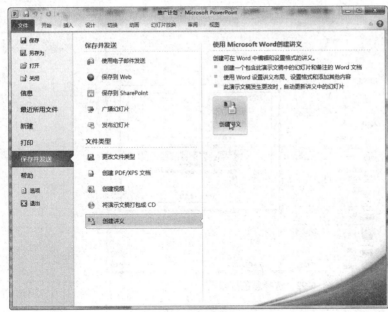

图 5-89　选择"讲义"保存方式

图 5-90　选择讲义样式

5.7.2　演示文稿的打印

在 PowerPoint 2010 中有许多内容可以打印，如幻灯片、讲演者备注等。

1．设置页面

① 在打印之前，首先要进行页面设置。在"设计"→"页面设置"选项组中单击"页面设置"按钮，弹出"页面设置"对话框，如图 5-91 所示。可以在该对话框中设置打印纸张的大小，幻灯片编号的起始值以及幻灯片、讲义等的纸张方向。

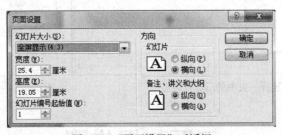

图 5-91　"页面设置"对话框

② 页面设置完毕后，单击"文件"→"打印"标签，即可进入打印预览状态，可以根据需要对幻灯片进行打印设置。

2．彩色打印

单击"文件"→"打印"标签，在右侧单击"灰度"下拉按钮，在下拉菜单中选择"颜色"（见图 5-92），即可进行彩色打印。

3．打印讲义幻灯片

① 单击"文件"→"打印"标签，在右侧单击"1 张幻灯片"下拉按钮，在下拉菜单中选择"6 张水平放置的幻灯片"，如图 5-93 所示。

② 在打印预览区域即可看到一页纸张中显示 6 张幻灯片，如图 5-94 所示。

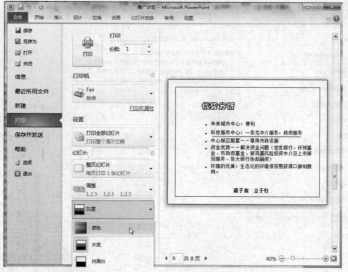

图 5-92　选择彩色打印

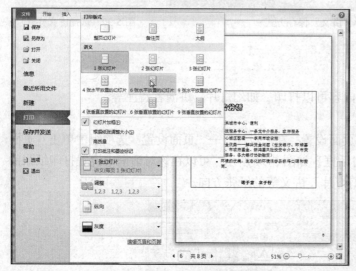

图 5-93　选择一页中的幻灯片数量

图 5-94　一页纸张中显示 6 张幻灯片

习题与操作题

一、选择题

1. 在 PowerPoint 演示文稿中，将某张幻灯片版式更改为另一种版式应用到的菜单是（　　）。

    A. 文件　　　　　　　B. 视图　　　　　　　C. 插入　　　　　　　D. 格式

2. PowerPoint 中，要改变个别幻灯片背景可使用"格式"菜单中的（　　）。

    A. 背景　　　　　　　B. 配色方案　　　　　C. 应用设计模板　　　D. 幻灯片版式

3. 在 PowerPoint 中，不能对个别幻灯片内容进行编辑修改的视图是（　　）。

    A. 普通　　　　　　　B. 幻灯片浏览　　　　C. 大纲　　　　　　　D. 以上都不能

4. 在 PowerPoint 中，以文档方式存储在磁盘上的文件称为（　　）。

    A. 幻灯片　　　　　　B. 工作簿　　　　　C. 演示文稿　　　　D. 影视文档

5. 在幻灯片中，将涉及其组成对象的种类及对象间相互位置的方案称为（　　）。

    A. 模板设计　　　　　B. 版式设计　　　　C. 配色方案　　　　D. 动画方案

6. 可以编辑幻灯片中文本、图像、声音等对象的视图方式是（　　）。

    A. 普通　　　　　　　B. 幻灯片浏览　　　C. 大纲　　　　　　D. 备注

7. 关于打上隐藏标记的幻灯片，说法正确的是（　　）。

    A. 播放时可能会显示　　　　　　　　　B. 不能在任何视图方式下编辑

    C. 可以在任何视图方式下编辑　　　　　D. 播放时不能显示

8. 在 PowerPoint 中，当前正新制作一个演示文稿，名称为"演示文稿 2"，当执行"文件"菜单的"保存"命令后，会（　　）。

    A. 直接保存"演示文稿 2"并退出 PowerPoint

    B. 弹出"另存为"对话框，供进一步操作

    C. 自动以"演示文稿 2"为名存盘，继续编辑

    D. 弹出"保存"对话框，供进一步操作

9. 在 PowerPoint 中，在当前窗口一共新建了 3 个演示文稿，但还没有对这 3 个文稿进行"保存"或"另存为"操作，那么（　　）。

    A. 3 个文稿名字都出现在"文件"菜单中

    B. 只有当前窗口中的文件出现在"文件"菜单中

    C. 只有不在当前窗口中的文件处于"文件"菜单中

    D. 3 个文稿名字都出现在"窗口"菜单中

10. 若当前编辑的演示文稿是 C 盘中名为"图像.PPT"的文件，要将该文件复制到 A 盘，应使用（　　）。

    A. "文件"菜单的"另存为"命令　　　B. "文件"菜单的"发送"命令

    C. "编辑"菜单的"复制"命令　　　　D. "编辑"菜单的"粘贴"命令

11. 要在幻灯片中插入项目符号"■"，应该使用（　　）菜单中的命令。

    A. 插入　　　　　　　B. 文件　　　　　　C. 格式　　　　　　D. 编辑

12. 放映幻灯片时，如果要从第 2 张幻灯片跳到第 5 张，应使用菜单"幻灯片放映"中的（　　）。

    A. 自定义放映　　　　B. 幻灯片切换　　　C. 自定义动画　　　D. 动画方案

13. 有关幻灯片的注释，说法不正确的是（　　）。

    A. 注释信息只出现在备注页视图中　　B. 注释信息可在备注页视图中进行编辑

    C. 注释信息不能随同幻灯片一起播放　D. 注释信息可出现在幻灯片浏览视图中

14. 如果要使一张幻灯片以"横向棋盘"方式切换到下一张幻灯片，应使用（　　）命令。

    A. 自定义动画　　　　B. 动作设置　　　　C. 幻灯片切换　　　D. 动画方案

15. 要以连续循环方式播放幻灯片，应使用"幻灯片放映"菜单中的（　　）命令。

    A. 动画方案　　　　　B. 幻灯片切换　　　C. 自定义放映　　　D. 设置放映方式

16. 页眉可以（　　）。

    A. 将图片放在每张幻灯片的顶端

B. 将文本放在每张幻灯片的顶端

C. 将文本放在每张幻灯片和注释页的顶端

D. 用作标题

17. 若要将另一张表格链接到当前幻灯片中，则从"插入"菜单选择（　　　）。

    A. 超链接　　　　　　　B. 对象　　　　　　　C. 表格　　　　　　　D. 图表

18. 如果文本从其他应用程序插入后，由于颜色对比的原因难以阅读，最好（　　　）。

    A. 改变文本的颜色　　　　　　　　　　B. 增大字体的大小

    C. 改变幻灯片模板　　　　　　　　　　D. 改变字体颜色

19. PowerPoint 模板文件的扩展名为（　　　）。

    A. .pot　　　　　　　　B. .ppt　　　　　　　C. .doc　　　　　　　D. .exe

20. 在组织结构图窗口中如果要为某个部件添加若干个分支，则应选择（　　　）按钮。

    A. 同事　　　　　　　　B. 经理　　　　　　　C. 助手　　　　　　　D. 下属

21. 在 PowerPoint 中，文字区的插入光标存在，证明此时处于（　　　）状态。

    A. 复制　　　　　　　　B. 文字编辑　　　　　C. 选中　　　　　　　D. 移动

22. 在演示文稿的编辑中，若要选定全部对象，可按（　　　）快捷键。

    A.【Ctrl】+【A】　　B.【Ctrl】+【C】　　C.【Ctrl】+【V】　　D.【Ctrl】+【S】

23. PowerPoint 演示文稿的默认扩展名为（　　　）。

    A. .pot　　　　　　　　B. .pow　　　　　　　C. .ppt　　　　　　　D. .ppp

24. 演示文稿打包使用到的命令是（　　　）。

    A. "文件"→"打包"　　　　　　　　　　B. "格式"→"打包"

    C. "插入"→"打包"　　　　　　　　　　D. "工具"→"打包"

25. 创建需要预先定义好的演示文稿需要（　　　）。

    A. 格式　　　　　　　　B. 模板　　　　　　　C. 向导　　　　　　　D. 背景

26. 需要更改幻灯片的布局应选择（　　　）。

    A. 自动版式　　　　　　B. 模板　　　　　　　C. 向导　　　　　　　D. 新幻灯片

27. 空演示文稿创建出的演示文稿内容是（　　　）。

    A. 带有格式的　　　　　B. 空的　　　　　　　C. 带有内容的　　　　D. 带有图片

28. 自定义放映的作用是（　　　）。

    A. 让幻灯片自动放映　　　　　　　　　B. 让幻灯片人工放映

    C. 让幻灯片按照预先设置的顺序放映　　D. 以上都不可以

29. 要插入一张计算机上保存的图片到幻灯片上应选择（　　　）。

    A. 剪贴画　　　　　　　B. 扫描仪　　　　　　C. 来自文件　　　　　D. 图表

30. 演示文稿中删除幻灯片应（　　　）。

  A. 选中幻灯片后单击右键选择删除

  B. 选中幻灯片后按【Delete】键

  C. 将文本放在每张幻灯片和注释页的顶端

  D. 用作标题

选择题答案

1. D　　2. C　　3. B　　4. C　　5. D　　6. A　　7. A　　8. D　　9. D

10．A　11．C　12．A　13．D　14．C　15．D　16．B　17．A　18．C

19．A　20．D　21．B　22．A　23．C　24．A　25．B　26．A　27．B

28．C　29．C　30．B

二、操作题

1．① 建立页面一：版式为"只有标题"；

标题内容为"长方形和正方形的面积"并设置为"宋体，48，加下划线"。

② 建立页面二：版式为"只有标题"；

标题内容为"1．面积和面积单位"并设置为"仿宋，36，两端对齐"。

将标题设置"轮子"动画效果，效果"2轮辐效果"并伴有"激光"声音。

③ 建立页面三：版式为"只有标题"；标题内容为"2．长方形、正方形面积的计算"并设置为"宋体，36，两端对齐"。将标题设置"自右侧擦除"动画效果并伴有"疾驰"声音。

④ 建立页面四：版式为"只有标题"；

标题内容为"3．面积和周长的对比"并设置为"楷体，36，两端对齐"。

将标题设置"形状"动画效果，效果为"缩小"，并伴有"打字机"声音，"按字母"引入文本。

⑤ 将所有幻灯片（除首页外）插入幻灯片编号。

⑥ 选择应用设计模板中"龙腾四海"。

⑦ 将第一张幻灯片的切换方式设置为"垂直百叶窗"效果，持续时间2秒。

2．① 建立页面一：版式为"空白"；

在页面上面插入艺术字"乘法、除法的知识"（选择"艺术字库"中第三行第四个样式），并设置成隶书72；

将艺术字设置"从底部飞入"效果并伴有"爆炸"声音。

② 建立页面二：版式为"两栏文本"；

标题内容为"1．乘法、除法的口算和估算"并设置为"宋体，36，加粗"。

将标题设置"左侧擦除"动画并伴有"驶过"声音。

③ 建立页面三：版式为"比较"；

标题内容为"2．乘、除法各部分间的关系"并设置为"楷体，36，加粗"。

将标题设置"垂直随机线条"动画效果并伴有"拍打"声音。

④ 建立页面四：版式为"空白"。

在页面上面插入水平文本框，在其中输入文本"3．乘、除法的一些简便算法"，并设置为"仿宋，48，加粗，左对齐"。

设置文本框的高度为2厘米、宽度为28厘米，文本框位置距左上角水平为0厘米、垂直为5厘米。

将文本设置"底部飞入"动画效果并伴有"打字机"声音。

⑤ 将所有幻灯片插入幻灯片编号。

⑥ 将所有幻灯片的切换方式设置为"单击鼠标"和"每隔4秒"换页。

⑦ 设置放映方式为"循环放映"。

3．① 建立页面一：版式为"标题幻灯片"。

标题内容为"平行四边形"并设置为"华文行楷，72"。

副标题内容为"初中几何"并设置为"楷体，44，倾斜"。

② 建立页面二：版式为"只有标题"。

标题内容为"平行四边形及其性质"并设置为"华文彩云，48，左对齐"。

③ 建立页面三：版式为"只有标题"。

标题内容为"平行四边形的判定"并设置为"华文彩云，48，左对齐"。

④ 在除标题幻灯片外的所有幻灯片的页眉页脚中，加入固定日期"2005 年 5 月"。

⑤ 将 2 号幻灯片的配色方案设为：

背景深色 1 "RGB（0，0，255）"；

强调文字 1 "RGB（255，255，255）"；

强调文字 2 "RGB（0，0，0）"；

强调文字 3 "RGB（255，255，0）"；

强调文字 4 "RGB（255，155，0）"；

强调文字 5 "RGB（0，255，255）"；

超级链接 "RGB（255，0，0）"；

已访问的链接 "RGB（140，140，140）"。

⑥ 所有幻灯片的切换方式设置为水平"百叶窗"效果，只单击鼠标换页。

第 6 章

计算机网络基础与 Internet 应用

本章讲述计算机网络的概念、主要功能、分类及应用，Internet 的产生和发展，重点介绍 IP 地址、域名系统和 Internet 提供的一些基本服务，Internet 的接入技术，IE 浏览器的使用，OE 邮件软件设置以及收发邮件。

通过本章的学习，学生应对计算机网络的功能、IP 地址、域名系统、Internet 的基本服务、Internet 接入技术、IE 浏览器的使用、OE 软件设置、邮件发送与接收等知识有比较全面的了解。

6.1 计算机网络基础知识

计算机网络给人们的工作、学习和生活带来了革命性的变化。随着各种网络应用的发展，人们的工作效率得以提高；随着远程教育的发展，学习变得更加方便，终生教育成为可能；随着网络游戏、虚拟社区等新兴应用的发展，人们的生活平添了许多乐趣。现在，计算机网络已经成为人们获取信息的一个重要渠道。

6.1.1 计算机网络的概念

在计算机网络发展的不同阶段，人们对计算机网络提出了不同的概念，它反映了不同时期网络技术发展的水平以及人们对网络的认识程度。

目前，计算机网络概念是基于资源共享的观点定义的，是指将地理位置不同的具有独立功能的多台计算机及其外部设备，通过通信线路连接起来，在网络操作系统、网络管理软件及网络通信协议的管理和协调下，实现资源共享和数据通信的整个系统。

从逻辑功能上看，计算机网络是以传输信息为基础目的，用通信线路将多个计算机连接起来的计算机系统的集合。

6.1.2 计算机网络的主要功能

1. 资源共享

"资源"指的是网络中所有的软件、硬件和数据资源。"共享"指的是网络中的用户都能够部分或全部地享受网络中的资源。共享不但可以节约不必要的开支，降低使用成本，同时还可以保证数据的完整性和一致性。例如，某些地区或单位的数据库（如火车票、图书资料等）可供全网用户使用；一些外部设备共享（如打印机），使不具有这些设备的用户可以使用这些硬件设备。如果不实现资源共享，各用户都需要有完整的一套软件、硬件及数据资源，这将大大地增加全系统的投资费用。

① 硬件资源：包括各种类型的计算机、大容量存储设备、计算机外部设备等，如打印机、

绘图仪等。

② 软件资源：包括各种应用软件、工具软件、系统开发所用的支撑软件、语言处理程序、数据库管理系统等。

③ 数据资源：包括数据库文件、数据库、办公文档资料、企业生产报表等。

2. 数据通信

数据通信是指完成计算机网络中各个节点之间的系统通信，为网络用户提供强有力的通信手段。快速传送的信息有文字信件、新闻消息、图片资料、动画影视等。利用这一特点，可实现将分散在各个地理位置的单位或部门用计算机网络联系起来，进行统一的调配、控制和管理。

3. 分布处理

当某台计算机负担过重时，或该计算机正在处理某项工作时，网络可将新任务转交给空闲的计算机来完成，这样处理能均衡各计算机的负载，提高处理问题的实时性；对大型综合性问题，可将问题各部分交给不同的计算机分头处理，充分利用网络资源，扩大计算机的处理能力，即增强实用性。

6.1.3 计算机网络的发展

计算机网络的发展分为以下 4 个阶段。

第一阶段：20 世纪 50 年代中期至 60 年代，以通信技术和计算机技术为基础，建成最初的以单台计算机为中心的远程联机系统的计算机网络。

第二阶段：20 世纪 60 年代末期至 70 年代，以计算机网络为基础发展起来的计算机互联网络，如美国国防部建立的 ARPANET。

第三阶段：20 世纪 80 年代至 90 年代，建立了 OSI（Open System Interconnection，开放式系统互联）参考模型和 TCP/IP（Transmission Control Protocol/Internet Protocol）两种国际标准的网络体系结构。

第四阶段：20 世纪 90 年代至今，以宽带综合业务数字网和 ATM 技术为核心建立的计算机网络，随着光纤通信技术的应用和多媒体技术的迅速发展，计算机网络向全面综合化、高速化和智能化方向发展。

6.1.4 计算机网络分类

计算机网络的分类方法很多，通常采用的分类方法有以下几种。按通信方式分，如点对点和广播式；按速率分，如低速网、中速网和高速网；按传输介质分，如有线网和无线网；按地理范围分，如局域网、城域网和广域网。

1. 按网络覆盖的地理范围分

（1）局域网（Local Area Network，LAN）

局域网是最常见、应用最广的一种网络。局域网一般为一个部门或单位所有，建网、维护、扩展等比较容易实现，系统灵活性高。局域网随着整个计算机网络技术的发展和提高得到充分的应用和普及，几乎每个单位都有自己的局域网，甚至有的家庭中都有自己的小型局域网。

局域网的主要特点是覆盖的地理范围较小，只在一个相对独立的局部范围内连接，如一座建筑物或集中的建筑群内；使用专门铺设的传输介质进行联网，数据传输速率高（10Mbit/s～10Gbit/s）；通信延迟时间短，可靠性较高；局域网可以支持多种传输介质。

（2）城域网（Metropolitan Area Network，MAN）

城域网是一个将距离在几十千米以内的若干个局域网连接起来，以实现资源共享和数据通信的网络。它的设计规模一般在一个城市之内，其传输速率相对局域网来说稍慢一些。

（3）广域网（Wide Area Network，WAN）

广域网实际上是将距离较远的数据通信设备、局域网、城域网连接起来，实现资源共享和数据通信的网络。一般覆盖面较大，可以是一个国家、几个国家甚至全球范围，如 Internet 就是一个最大的广域网。广域网一般利用公用通信网络进行数据传输，因为传输距离较远，传输速率相对较低，误码率高于局域网。在广域网中，为了保证网络的可靠性，采用比较复杂的控制机制，造价相对较高。

2. 按传输介质分

网络传输介质是指在网络中传输信息的载体，常用的传输介质分为有线传输介质和无线传输介质两大类。

（1）有线网

传输介质采用有线介质连接的网络称为有线网。

有线传输介质是指在两个通信设备之间实现的物理连接部分，它能将信号从一方传输到另一方。有线传输介质主要有双绞线、同轴电缆和光纤。双绞线和同轴电缆传输电信号，光纤传输光信号。

双绞线（Twisted Pair）是由两根绝缘金属线互相缠绕（一般以逆时针缠绕）而成，故称为双绞线。采用这种方式，不仅可以抵御一部分来自外界的电磁波干扰，而且可以降低自身信号的对外干扰。把两根绝缘的铜导线按一定密度互相绞在一起，一根导线在传输中辐射的电波会被另一根导线上发出的电波抵消，"双绞线"的名字也是由此而来。

双绞线分为屏蔽双绞线（Shielded Twisted Pair，STP）与非屏蔽双绞线（Unshielded Twisted Pair，UTP）。由于屏蔽双绞线的价格较非屏蔽双绞线贵，且非屏蔽双绞线的通信性能对于局域网来说影响不大，甚至说很难察觉，所以在局域网组建中所采用的通常是非屏蔽双绞线。

双绞线的一对线作为一条通信线路，由 4 对双绞线构成一根双绞线电缆。利用双绞线实现点到点的通信，传输距离一般不能超过 100m。目前，计算机网络上使用的双绞线按其电气性能分为三类线、四类线、五类线、超五类、六类线和七类线，类数越高，版本越新，技术越先进，一般来讲速率也就越高，相应价格也越贵。双绞线电缆的连接器一般为 RJ-45 类型，俗称水晶头。双绞线如图 6-1 所示。

同轴电缆（Coaxial Cable）的中央是铜质的心线，其外包着一层绝缘层，绝缘层外是一层网状编织的金属丝作为外导体屏蔽层，屏蔽层把电线很好地包裹起来，最外层是保护塑料层。同轴电缆分为粗同轴电缆和细同轴电缆。同轴电缆结构如图 6-2 所示。

光缆（Optical Fiber Cable）主要是由光纤（细如头发的玻璃丝）和塑料保护套管及塑料外皮构成，它由一定数量的光纤按照一定方式组成缆心，用以实现光信号传输的一种通信线路。

图 6-1　双绞线

图 6-2　同轴电缆

光缆的传输形式分为单模传输和多模传输，单模传输性能优于多模传输。所以光缆分为单模光缆和多模光缆，单模光缆的传送距离为几十千米，多模光缆则为几千米。光缆接口使用 ST 或 SC 连接器。因为光缆传输的是光信号，所以它的优点是不会受到电磁的干扰，其传输距离也比电缆远，传输速率高。但是光缆的安装和维护比较困难，需要专用的设备。

（2）无线网

采用无线介质连接的网络称为无线网。

目前无线网主要采用 3 种技术：微波通信、红外线通信和激光通信。这 3 种技术都是以大气为介质的。其中微波通信用途最广，微波是无线电通信载体，传输距离在 50 km 左右，容量大，传输质量高，建筑费用低，适宜在网络布线困难的城市中使用。目前的卫星网就是一种特殊形式的微波通信，它利用地球同步卫星作为中继站来转发微波信号，一个同步卫星可以覆盖地球的 1/3 以上表面，3 个同步卫星就可以覆盖地球上的全部通信区域。卫星通信的可靠性高，但是通信延迟时间长，易受气候影响。

"蓝牙"技术是爱立信、IBM 等 5 家公司在 1998 年联合推出的一项无线网络技术，是一种短距离无线通信技术。利用"蓝牙"技术能够有效地简化掌上电脑、笔记本电脑和移动电话等移动通信终端设备之间的通信，也能够成功地简化以上这些设备与 Internet 之间的通信，从而使这些现代通信设备与 Internet 之间的数据传输变得更加迅速高效，为无线通信拓宽道路。

6.1.5　计算机网络的组成

从逻辑功能上讲，计算机网络由资源子网和通信子网组成。资源子网由主机、终端、软件等组成，它提供访问网络和处理数据的能力；通信子网由网络节点、通信链路、信号变换器等组成，负责数据在网络中的传输与通信控制。

从物理结构上讲，计算机网络由硬件系统和软件系统构成。硬件系统主要包括计算机、互联设备和传输介质；软件系统主要包括网络操作系统、网络协议和应用软件。

1. 网络硬件

网络硬件主要包括网络服务器、工作站、外设、网络接口卡、传输介质等。根据传输介质和网络拓扑结构的不同，还需要集线器、交换机、路由器、网关等网络互联设备。

（1）网络中的计算机

① 服务器。对于服务器/客户端式网络，必须有网络服务器。网络服务器是网络中最重要的计算机设备，一般是由高档的专用计算机来担当网络服务器。在网络服务器上运行网络

操作系统，负责对网络进行管理，提供服务功能，提供网络的共享资源。

② 工作站。工作站是通过网卡连接到网络上的个人计算机，仍具有计算机的功能，作为独立的个人计算机为用户服务，是网络的一部分。工作站之间可以进行通信，可以共享网络的其他资源。

（2）网络中的接口设备

① 网卡。网卡也称为网络接口卡（Network Interface Card，NIC），是计算机与传输介质进行数据交互的中间部件，主要进行编码转换。在接收传输介质上传送的信息时，网卡把传来的信息按照网络上的信号编码要求和帧的格式接收并交给主机处理。在主机向网络发送信息时，网卡把发送的信息按照网络传送的要求组装成帧的格式，然后采用网络编码信号向网络发送出去。网卡按总线类型分为 ISA、EISA 和 PCI；按连接介质分为双绞线网卡、同轴电缆网卡和光纤网卡；按传输速率分为 10Mbit/s 网卡、10/100Mbit/s 自适应网卡和 1000Mbit/s 网卡。选择网卡时，要考虑网卡的通信速率、网卡的总线类型和网络的拓扑结构。

② 水晶头。水晶头也称 RJ-45（非屏蔽双绞线连接器），是由金属片和塑料构成的。特别需要注意的是引脚序号，当金属片面对我们的时候从左至右引脚序号分别是 1～8，序号做网络连线时非常重要，不能搞错，接线标准有 T568A 和 T568B。光纤接口是用来连接光缆的物理接口，通常有 SC、ST、FC 等类型。

（3）网络中的互联设备

① 集线器（Hub）。集线器是局域网中的一种连接设备，用双绞线通过集线器将网络中的计算机连接在一起，完成网络的通信功能。集线器只对数据的传输起到同步、放大和整形的作用。工作方式是广播模式，所有的端口共享一条带宽。

② 交换机（Switch）。交换机是一种用于电信号转发的网络设备。集线器是一种共享设备，它本身不能识别目的地址，目前局域网中用交换机取代了集线器。网络交换机不仅具有集线器的对数据传输起到同步、放大和整形的作用，而且还可以过滤数据传输中的短帧、碎片等。同时，采用端口到端口的技术，使每一个端口有独占的带宽，可以极大地改善网络的传输性能。

③ 路由器（Router）。路由器是在多个网络和介质之间实现网络互联的一种设备。当两个和两个以上的同类网络互联时，必须使用路由器。

④ 网关（Gateway）。网关是用来连接完全不同体系结构的网络或用于连接局域网与主机的设备。网关的主要功能是把不同体系网络的协议、数据格式和传输速率进行转换。

2．网络软件

计算机网络中的软件包括网络操作系统、网络通信协议和网络应用软件。

（1）网络操作系统（NOS）

网络操作系统是计算机网络的核心软件，它不仅具有一般操作系统的功能，而且还具有网络的通信功能、网络的管理功能和网络的服务功能，是计算机管理软件和通信控制软件的集合。

目前常用的网络操作系统主要有 Windows、NetWare、UNIX、Linux 等。

• Windows。Windows 操作系统是由微软公司开发的。这类操作系统配置在整个局域网配置中是最常见的。微软公司的网络操作系统主要有 Windows XP、Windows 7、Windows 8、Windows Server 2003/2008 等。

- NetWare。这是 Novell 公司推出的网络操作系统。NetWare 是具有多任务、多用户的网络操作系统，它的较高版本提供系统容错能力（SFT）。它最重要的特征是基于基本模块设计思想的开放式系统结构，可以方便地对其进行扩充。NetWare 服务器较好地支持无盘工作站，常用于网络教学。

- Linux。这是一种自由和开放源码的类 UNIX 操作系统。Linux 可安装在各种计算机硬件设备中，如手机、平板电脑、路由器、视频游戏控制台、台式计算机、大型机和超级计算机。Linux 是一个领先的操作系统，世界上运算最快的 10 台超级计算机运行的都是 Linux 操作系统。由于 Linux 设计定位于网络操作系统，所以在网络时代，Linux 的应用越来越普及。

（2）网络通信协议（Computer Communication Protocol）

网络通信协议为连接不同网络操作系统和不同硬件体系结构的互联网络提供通信支持，是一种网络通用语言。它主要是对信息传输的速率、传输代码、代码结构、传输控制步骤、差错控制等制定并遵守的一些规则。协议的实现既可以在硬件上完成，也可以在软件上完成，还可以综合完成。

（3）网络应用软件

网络应用软件主要是为了提高网络本身的性能，改善网络管理能力，或者是给用户提供更多的网络应用的软件。网络操作系统集成了许多这样的应用软件，但有些软件是安装、运行在网络客户机上的，因此把这类网络软件也称为网络客户软件。

6.1.6　计算机网络应用

1. 方便的信息检索

计算机网络使信息检索变得更加高效、快捷，通过网上搜索、WWW 浏览、FTP 下载可以非常方便地从网络上获得所需要的信息和资料。网上图书馆或数据资源库更是以其信息容量大、检索方便赢得人们的青睐。

2. 现代化的通信方式

计算机网络为电子邮件、QQ、微信、微博等提供了强大的通信媒介，这些都成为人们日常生活中必不可少的通信工具。

3. 办公自动化

办公自动化（Office Automation，OA）是将现代化办公和计算机网络功能结合起来的一种新型的办公方式。任何企业或者机关都离不开网络，有了网络，可以节约购买多个外部设备的成本，还可以共享许多办公数据，并且对信息进行计算机综合处理与统计，避免了许多单调重复性的劳动。

4. 企（事）业单位的信息化建设

各企（事）业单位的管理信息系统，如网上购买火车票、学生通过网络查询自己的考试成绩、查询自己在图书馆借的书有没有到期等，这些都是企（事）业信息化建设的实例。

5. 电子商务与电子政务

计算机网络推动了电子商务与电子政务的发展，电子商务是以商务活动为主体，以计算机网络为基础，以电子化方式为手段，在法律许可范围内所进行的商务活动交易过程。企业与企业之间、企业与个人之间可以通过网络来实现贸易和购物；政府部门通过电子政务工程实施政务公开化，审批程序标准化，提高了政府的办事效率并使之更好地为企业和个人服务。

6. 网络远程教育

网络为我们提供了新的实现自我教育和终身教育的渠道。网络远程教育是随着现代信息技术的发展而产生的一种新型教育方式。基于网络的远程教育、网络学习使得我们可以突破时间、空间和身份的限制，方便地获取网络上的教育资源并接受教育。

7. 丰富的娱乐和消遣

网络不仅改变了人们的工作与学习方式，也给人们带来新的丰富多彩的娱乐和消遣方式，如网上聊天、网络游戏、网上电影院、网络电视、网络社区等。

6.2　Internet 概况

互联网（Internet）是由一些使用公用语言互相通信的计算机连接而成的全球网络，即广域网、局域网及单机按照一定的通信协议组成的国际计算机网络。

1. Internet 产生与发展

1969 年，美国国防部高级研究计划署（Defense Advanced Research Project Agency，DARPA）决定研究一种计算机网络，能在战争状态下经受起局部被破坏，但整个网络不会瘫痪，即一种无中心的网络，并能将使用不同计算机和操作系统的网络连接在一起。在科研人员的努力下，ARPANET（阿帕网）网络诞生了。它最初只连接了 4 台主机，当时作为军用实验网络而建立，1973 年正式运行，它是冷战时期的产物。1990 年，阿帕网退役，国家科学基金网正式成为美国的 Internet 主干网。

Internet 起源于美国，它是目前世界上最大的计算机网络，更确切地说是网络中的网络（或者互联的网络），几乎覆盖了整个世界。该网络组建的最初目的是为研究部门和大学服务，便于研究人员及其学者探讨学术方面的问题，因此有科研教育网（或国际学术网）之称。进入20 世纪 90 年代以来，Internet 向社会开放，利用该网络开展商贸活动成为热门话题。

2. Internet 在中国

1987 年 9 月 20 日，钱天白教授发出我国第一封电子邮件"越过长城，通向世界"，揭开了中国人使用 Internet 的序幕。

1990 年 10 月，钱天白教授代表中国正式在国际互联网络信息中心的前身 DDN-NIC（相当于现在的 INTERNIC）注册登记了我国的顶级域名 CN，并且从此开通了使用中国顶级域名 CN 的国际电子邮件服务。由于当时中国尚未正式连入 Internet，就委托德国卡尔斯鲁厄大学运行 CN 域名服务器。1994 年 5 月 21 日，在钱天白教授和德国卡尔斯鲁厄大学的协助下，中国科学院计算机网络信息中心完成了中国国家顶级域名（CN）服务器的设置，改变了中国的 CN 顶级域名服务器一直放在国外的历史。

1994 年 4 月 20 日，NCFC 工程（中关村地区教育与科研示范网络）通过美国 Sprint 公司连入 Internet 的 64K 国际专线开通，实现了与 Internet 的全功能连接。从此我国被国际上正式承认为有 Internet 的国家。我国是通过国际专线接入 Internet 的第 71 个国家。

1994 年起，我国通过四大骨干网连入国际互联网。四大骨干网分别是 1995 年 5 月，中国电信开通的中国公用计算机互联网（ChinaNET）；1995 年 11 月，中国教育科研网

（CERNET）；1996 年 11 月，金桥信息网（CHINAGBN）；中国科技网（CSTNET），是由中科院主持的全国性网络。

1997 年 6 月 3 日，中国互联网信息中心（CNNIC）在北京成立，并开始管理我国的 Internet 主干网。CNNIC 的主要职责是为我国的互联网用户提供域名注册、IP 地址分配等注册服务，提供网络技术资料、政策与法规、入网方法、用户培训资料等信息服务，提供网络通信目录、主页目录以及各种信息库等目录服务。

Internet 正以当初人们始料不及的惊人速度向前发展，今天的 Internet 已经从各个方面逐渐改变人们的工作和生活方式。人们可以随时从网上了解当天最新的新闻动态、旅游信息，可看到当天的报纸和最新杂志，可以足不出户在家里炒股、网上购物、收发电子邮件、享受远程医疗和远程教育等。随着电信、电视、计算机"三网合一"趋势的加强，未来的互联网将是一个真正的多网合一、多业务综合和智能化的平台；未来的互联网是"移动＋IP＋广播多媒体"的网络世界，融合当今所有的通信业务，推动新业务的快速发展，给整个信息技术产业带来一场革命。

6.3　IP 地址与网络掩码

6.3.1　IP 地址

Internet 将世界各地成千上万个物理网络互联起来，这些网络上又有许多主机接入。为了区分这些主机，人们给每台主机都分配了一个专门的地址，称为 IP 地址。通过 IP 地址就可以访问到每一台主机。

可以把"一台主机"比作"一部电话"，那么"IP 地址"就相当于"电话号码"，如电话号码（029）33732559，号码中的前三位 029 表示该电话是属于哪个地区的，后面的数字 33732559 表示该地区的某个电话号码，如图 6-3 所示。人们把计算机的 IP 地址也分成两部分，分别为网络标识和主机标识，如图 6-4 所示。同一个物理网络上的所有主机都用同一个网络标识，网络上的一个主机（包括网络上的工作站、服务器、路由器等）都有一个主机标识与其对应。

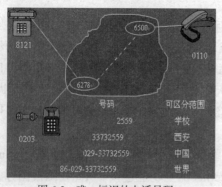
图 6-3　唯一标识的电话号码

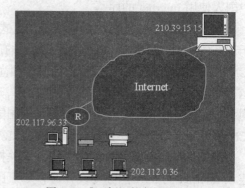
图 6-4　唯一标识的主机地址

1. IP 地址的表示方法

目前在 Internet 中使用的协议为 TCP/IP，绝大部分的主机采用 IPv4。IPv4 地址在 1981

年9月实现标准化，IP地址提供统一的地址格式，即由32bit组成。

（1）用32位二进制数表示（便于计算机存储和运算）

基本的IP地址是8位一个单元的32位二进制数，由32位的无符号二进制数分4个字节表示。

（2）用圆点隔开的十进制数表示（便于人读写）

为了方便人们的使用，对电子设备友好的二进制地址转变为人们更熟悉的十进制数表示的地址。由于二进制使用起来不方便，用户使用"点分十进制"方式表示。

IP地址采用"Y.Y.Y.Y"表示，其中Y表示一个十进制数，每个Y的值为0～255。这种格式的地址被称为点分十进制地址，每一个十进制数对应于8位的二进制数。

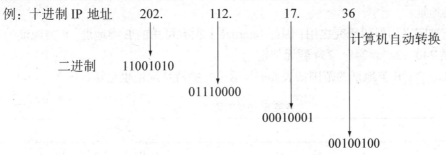

例：十进制IP地址　　202.　　　112.　　　17.　　　36

　　　　　　　　　　　　　　　　　　　　　　　　　　　计算机自动转换

二进制　　11001010

　　　　　　01110000

　　　　　　　　00010001

　　　　　　　　　　00100100

二进制IP地址　　<u>11001010　01110000　00010001　00100100</u>

2. IP地址的组成

每个IP地址都由两部分组成：网络号和主机号。网络号表明主机所在的网络，主机号则标识该网络上某个特定的主机。

3. IP地址的分类

为了适合各种不同规模大小的网络需求，IP地址被分为A、B、C、D、E五大类，其中A、B、C类是可供Internet上的主机使用的IP地址。

（1）A类地址

A类IP地址是指在IP地址的4个字节中，第1个字节为网络号码，剩下的3个字节为主机号码，网络地址的最高位必须是"0"，如表6-1所示。A类网络地址数量少，主要用于有1600万多台主机数的大型网络，A类网络地址的范围为1.0.0.0～127.0.0.0。

表6-1	A类地址	
0	7位 网络号	24位 主机号

（2）B类地址

B类IP地址是指在IP地址的4个字节中，前2个字节为网络号码，剩下的2个字节为主机号码，网络地址的最高两位是"10"，如表6-2所示。B类网络地址适用于中等规模的网络，网络地址范围为128.1.0.0～191.255.0.0。

表6-2	B类地址	
10	14位 网络号	16位 主机号

（3）C类地址

C类IP地址是指在IP地址的4个字节中，前3个字节为网络号码，剩下的1个字节为主机号码，网络地址的最高 3 位是"110"，如表 6-3 所示。C 类网络地址数量较多，适用于小规模的局域网络，每个网络最多只能包含 254 台计算机。C 类网络地址范围为 192.0.1.0～223.255.255.0。

表 6-3　　　　　　　　　　　　　　　C 类地址

110	21 位　网络号	8 位　主机号

（4）D 类地址

D 类地址用于在 IP 网络中的组播（Multicasting）。D 类组播地址机制仅有有限的用处，一个组播地址是一个唯一的网络地址。

（5）E 类地址

E 类地址被定义为保留研究之用，因此 Internet 上没有可用的 E 类地址。E 类地址的第一个字节范围是 240～247，248～254 暂无规定。

A、B、C、D、E 类地址的范围如表 6-4 所示，一些特殊地址也包括在内。

表 6-4　　　　　　　　　　　　　各类 IP 地址的范围

类　　型	范围
A	0.0.0.0～127.255.255.255
B	128.0.0.0～191.255.255.255
C	192.0.0.0～223.255.255.255
D	224.0.0.0～239.255.255.255
E	240.0.0.0～247.255.255.255

4．IP 的使用规则

在 Internet 中，配置和使用 IP 地址时，要注意以下规则。

（1）IP 地址分配和使用规则

① 同一网络内的所有主机必须分配相同的网络地址和不同的主机地址。

② 不同网络内的主机必须分配不同的网络地址，可以分配相同的主机地址。

③ 仅使用 IP 地址不能区分网络地址和主机地址，必须和网络掩码一起使用。

（2）几种特殊含义的 IP 地址

① 广播地址。TCP/IP 协议规定，主机号位置各位全为 1 的 IP 地址用于广播。广播地址是指同时向网上所有的主机发送报文。例如，136.78.255.255 就是 B 类地址中的一个广播地址，将信息送到此地址，就是将信息送给网络号为 136.78 的所有主机。

② 有限广播地址。有时需要在本网内广播，但又不知道本网的网络号时，TCP/IP 协议规定 32 比特位全为 1 的 IP 地址用于本网广播，即 255.255.255.255。

③ "0"地址。TCP/IP 协议规定，各位全为 0 的网络号被解释成"本网络"。若主机试图在本网内通信，但又不知道本网的网络号，可以利用"0"地址。

④ 回送地址。A 类网络地址的第一段十进制数值为 127，是一个保留地址，如 127.0.0.1 用于网络软件测试以及本地机进程间通信。含有网络号 127 的数据包不可能出现在任何网络中。

（3）保留地址的分配

根据用途和安全性级别的不同，IP 地址可以分为两类：公共地址和私有地址。公共地址在 Internet 中使用，可以在 Internet 中随意访问。私有地址只能在内部网络中使用，只有通过代理服务器才能与 Internet 通信。

一个机构网络要连入 Internet，必须申请公共 IP 地址。但是考虑到网络安全、内部实验等特殊情况，在 IP 地址中专门保留了 3 个区域作为私有地址，其地址范围如下。

A 类地址　　　　10.0.0.0～10.255.255.255

B 类地址　　　　172.16.0.0～172.31.255.255

C 类地址　　　　192.168.0.0～192.168.255.255

使用保留地址的网络只能在内部进行通信，而不能与其他网络互连。因为本网络中的保留地址同样也可能被其他网络使用，如果进行网络互连，那么寻找路由时就会因为地址的不唯一而出现问题。

（4）固定 IP 地址和动态 IP 地址

固定 IP 地址（静态 IP 地址）：是长期固定分配给一台计算机使用的 IP 地址。

动态 IP 地址：由于 32 位 IP 地址资源非常短缺，用户在上网时由 ISP 的 DHCP 服务器动态分配给暂时的一个 IP 地址。

5. IP 地址的分配

所有的 IP 地址都由国际组织 NIC（Network Information Center）负责统一分配，目前全世界共有 3 个这样的网络信息中心。

APNIC 负责亚太地区、ENIC 负责欧洲地区、InterNIC 负责美国及其他地区。

我国用户申请 IP 地址都要通过 APNIC，APNIC 总部最早设在日本东京大学，现在设在澳大利亚的布里斯班。用户申请时首先要考虑申请哪一类的 IP 地址，然后再向国内的代理机构提出。

6.3.2　网络掩码

1. 网络掩码的定义

Internet 存在着主机之间通信的两种情况，一是在同一网络中，任意两台主机之间的相互通信，二是在不同网络中，任意两台主机之间的相互通信。如何区分这两种情况，如何获取主机 IP 地址中的网络地址部分，网络掩码可以解决这些问题。

当网络地址位全为 1，主机地址位全为 0 时即是网络掩码。

2. 网络掩码的作用

网络掩码是用来判断任意两台计算机的 IP 地址是否属于同一网络。网络掩码从 IP 地址中获取网络标识的方法是，计算机用各自的 IP 地址与网络掩码进行"与"运算后，如果得出的结果是相同的，则说明这两台计算机是处于同一个网络上，可以直接进行通信；如果结果不相同，则说明这两台计算机是处于不同网络上，就不能直接进行通信，需要进行路径选择。举例如下。

计算机 A 的 IP 地址为 192.168.8.1，网络掩码为 255.255.255.0，将 IP 地址转化为二进制数后与网络掩码进行"与"运算，运算过程如表 6-5 所示。

表 6–5

IP 地址	11010000.10101000.00001000.00000001
网络掩码	11111111.11111111.11111111.00000000
IP 地址与网络掩码按位"与"运算	11000000.10101000.00001000.00000000
运算的结果转化为十进制	192.168.8.0

计算机 B 的 IP 地址为 192.168.17.254，网络掩码为 255.255.255.0，将 IP 地址转化为二进制数后与网络掩码进行"与"运算，运算过程如表 6-6 所示。

表 6–6

IP 地址	11010000.10101000.00010001.11111110
网络掩码	11111111.11111111.11111111.00000000
IP 地址与网络掩码按位"与"运算	11000000.10101000.00010001.00000000
运算的结果转化为十进制	192.168.17.0

计算机 C 的 IP 地址为 192.168.17.4，网络掩码为 255.255.255.0，将 IP 地址转化为二进制数后与网络掩码进行"与"运算，运算过程如表 6-7 所示。

表 6–7

IP 地址	11010000.10101000.00010001.00000100
网络掩码	11111111.11111111.11111111.00000000
IP 地址与网络掩码按位"与"运算	11000000.10101000.00010001.00000000
运算的结果转化为十进制	192.168.17.0

通过表 6-5、表 6-6 和表 6-7 可知，计算机 B 和计算机 C 的网络地址同为 192.168.17.0 属于同一个网络；计算机 A 与计算机 B、C 不属于一个网络，A 的网络地址为 192.168.8.0。

3. 网络掩码的类型

网络掩码不能单独存在，它必须结合 IP 地址一起使用。

A、B、C 三类网络都有一个标准网络掩码（默认网络掩码），即固定的网络掩码。A 类 IP 地址的标准网络掩码是 255.0.0.0；B 类 IP 地址的标准网络掩码是 255.255.0.0；C 类 IP 地址的标准网络掩码是 255.255.255.0。

4. IPv6 的基础知识

IPv6 是 Internet Protocol Version 6 的缩写，意为"互联网协议版本 6"。IPv4 是目前广泛使用的 IP 版本，但是由于 Internet 的飞速发展，从接入主机数量和安全角度来考虑，IPv4 已经不适合 Internet 的发展了。20 世纪 90 年代初，IETF 认识到解决这些变化的唯一办法就是设计一个新版 IP 来取代 IPv4，于是成立了 Ipng 工作组，主要的工作是定义过渡的协议，以确保当前 IP 版本和新的 IP 版本长期的兼容性，并支持当前使用的和正在出现的基于 IP 的应用程序。

为了适应迅速增长的 IP 地址的需求和支持各种不同的地址格式，IPv6 的长度确立为 128 位。IPv6 定义了 3 种类型的地址。单路传送地址指定了一个独立的主机；任意传送（anycast）地址指定了一组主机；混合地址以便在 IPv6 环境中方便地表示 IPv4 地址。IPv6 有利于互联网的持续和长久发展，且它所带来的经济效益将非常巨大。

6.4 域名与域名系统

6.4.1 域名

1. 域名

由于 IP 地址是用二进制或十进制数字表示的，使用起来不直观，记忆很困难，所以在 Internet 上一般用域名来代替 IP 地址。域名由英文字母（不区分大小写）、数字或减号"-"等符号组成，再用小数点"."分隔成几部分。域名是个逻辑概念，它与地理位置无关，如搜狐 Web 网站主机的域名是 www.sohu.com。域名与 IP 地址一样，在 Internet 上也是全世界独一无二的。

2. 域名的作用

域名就是入网主机的名字，它的作用就像邮寄信件时需要写明人们的名字、地址一样重要。它的主要作用有表示一台主机的名称，可在 Internet 上唯一标识某一主机，域名名称具有一定含义。

3. 为什么要定义主机的域名

① 便于人称呼和记忆主机的标识符。

② 具有广告宣传作用。

③ 具有层次结构，提供网络管理组织信息。

④ 便于网络管理和维护。主机的 IP 地址随着网络地址变化而变化，但域名可以保持不变。

4. 主机域名与 IP 地址的对应关系

（1）由域名服务器（DNS）完成地址解析

解析表：

主机域名	IP 地址
www.nwu.edu.cn	202.117.96.10
www.mit.edu	18.181.0.21
www.edu.cn	202.112.0.36

（2）域名与 IP 地址的关系

域名与 IP 地址之间是一一对应的，域名系统管理 Internet 上的主机域名地址。当用户使用域名地址时，该系统就会自动把域名地址转为 IP 地址。域名服务是运行域名系统的 Internet 工具。

5. 有关域名的说明

① 域名在 Internet 中必须是唯一的，当高级子域名相同时，低级子域名不允许重复，域名应该简明易记，便于输入。

② 域名的字符通常为字母、数字和连字符，不区分大小写，域名的长度必须小于 255 个字符，子域名字不超过 63 个字符。在 CNNIC 新的域名系统中，同时也为用户提供".中国"、".公司"和".网络"的纯中文域名注册服务，用户可以在这 3 种中文顶级域名下注册纯中文域名。其中注册".CN"的用户将自动获得".中国"的中文域名，如注册"清华大学.CN"，将自动获得"清华大学.中国"的域名。

③ 为主机确定域名时应尽量使用有意义的字符。

④ 一个域名对应一个 IP 地址，但是一个 IP 地址可对应多个域名。例如，一台主机有一个 IP 地址，但是该主机既可以作为邮件服务器也可以作为 Web 服务器，因而可以有多个域名。

⑤ 主机的 IP 地址和域名从使用的角度看没有区别。但是，如果使用的系统中没有域名服务器，则只能使用 IP 地址而不能使用域名。

⑥ 各子域名之间用 "." 分隔开。

⑦ 对国家、社会或者公共利益有损害的名称不得使用；他人已在中国注册过的企业名称或者商标名称不得使用；公众知晓的其他国家或者地区名称、外国地名、国际组织名称不得使用；行业名称或者商品的通用名称不得使用。

6.4.2　域名系统

1. 域名系统的概念

域名系统（Domain Name System，DNS）是管理域的命名、管理主机域名、实现主机域名与 IP 地址解析的系统。

Internet 在 1985 年引入了域名系统，域名系统采用层次结构，按地理域或机构域进行分层，用小数点将各个层次隔开。域名系统用一个分布式主机信息数据库管理整个 Internet 的主机域名与 IP 地址。

域名结构中最右边的字段称为顶级域名。顶级域名又分为两类。一是国家顶级域名（National top-level domainname，nTLD）。目前，200 多个国家和地区都按照 ISO3166 国家代码分配了顶级域名，如中国是 cn，美国是 us，中国香港是 hk 等。二是国际顶级域名（International top-level domain name，iTD）。例如，表示工商企业的.com，表示网络提供商的.net，表示非营利组织的.org，表示教育机构的.edu，表示军事机构的.mil 等。

2. 域名系统的分级管理

Internet 的域名系统是为方便解释机器的 IP 地址而设立的。如图 6-5 所示，域名系统采用层次结构，按地理域或机构域进行分层。书写中采用圆点将各个层次隔开，分成层次字段。在机器的地址表示中，从右到左依次为最高域名段、次高域名段等，最左的一个字段为主机名。例如，在 www.sina.com.cn 中，最高域名为 cn，次高域名为 com，最后的主机域名为 sina，www 表示服务。

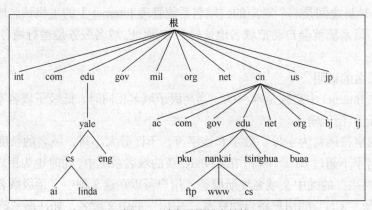

图 6-5　域名系统层次结构

虽然许多网点的分级结构符合物理网络互联的结构，但 Internet 上的域名是没有物理限制的，如最高域 net 下的各个域，既可以在美国也可以在中国。

3. 域名系统的定义规则

（1）树状结构

主机名.最低级域名.… .最高级域名。

（2）分级管理

Internet IP 地址分配和域名注册管理机构有 InterNIC、RIPE – NIC、APNIC。中国的域名注册管理机构是 CNNIC（中国互联网络信息中心）。

6.5　Internet 的基本服务

Internet 服务实际上是利用一些工具来实现互相通信和资源共享。Internet 的主要服务有 WWW 服务、电子邮件（E-mail）、远程登录（Telnet）、文件传输（FTP）、搜索引擎、电子公告牌（Bulletin Board System，BBS）等。

6.5.1　WWW 服务

1. WWW 的基本概念

1989 年 3 月，欧洲粒子物理实验室 CERN 首先提出 WWW 的概念；1990 年 11 月，第一个 WWW 应用软件问世；1993 年，CERN 研制出第一个通用的 WWW 浏览器 Mosaic；1995 年，Netscape 公司开发出 Netscape Navigator 浏览器；随后，Microsoft 公司推出 Internet Explorer 浏览器。

WWW 服务的基础是 Web 页面。Web 页面即是通常所说的网页，每个 Web 页既可展示文本、图形图像、声音等多媒体信息，又可提供一个特殊的链接点。用户只要用鼠标在 Web 页面上单击，就可获得相对应的信息服务。Web 页面是承载网络所有信息的最基本的单位，是直接面向用户，也是用户最常见的信息载体。"主页"则是指某一集合中所有 Web 页面的第一个页面。

提供 Web 信息的主机称为 Web 服务器。Web 页面通常存在 Web 服务器上，WWW 的物理核心是 Web 服务器，整个互联网就是用通信线路将这些 Web 服务器连接起来，用户只要连上其中的一个服务器，就可获取整个网络所有其他服务器上的信息。

要查看 Web 服务器上的信息必须使用 Web 浏览器软件，由该浏览器软件对 Web 中所包含的各部分信息进行解释和支持，从而翻译成通信线路、Web 服务器和用户各自所能理解的语言。所以对用户而言，要使用 WWW 服务，只要学会操作浏览器即可。

2. WWW 的标准

（1）超文本传输协议（Hyper text Transfer Protocol，HTTP）

HTTP 是 Web 客户机与 Web 服务器之间的应用传输协议。HTTP 是一种面向对象的协议，采用客户/服务器工作模式，为了保证 Web 客户机与 Web 服务器之间通信不会产生歧义，HTTP 定义了请求报文和响应报文的格式。HTTP 事件处理过程有以下步骤。

① 连接（Connection）：客户与服务器建立连接。

② 请求（Request）：客户向服务器提出请求。

③ 应答（Response）：服务器接受请求，并根据请求返回相应的报文作为应答。

④ 关闭（Close）：客户与服务器关闭连接。

（2）超文本标记语言（Hypertext Markup Language，HTML）

这是 Internet 上的标准语言和通用信息描述方式，用以实现文本、图形图像、声音等的描述。HTML 可以用在各种不同的操作系统上。文本编辑器和专用的 HTML（如 Microsoft FrontPage 等）都可以用来创建 HTML 文档，HTML 文档一般是用.htm（或.html）作为文件扩展名。

超文本（Hypertext）是用超链接的方法，将各种不同空间的文字信息组织在一起的网状文本。超媒体=超文本+多媒体，超媒体在本质上和超文本是一样的，只不过超文本技术在诞生的初期管理的对象是纯文本。超链接是指从一个网页指向一个目标的连接关系，这个目标可以是另一个网页，也可以是相同网页上的不同位置，还可以是一个图片、一个电子邮件地址、一个文件，甚至是一个应用程序。

（3）统一资源定位器（Uniform Resource Locator，URL）

URL 利用 WWW 获取信息须指明信息所在位置，是对信息进行定位的通用资源访问地址。

URL 用于描述 Web 页面所在的地址，即通常所说的网址。用户通过使用 URL，可以指定要访问什么协议类型的服务器以及服务器中的哪个文件。如果用户希望访问某台 Web 服务器中的某个页面，只要在浏览器地址栏中输入该页 URL，便可以浏览到该页面，用户通常不需要了解所有页面的 URL，因为有关定位的 URL 信息可以隐含在超文本信息之中，而且在利用 WWW 浏览器显示时，该段超文本信息会被加亮或被加上下划线，用户直接用鼠标单击该段超文本信息，浏览器软件将自动调用该段超文本信息指定的页面。

URL 通常由以下 4 个部分组成：协议类型、主机地址（或域名）及端口、目录部分（路径和文件名）。通常写作如下。

应用协议类型：//信息资源所在的主机名（域名或 IP 地址）.端口号/路径名/.../文件名

例如：

http://www.xjtu.edu.cn/

ftp://ftp.pku.edu.cn/pub/netscape/

http://www.edu.cn/news/magazine.html

http://www.gfxy.com:80/book/index.htm。

常用协议类型有 http：访问 Web 服务器协议；ftp：访问 FTP 服务器协议；gopher：访问 gopher 服务器协议；telnet：远程登录协议等。

3．WWW 浏览器

WWW 的客户程序在 Internet 上被称为 WWW 浏览器或 Web 浏览器，是用来浏览 Internet 上 Web 页面的软件。

在 WWW 服务系统中，Web 浏览器负责接收用户的请求（如用户的键盘输入或鼠标输入），并利用 HTTP 将用户的请求传送给 Web 服务器。在服务器请求的页面送回到浏览器后，浏览器再将页面进行解释，最后显示在用户的浏览器上。

目前，广为流行的 Web 浏览器是 Microsoft 公司的 Internet Explorer（IE），还有 Mozilla 的 Firefox、GreenBrowser 浏览器、360 安全浏览器、搜狗高速浏览器、傲游浏览器、百度浏览器、腾讯 QQ 浏览器等。

6.5.2　电子邮件

电子邮件（又称 E-mail）是一种通过网络实现相互传送和接收信息的现代化通信方式，发送、接收和管理电子邮件是 Internet 的一项重要功能。它与邮局收发的普通信件一样，都是一种信息载体。电子邮件和普通邮件的显著差别是，电子邮件中除了普通文本外，还可包含声音、动画、图像等信息。目前电子邮件已成为网络用户之间快速、简便、可靠且成本低廉的现代通信手段，也是 Internet 上使用最广泛、最受欢迎的服务之一。

1. 电子邮件特点

与传统邮件相比，E-mail 具有如下优点。

① 廉价。不论发送多少邮件，费用是固定的。

② 方便。电子邮件是通过邮件服务器来传递的，因此，即使对方不在，仍可将邮件发送到对方的邮箱。

③ 收到邮件的对方可对其内容进行修改，再寄回原发送者。

④ 高速、高效。发送一个电子邮件一般不超过几十秒。

⑤ 可靠。每个电子邮箱地址都是全球唯一的，确保邮件按发件人输入的地址准确无误地发送到收件人的邮箱中。如果收件人地址有误，立刻就会返回发送端，发送人对其进行修改后再发送出去。

⑥ 内容丰富。电子邮件不仅可以传送文本，还可以传送声音、图形等多种类型的文件（以附件形式）。

2. 电子邮箱地址组成

（1）收费邮箱

收费邮箱是指通过支付费用方式得到的一个用户账号和密码，收费邮箱有容量大、安全性高等特点。

（2）免费邮箱

免费邮箱是指网站上提供给用户的一种免费邮箱，用户只需填写申请资料，即可获得用户账号和密码。它具有免付费、使用方便等特点，是人们使用较为广泛的一种通信方式。

（3）电子邮箱地址格式

E-mail 像普通的邮件一样，也需要地址，它与普通邮件的区别在于它是电子地址。所有在 Internet 上有邮箱的用户都有自己的 E-mail 地址，并且这些 E-mail 地址都是唯一的。邮件服务器根据这些地址，将每封电子邮件传送到各个用户的信箱中，E-mail 地址就是用户的邮箱地址。用户只有在拥有邮箱地址后才能发送、接收电子邮件。

一个完整的电子邮箱地址由两部分组成，格式如下。

用户账号@主机名.域名

符号@读作 "at"，表示 "在" 的意思，主机名与域名用 "." 隔开。

如电子邮箱地址：zjq9341@126.com。

（4）利用电子邮箱写信时的主要要素如下。

① 收件人：邮件的接收者，相当于收信人。

② 发件人：邮件的发送人，一般来说，就是用户自己。

③ 抄送：用户给收件人发出邮件的同时，把该邮件抄送给另外的人，在这种抄送方式中，

"收件人"知道发件人把该邮件抄送给了另外哪些人。

④ 暗送：用户给收件人发出邮件的同时，把该邮件暗中发送给另外的人，但所有"收件人"都不会知道发件人把该邮件暗发给了哪些人。

⑤ 主题：这封邮件的标题。

⑥ 正文：用户要表达的主要内容。

⑦ 附件：同邮件一起发送的附加文件或图片资料等。编写完成需要发送信件的内容，单击"附件"按钮来添加附件。

3. 电子邮箱的申请

收发电子邮件之前，必须先申请一个电子邮箱。

（1）通过申请域名空间获得邮箱

如果需要将邮箱应用于企事业单位，且经常需要传递一些文件或资料，并对邮箱的数量、大小和安全性有一定的需求，可以到提供该项服务的网站上申请一个域名空间。申请后会为用户提供一定数量及大小的电子邮箱，以便别人能更好地访问用户的主页。这种电子邮箱的申请需要支付一定的费用，适用于集体或单位。

（2）通过网站申请免费邮箱

提供电子邮件服务的网站很多，如果用户需要申请一个邮箱，只需登录到相应的网站，单击提供邮箱的超链接，根据提示信息填写好资料，即可注册申请一个电子邮箱。免费电子邮箱安全系数低，密码容易被人盗用、恶意修改；功能简陋、缺乏必要的技术支持，经常遭遇如收到大量垃圾邮件、重要邮件丢失、发送邮件被对方服务器拒收等烦恼，造成不便。

国内提供免费邮箱申请的网站如下。

网易提供：163、126、yeah。

sohu 提供：sohu。

新浪提供：sina。

腾讯提供：qq。

国际提供免费邮箱申请的网站如下。

Google 提供：gmail。

Microsoft 提供：hotmail、live。

6.5.3　远程登录服务

远程登录（Telnet）提供了在本地计算机上完成访问 Internet 主机远地资源工作的能力，是 Internet 上重要的服务之一，它可以超越时空的界限，让用户访问远地的主机，这些主机必须连在 Internet 上。远程登录能把本地计算机连接并登录到 Internet 主机上，它是一种特殊的通信方式。为了达到这个目的，人们开发了远程终端协议，即 Telnet 协议。Telnet 协议是 TCP/IP 协议簇的一部分，它定义了一个本地客户机与远程服务器之间的交互过程。

Telnet 提供两种登录远地 Internet 主机的方法：第一种方法要求使用账号，也就是说，只要用户在任意一台 Internet 主机上有账号，就可以通过 Telnet 使用该台主机；第二种方法不要求用户申请账号。

利用远程登录，用户可以实时使用远地主机上对外开放的全部资源，可以查询数据库、检索资料，或利用远程计算完成只有巨型机才能做的工作。另外，Internet 上有许多服务是通过 Telnet 来访问的，如 Gopher，这类系统通常开放公用账号，无须输入密码。

6.5.4 文件传输服务

文件传输是指用户直接将远程文件拷入本地系统，或将本地文件拷入远地系统，是 Internet 提供的一项基本服务。

利用文件传输协议（File Transfer Protocol，FTP），可以方便地在两台连网计算机间传输文件；FTP 还提供登录、目录查询、文件操作、命令执行及其他会话控制功能。

FTP 的工作原理采用客户机/服务器模式。FTP 客户机根据用户需求发出文件传输请求，FTP 服务器响应请求，两者协同完成文件传输作业。将文件从服务器传到客户机称为下载文件，而将文件从客户传到服务器称为上载文件。

要连接到普通 FTP 服务器上，用户必须有合法账号和口令，只有成功登录的用户才能访问该 FTP 服务器，并对文件进行查阅和传输。FTP 普通服务器允许用户下载文件，也允许用户上载文件。用户可以访问匿名 FTP 服务器而不需要预先向服务器申请。当用户访问提供匿名服务的 FTP 服务器时，不需要输入账号和密码。匿名账户和密码是公开的，发果没有特殊声明，通常用 Anonymous 作为账号，用 Guest 作为口令。有些 FTP 服务器会要求用户输入自己的电子邮件地址作为口令，如果 FTP 服务器不使用 Anonymous 和 Guest 作为账号和密码，那么在用户登录时 FTP 服务器会告诉用户进入 FTP 服务器的方法。Internet 上的 FTP 服务器大多数是匿名服务器，为了保证 FTP 服务器的安全性，几乎所有的 FTP 匿名服务只允许用户下载文件，一般不允许用户上载文件。

6.5.5 搜索引擎

搜索引擎是指根据一定的策略、运用特定的计算机程序从互联网上搜集信息，在对信息进行组织和处理后，为用户提供检索服务，将用户检索相关的信息展示给用户的系统。

搜索引擎是一种搜索其他目录和网站的检索系统，搜索引擎网站可以将查询结果以统一的清单表示返回。搜索引擎包括全文索引、目录索引、元搜索引擎、垂直搜索引擎、集合式搜索引擎、门户搜索引擎与免费链接列表等。

具有代表性的中文搜索引擎网站有百度（http://www.baidu.com），搜狐（http://www.sohu.com），新浪搜索（http://search.sina.com.cn）。

常见的国外搜索引擎有 Yahoo（http://www.yahoo.com），Google（http://www.google.com）等。

除了这些常用的搜索引擎之外，还有一些专业期刊或者核心期刊杂志类的搜索引擎，如中国期刊全文数据库（CNKI，http://www.cnki.net）、维普全文电子期刊（http://neu.cqvip.com）等，用户可以通过这些专业搜索引擎进行专业期刊或文章检索。

网络的资源非常丰富，对于一个普通网民来说在这浩如烟海的信息流中寻找对自己有用的信息成为一件十分困难的事。搜索引擎的作用就在于整合网络资源，为用户提供便捷的搜索服务，以提高效率。缺点是搜索结果里的排名很大程度上与广告费用有关，这就局限了我们的视野。有些搜索引擎的搜索结果中广告、垃圾网站和死链比较多。

6.5.6 BBS 服务

电子公告栏系统（Bulletin Board System，BBS）提供一块公共电子白板，每个用户都可以在上面书写、发布信息或提出看法。大部分 BBS 由教育机构、研究机构或商业机构管理。

BBS 像日常生活中的黑板报一样，电子公告牌按不同的主题分成很多个布告栏，布告栏设立的依据是大多数 BBS 使用者的要求和喜好，使用者可以阅读他人关于某个主题的最新看法，也可以将自己的想法毫无保留地粘贴到公告栏中。在 BBS 里，人们之间的交流打破了空间、时间的限制。在与别人进行交往时，无须考虑自身的年龄、学历、知识、社会地位、财富、外貌和健康状况，而这些条件往往是人们在现实交流中无可回避的。这样，参与 BBS 的人可以处于一个平等的地位与其他人进行任何问题的探讨。

在 Internet 上有成千上万个 BBS 站点，它们都具有一些共同的基本功能，如信息交流、文件传输、资料查询、言论发表，对各个主题内容的讨论等。

6.6 Internet 的接入技术

随着网络的迅速普及，越来越多的个人计算机需要接入 Internet，更多的局域网之间需要互连，并接入 Internet，进而使用 Internet 上的各种资源。

6.6.1 ISP

ISP（Internet Service Provider）意为"Internet 服务提供商"，这里的服务主要是指 Internet 接入服务。

1. ISP 的作用

ISP 是用户与 Internet 之间的桥梁，也就是说，上网的时候，计算机首先是跟 ISP 连接，再通过 ISP 连接到 Internet 上。

① ISP 是用户接入 Internet 的入口点。

② ISP 为用户提供 Internet 接入服务。

③ ISP 为用户提供各类信息服务。

2. 选择 ISP

随着 Internet 在我国的迅速发展，越来越多的单位和个人开始想得到 Internet 所提供的各项服务，于是提供 Internet 接入服务的 ISP 也越来越多。面对这些服务项目各不相同，收费也千差万别的 ISP，选择一家合适的 ISP 要考虑以下因素。

① 规模和信誉：要选择规模大、信誉好的 ISP。

② Internet 的接入带宽：带宽越大越好。

③ 收费标准：要做对比，选择收费最合算的。

④ 提供的服务：服务越多越好。

⑤ ISP 所在地的位置：最好是在同一个城市，越近越好。

我国现在有很多 ISP，其中最常见的 ISP 是各地的电信局、通信公司或其属下的数据局，还有其他的 ISP，他们往往会推出一些优惠措施吸引客户。

6.6.2 网络接入技术

网络接入技术是指一个 PC 或局域网与 Internet 相互联接的技术，或者是两个远程局域网之间的相互接入技术。接入是指用户通过电话线或数据专线等方式将个人或单位的计算机与

Internet 连接，使用 Internet 中的资源。

Internet 网络接入方式主要是研究怎样将用户的计算机或局域网接入 ISP，进而连接到 Internet 网络上，概括起来主要有拨号上网、DDN 专线接入方式、ISDN 接入方式、ADSL 接入方式、Cable Modem 接入方式、无线接入方式、光缆接入方式等。

1. 调制解调器接入

调制解调器又称为 Modem。它是一种能够使计算机通过电话线同其他计算机进行通信的设备。其作用是一方面把计算机的数字信号转换成可在电话线上传送的模拟信号（这一过程称为"调制"），另一方面把电话线传输的模拟信号转换成计算机能够接收的数字信号（这一过程称为"解调"）。拨号上网是最普通的上网方式，利用电话线和一台调制解调器就可以上网了。其优点是操作简单，只要有电话线的地方就可以上网，但上网速率很低（目前经常使用的 Modem 传输速率为 56kbit/s），并且占用电话线。使用拨号上网的用户没有固定的 IP 地址，IP 地址是由 ISP 服务器动态分配给每个用户，在客户端基本不需要什么设置就可以上网。

2. ISDN 接入

在 20 世纪 70 年代出现了 ISDN（Integrator Services Digital Network），即综合业务数字网。它将电话、传真、数据、图像等多种业务综合在一个统一的数字网络中进行传输和处理，所以又称为"一线通"。ISDN 接入 Internet 需要使用标准数字终端的适配器设备来连接计算机到普通的电话线。ISDN 上传送的是数字信号，因此速率较快，可以以 128kbit/s 的速率上网，而且上网的同时可以打电话、收发传真，是用户接入 Internet 及局域网互连的理想方法之一。

3. ADSL 接入

ADSL（Asymmetric Digital Subscriber Line）是非对称数字用户线路的简称，是利用电话线实现高速、宽带上网的方法，是目前使用较多的上网方式。"非对称"指的是网络的上传和下载速率不同。通常人们在 Internet 上下载的信息量要远大于上传的信息量，因此采用了非对称的传输方式，满足用户的实际需要，充分合理地利用资源。ADSL 上传的最大速率是 1Mbit/s，下载的速率最高可达 8Mbit/s，几乎可以满足任何用户的需要，包括视频的实时传送。ADSL 还不影响电话线的使用，可以在上网的同时进行通话，很适合家庭上网使用。

4. Cable Modem 接入

Cable Modem 又称为线缆调制解调器，它利用有线电视线路接入 Internet，接入速率可以高达（10～30）Mbit/s，可以实现视频点播、互动游戏等大容量数据的传输。接入时，将整个电缆（目前使用较多的是同轴电缆）划分为 3 个频带，分别用于 Cable Modem 数字信号上传、数字信号下传及电视节目模拟信号下传，一般同轴电缆的带宽为 5～750MHz，数字信号上传带宽为 5～42MHz，模拟信号下传带宽为 5～550MHz，数字信号下传带宽为 550～750MHz，这样数字数据和模拟数据不会冲突。它的特点是带宽高、速率快、成本低，不受连接距离的限制，不占用电话线，不影响收看电视节目。

5. DDN（Digital Data Network）接入

DDN 是以数字交叉连接为核心的技术，包括了数据通信技术、数字通信技术、光纤通信技术等技术，是利用数字信道传输数据的一种数据接入业务网络。其误码率小于 10^{-6}，不封装传输数据，也不存储转发，网络延时很短，一般不大于 40ms，传输速率为 9.6kbit/s～2.048Mbit/s。

6. 无线接入

无线接入是指从用户终端到网络的交换节点采用无线手段接入技术，实现与 Internet 的连接。无线接入 Internet 已经成为网络接入方式的热点。无线接入 Internet 可以分为两类，一类是基于移动通信的接入技术，另一类是基于无线局域网的技术。

6.6.3 通过 ADSL 接入

DSL（Digital Subscriber Line）的中文名称是数字网络用户线。数字用户线技术就是以铜质电话线为传输介质的传输技术，统称为"*x*DSL"技术。*x*DSL 技术包括 HDSL、VDSL、ADSL、SDSL、RADSL 等多种技术，最常用的技术是 ADSL。

1. ADSL 的概念

ADSL 技术是一种非对称数字用户线路实现宽带接入互联网的技术。ADSL 作为一种传输层的技术，充分利用现有的电话铜线资源，在一对双绞线上提供上行至少 640kbit/s，下行 8Mbit/s 的带宽，实现了真正意义上的宽带接入。

2. ADSL 接入技术

ADSL 接入原理如图 6-6 所示。ADSL 方案的最大特点是不需要改造信号传输线路，完全可以利用普通铜质电话线作为传输介质，配上专用的 Modem 即可实现数据高速传输。

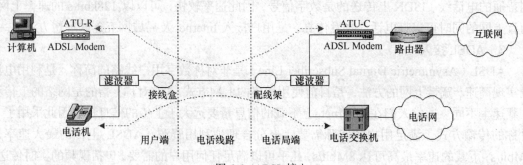

图 6-6　ADSL 接入

ADSL 支持上行速率 640kbit/s～1Mbit/s，下行速率 1～8Mbit/s，其有效的传输距离在 3～5km 范围以内。在 ADSL 接入方案中，每个用户都有单独的一条线路与 ADSL 局端相连，它的结构可以看作是星型结构，数据传输带宽是由每一个用户独享的。

3. 申请安装

由于各地的情况不同，其申请手续和资费标准也有所不同，具体情况要咨询当地的电信部门。申请安装 ADSL 的步骤如下。

① 需要有一条电话线，并且所在地区的电话已经开通了 ADSL 的业务。用户可向当地电信部门咨询。

② 携带电话户主的身份证到当地电信部门办理 ADSL 申请手续。完成了 ADSL 的申请工作，接下来由电信部门的技术人员上门安装调试。

③ 硬件费用主要包括开户费、调试费、使用费及 ADSL 设备的费用等。由于 ADSL 并不占用电话的信号，所以一般都是采用包月的形式。

4. 实现方法

（1）ADSL 所需设备

① 一条电话线。

② 一个 ADSL Modem，数据传输设备。

③ 一个语音分离器，使上网和打电话互不干扰。

④ 交叉网线，用于连接 ADSL Modem 和网卡。

（2）安装 ADSL 设备的步骤

① 安装网卡。网卡在这里起到了数据传输的作用，所以只有正确地安装它，才能使用好 ADSL。

② 安装滤波器。滤波器有 3 个接口，分别为外线输入、电话信号输出和数据信号输出。

③ 安装 ADSL Modem。接通电源后，将数据信号输出到 ADSL Modem 的电话 LINK 端口，用交叉网线将 ADSL Modem 和网卡连接起来，一端接到网卡的 RJ-45 口上，另一端接到 ADSL Modem 的 Ethernet 接口上。在安装的过程中，要注意查看指示灯的状态，接口处要特别注意，一定要卡紧。

④ 安装软件。如果是 Windows 系统，它提供了拨号软件，可直接建立拨号连接。

6.7 Internet Explorer 浏览器的使用

用户的个人计算机访问 WWW 服务器中的 Web 页面，需要使用专用 WWW 浏览器。目前 WWW 浏览器主要有两种：一种是基于字符方式的，如 lynx；另一种是基于图形方式的，如 Internet Explorer 和 Netscape Navigator。浏览器的类型也可分为 IE 内核和非 IE 内核两类。

1. IE 的启动

启动 IE 可采用下列方法。

方法 1：单击任务栏中的 IE 图标或双击桌面上的 IE 图标。

方法 2：运行菜单命令"开始"→"程序"→"Internet Explore"。

启动 IE 后，打开 IE 窗口，显示 IE 的默认主页。

2. 浏览 Internet

使用 IE 浏览 Internet 有以下几种方式。

① 启动 IE 之后，IE 自动加载所设置的 Home Page 页面。

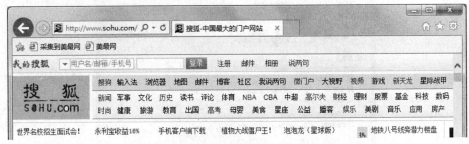

图 6-7　IE 地址栏输入域名

② 在 IE 窗口地址处输入一已知的 WWW 地址，如图 6-7 所示。Web 地址的 URL 的一般格式为协议//计算机域名地址/[路径[文件名]]。

例如，http:// www.sohu.com（传输协议 http：//可省略），单击地址栏右侧的"转到"或按回车键即可将该页面调出。

③ 利用 IE 的"记忆"功能（自动记录一段时间内浏览过的网页地址），单击地址栏右侧的向下箭头打开相应网页。

④ 单击"收藏"菜单项或"收藏"命令按钮，选择一已收藏的链接网址，单击打开网页。

⑤ 在已打开的 Web 页上，用光标操作窗口组件以控制显示内容，如操作滚动条滚动显示网页内容；移动光标在网页上寻找链接点（带有下划线的文字或特殊图片等），当光标变成"小手"形状时，单击此处会跳转到另一个相应 Web 页。还可以使用工具栏中的"前进""后退"按钮在已浏览过的 Web 页之间切换。

3. 常用菜单项命令介绍

在 IE 的菜单栏中有"文件""编辑""查看""收藏""工具"和"帮助"命令项，如图 6-8 所示。

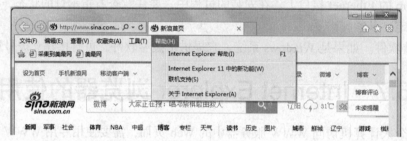

图 6-8　菜单栏

（1）"文件"菜单

① "新建窗口"："文件"菜单中的"新建窗口"命令，可在浏览主窗口中打开多个子窗口，每一子窗口初始打开的是原主窗口页面，但都可以独立地查看各自的网页。

② "另存为"："另存为"命令可将当前网页中的内容保存至存储器中。单击"文件"菜单，选择"另存为"命令，弹出"保存网页"对话框。在"保存在"下拉列表中选择保存页面的位置，在"文件名"框中输入文件名，在"保存类型"下拉列表中选择文件类型，如图 6-9 所示。

图 6-9　"保存网页"对话框

- Web 页，全部：保存该网页的全部文件。
- Web 文档，单一文件：只保存 HTML 页，不保存声音、图像或其他文件。
- 文本文件：以纯文本格式保存 Web 的文件。

（2）保存网页中的图像、动画及网页背景图像

① 保存网页中的图像、动画：用鼠标右键单击页面中要保存的图像或动画，在弹出的快捷菜单中，单击"图片另存为"命令，然后在"保存图片"对话框中指定保存的位置、类型和文件名，最后单击"保存"按钮即可完成。

② 保存网页背景图像：用鼠标右键单击页面中没有插图也没有超链接的任意区域，在弹出的快捷菜单中单击"背景另存为"命令，然后在"保存图片"对话框中指定保存的位置和文件名，最后单击"保存"按钮即可完成。

（3）"收藏"菜单

收藏夹的作用是保存用户收藏的 Web 页地址，通过对收藏夹的操作，就可以随时打开这些 Web 页而不必在地址栏输入网页地址，如图 6-10 所示。在收藏夹中建立若干子文件夹，分门别类地保存各类网址，如图 6-11 所示，对创建的文件夹可以重命名和删除，把保存链接的网址移至创建的文件夹中。

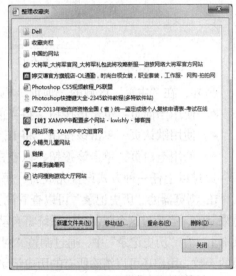

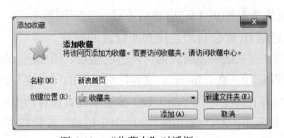

图 6-10　"收藏夹"对话框　　　　　图 6-11　"整理收藏夹"对话框

（4）"工具"菜单

"工具"菜单中应用最多的是"Internet 选项"命令项，通过它可对 IE 功能进行设置。

（5）"查看"菜单

"查看"菜单项的命令可设置 IE 的工具栏、浏览器栏的显示状态、网页跳转等，大部分在工具栏设有命令按钮。"文字大小"命令项用于指定网页中文字显示的相对大小，共有 5 个选项，前面带有实心圆点的为当前设置状态，默认状态为"中"，用户可根据需要进行调整。

（6）"帮助"菜单

同微软公司其他软件的帮助文件的使用方法一样，用户可在使用时方便地获得帮助信息。

4. Internet 选项设置

（1）"常规"选项卡的设置

常规选项卡有"主页""Internet 临时文件"和"历史记录"3 个设置区域。

（2）起始页（默认主页）的更改

单击"工具"菜单，选择"Internet 选项"命令，打开"Internet 属性"对话框，在"常

规"选项卡中，将"主页"区域的"地址"栏中显示的主页地址更改为自己所要的网站地址，单击"确定"按钮就可完成起始主页的设置，如图 6-12 所示。

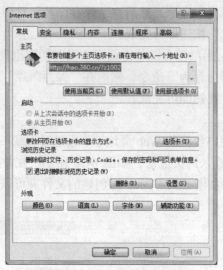

图 6-12 "Internet 属性"对话框

另外，在"主页"区域的"地址"栏下，还有 3 个按钮，可使用它们直接设置起始页。

- 使用当前页：单击该按钮，将当前连接显示的网页设置成起始主页。
- 使用默认页：单击该按钮，将 IE 的默认页作为起始主页。
- 使用空白页：单击该按钮，以空白页作为起始页（IE 启动后不显示实际网页）。

通过以上任一种方式设置完成后，每次启动 IE 就会自动连接到所设置的网址。

IE 浏览器的"历史记录"可以查看浏览器在过去的一段时间内访问过的站点。历史记录是有限制的，当超过这个限制时，系统将自动删除记录。在"Internet 属性"对话框的"常规"选项卡上，在"历史记录"中，通过调整"网页保存在历史记录中的天数"按钮来设置保存历史记录的天数。用户还可以清除所有的历史记录，只需单击对话框中的"清除历史记录"按钮即可。

（3）"内容"选项卡

"内容"选项卡可以设置分级审查机制和证书机制。这样，包含被审查内容的网页将被禁止打开。

（4）"安全"选项卡

对不同区域的 Web 内容确定安全设置，对该区域的安全级别还可以自定义，限制本机浏览一些色情、暴力方面的站点，同时也可以启用一些受信任的站点。

（5）"高级"选项卡

该选项卡主要是为用户提供了设置一些高级浏览属性的功能，如启用或禁用网页播放动画等。在列表框中，列出了有关多媒体、安全、搜索与工具栏设置等选项，用户可根据需要有针对性地对选项进行设置，如图 6-13 所示。

要使用默认设置，可以单击"还原默认设置"按

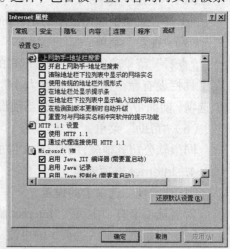

图 6-13 高级选项卡

钮。完成设置后，单击"确定"按钮。

（6）"程序"选项卡

用于指定 Windows 自动用于每个 Internet 服务的程序，重置 Web 设置，检查 Internet Explorer 是否为默认的浏览器。

6.8 电子邮件软件 Outlook Express 的设置

1. Outlook Express 的启动

启动 Outlook Express 时，双击桌面上的"Outlook Express"图标即可，打开的"Outlook Express"窗口，如图 6-14 所示。

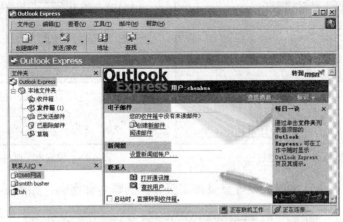

图 6-14 Outlook Express 窗口

2. Outlook Express 的账号设置

使用 Outlook 收发邮件，首先要进行 Outlook 的"账号"管理，对已有的邮箱账号进行设置。

下面以在 163 中申请的 chen@163.com 邮箱地址为例，介绍设置邮箱的过程。

① 单击"工具"菜单，选择"账户"命令，打开"Internet 账户"对话框，如图 6-15 所示。单击"添加"按钮，选择"邮件"选项，启动"Internet 连接向导"。

② 在"Internet 连接向导"对话框中，在"显示名"文本框中输入"chen"（也可以输入别的名字），如图 6-16 所示。在发送邮件时，这个名字将出现在"发件人"框中。

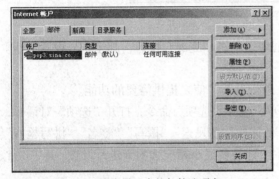

图 6-15 账户设置中的邮件选项卡

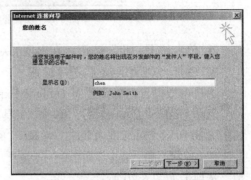

图 6-16 设置邮件发送时所显示的姓名

③ 单击"下一步"按钮，在电子邮件地址栏中输入邮件地址 chen@163.com，如图 6-17 所示。单击"下一步"按钮，连接向导会对所输入的电子邮件地址做初步检查，对可能不正确的输入给出警告。

④ 在"Internet 连接向导"对话框中，输入电子邮件服务器地址（SMTP 服务器是发送服务器，POP3 是接收服务器）。在接收邮件服务器和发送邮件服务器中分别填入 pop3.163.com 和 smtp.163.com（注意，接收邮件服务器和发送邮件服务器必须填写正确），如图 6-18 所示。

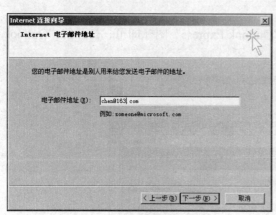
图 6-17　输入电子邮件地址

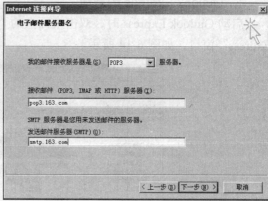
图 6-18　设置电子邮件服务器地址

⑤ 单击"下一步"按钮，设置登录邮箱服务器的账号和密码，如图 6-19 所示。

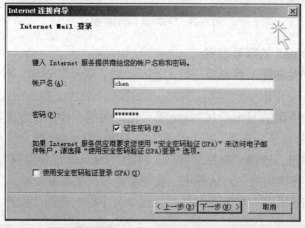
图 6-19　设置登录邮箱服务器的账号和密码

⑥ 单击"下一步"按钮，在出现的对话框中，单击"完成"按钮，邮箱账号设置完毕。

3. Outlook Express 的选项设置

用户可根据自己的需要对 Outlook Express 进行设置，使之提供需要的功能。

启动 Outlook Express 后，单击"工具"菜单，选择"选项"命令，打开"选项"对话框，如图 6-20 所示。对话框内共有"常规""阅读""回执"、"发送""撰写""签名""拼写检查""安全""连接"和"维护"共 10 个选项卡，可单击标签名显示相应选项卡进行设置。其中"常规"选项卡如图 6-20 所示。

图 6-20 "常规"选项卡的设置

• 启动时，直接转到"收件箱"文件夹：单击复选框使之为设置状态，以后启动 Outlook Express 时窗口会自动转到收件箱。

• 如果有新的新闻组请通知我：此复选框被设置后，如果有新的新闻组 Outlook Express 会及时通知。

• 自动显示含有未读邮件的文件夹：此复选框被设置后，Outlook Express 启动后显示未读邮件提示。

4. 发送电子邮件

（1）编辑新邮件

单击工具栏中的"新邮件"按钮，打开"新邮件"对话框，在收件人地址栏中输入收件人地址，如 zjq9341@126.com;chen@163.com。如果信件发送给多个用户时，在收件人地址栏中输入多个地址或者在"抄送"栏中输入多个地址，地址之间用"，"或"；"分开。主题是表明这封信的主要内容，也可不写。有些邮箱系统是以附件文件名作为标题的。

信的内容写在下面的空白区，还可使用工具栏中的"附件"命令，或选择"插入"菜单的"文件附件"命令，将选择的文件以附件形式一并发送。

（2）新邮件的发信方式

① 单击新邮件窗口中的"文件"→"发送邮件"命令，邮件会立即发出。

② 单击新邮件窗口工具栏中的"发送"按钮，或单击"文件"菜单中的"以后发送方式"命令，这是延迟发送方式，此时邮件并没有真正发出去，而是发送到"发件箱"中，此时可以不必上网，即实现离线写信，需要发信时，可在上网后单击工具栏中的"发送/接收"按钮将信发出。运用此种方法，可以做到分开写信最后集中发送。

③ 单击"文件"菜单中的"保存"命令，信件发送到"已保存邮件"文件夹中，此时邮件没有发送，可随时打开此邮件进行编辑修改，完成后再将信发出。

④ 单击 Outlook Express 工具栏中的"发送/接收"按钮，可以同时完成发送和接收工作。

5. 接收邮件

在"Outlook Express"窗口中，单击"工具"菜单，选择"发送和接收"命令，根据需要对已设置账号的邮箱邮件进行收取。也可以使用工具栏上的"发送/接收"按钮接收邮件。

打开收到的邮件后，可以直接在当前的邮件窗口中使用"工具栏"中的"答复""全部答复"和"转发"命令按钮对信件进行回复和转发。

6. 邮件召回

发错了邮件总是比较尴尬的。邮件召回的两个前提是收信人在网上并启动了 Outlook Express，他还没有看到这封信。满足这两个条件，邮件召回主动权就在自己手上。

单击 Outlook Express 窗口左侧本地文件列表前的"+"，选择"已发送邮件"，在右侧窗口中单击"已发送的邮件"，打开想要召回的邮件。

单击"工具"菜单中的"撤回该邮件"命令。对该邮件有两种处理方法：想要召回，则单击"删除该邮件的未读副本"；想用其他邮件代替，则单击"删除未读副本并用新邮件替换"，单击"确定"按钮，然后附上新邮件。想要知道邮件是否被成功召回或替换，则选中"告诉我对每个收件人撤回是否成功还是失败"的复选框。选中后，就会在"收件箱"中列出邮件是否被成功召回。

习题与操作题

一、选择题

1. 从地理区域范围来分，计算机网络可分为广域网、城域网和（　　　）。

    A. 大型网　　　　　　B. 中型网　　　　　　C. 小型网　　　　　　D. 局域网

2. 广域网的简称是（　　　）。

    A. LAN　　　　　　　B. WAN　　　　　　　C. MAN　　　　　　　D. CN

3. 计算机网络的最主要功能是（　　　）。

    A. 平衡负载　　　　　B. 网络计算　　　　　C. 资源共享　　　　　D. 信息传输

4. 电子邮件的地址由（　　　）。

    A. 用户名和主机域名两部分组成，它们之间用符号"@"分隔

    B. 主机域名和用户名两部分组成，它们之间用符号"@"分隔

    C. 主机域名和用户名两部分组成，它们之间用符号"."分隔

    D. 用户名和主机域名两部分组成，它们之间用符号"."分隔

5. Internet 服务提供者的简称是（　　　）。

    A. ASP　　　　　　　B. USP　　　　　　　C. ISP　　　　　　　D. NSP

6. "URL"的意思是（　　　）。

    A. 统一资源定位器　　　　　　　　　　B. Internet 协议

    C. 简单邮件传输协议　　　　　　　　　D. 传输控制协议

7. ADSL 的中文意思是（　　　）。

    A. 非对称用户数字线路　　　　　　　　B. 综合业务数据网

    C. 数字数据网　　　　　　　　　　　　D. 公用电话网

8. 互联网上的服务都是基于一种协议，WWW 服务是基于（　　　）协议。

    A. SMTP　　　　　　B. TELNET　　　　　C. HTTP　　　　　D. FTP

9. 搜索引擎可以用来（　　　）。

    A. 收发电子邮件　　　　　　　　　B. 检索网络信息

    C. 拨打网络电话　　　　　　　　　D. 发布信息

10. www.xy.gov.cn 是 Internet 上一个典型的域名，它表示的是（　　　）。

    A. 政府部门　　　　　　　　　　　B. 教育机构

    C. 商业组织　　　　　　　　　　　D. 单位或个人

11. 下列 IP 地址合法的是（　　　）。

    A. 202.96.209.5　　　　　　　　　B. 202,120,111,19

    C. 202.130.256.33　　　　　　　　D. 96,1,18,1

12. 以下 URL 的表示中，错误的是（　　　）。

    A. http://netlab.abc.edu.cn　　　　　B. ftp://netlab,abc.edu.cn

    C. gopher://netlab.abc.edu.cn　　　　D. unix://netlab.abc.edu.cn

13. 域名系统的缩写是（　　　）。

    A. Domain　　　　　　B. DNS　　　　　　C. Hosts　　　　　D. NSD

14. 浏览网站时，浏览器中"收藏夹"的作用是（　　　）。

    A. 记住某些网站地址，方便下次访问　　B. 复制网页中的内容

    C. 打印网页中的内容　　　　　　　　　D. 隐藏网页中的内容

15. IPv6 地址是（　　　）比特。

    A. 32　　　　　　　　B. 16　　　　　　　C. 48　　　　　　D. 128

16. 域名与下面的（　　　）一一对应。

    A. 网络物理地址　　　B. IP 地址　　　　　C. 网络　　　　　D. 以上都不是

17. 关于 IE 浏览器中的"历史"按钮，正确的说法是（　　　）。

    A. 必须在联机状态下使用　　　　　B. 必须在脱机状态下使用

    C. 可以查看曾经访问过的网页　　　D. 以上说法都不对

18. 目前在 Internet 上应用最为广泛的服务是（　　　）。

    A. FTP 服务　　　　B. Gopher 服务　　　C. Telnet 服务　　　D. WWW 服务

19. Internet 采用的基础协议是（　　　）。

    A. HTML　　　　　　B. OSMA　　　　　　C. SMTP　　　　　D. TCP/IP

20. 下列选项中，（　　　）是错误的。

    A. 一个 Internet 用户可以有多个电子邮件地址

    B. 用户通常可以通过任何与 Internet 连接的计算机访问自己邮箱

    C. 用户发送邮件时必须输入自己邮箱账户密码

    D. 用户发送给其他人的邮件不经过自己的邮箱

选择题答案

1. D　　2. B　　3. C　　4. A　　5. C　　6. A　　7. B　　8. C　　9. B

10. A　　11. A　　12. B　　13. B　　14. A　　15. D　　16. B　　17. C　　18. D

19. D　　20. C

二、操作题

1. 以下 IP 地址各属于哪一类?

（a）28.250.1.130　　　（b）202.250.1.139　（c）138.68.100.37

2. 已知主机的域名如下。

dell.cs.nwu.edu.cn

ocean.cs.nwu.edu.cn

venus.zju.edu.cn

public.bta.net.cn

sea.ac.cn

（1）用域名系统的树状结构图表示以上主机的关系。

（2）判定上述主机所属的网络和机构。

3. 什么是 ISP? 它有什么作用?

4. 要实现一信多发，收件人的邮箱地址如何填写?

5. 域名和 IP 地址有何关系?

第 7 章

常用工具软件

7.1　驱动管理软件

驱动程序是一种可以使计算机和设备通信的特殊程序，驱动程序管理可以使计算机正常工作，或者更好地工作。驱动程序管理是指对计算机设备驱动程序的分类、更新、删除等操作。当前最方便、最常用的驱动管理方法是使用一些专门的软件来实行管理，如驱动精灵、驱动人生等。

7.1.1　驱动精灵

驱动精灵是一款集驱动管理和硬件检测于一体的、专业级的驱动管理和维护工具，为用户提供驱动备份、恢复、安装、删除、在线更新等实用功能，对于手头上没有驱动盘的用户十分实用，用户可以通过本软件将系统中的驱动程序提取并备份出来。除了驱动备份恢复功能外，它还提供了 Outlook 地址簿、邮件和 IE 收藏夹的备份与恢复。

1．驱动精灵的基本功能

① 驱动程序：计算机有时设备不工作，驱动程序或者驱动版本太旧，玩新游戏总是出现状况，这些问题驱动精灵都可以解决。

② 系统补丁：操作系统补丁没打齐，缺少各种.Net、VC 运行库致使程序无法运行，驱动精灵可让用户的系统安全稳定，功能完备。

③ 软件管理：系统刚装好，需要各种软件，在驱动精灵软件宝库可以实现快速装机，需要什么软件直接挑选，快捷又安全。

④ 硬件监测：专业硬件检测功能，内容丰富，结果准确，帮助用户判断硬件设备型号状态。

⑤ 百宝箱：使用驱动精灵百宝箱可以快速解决计算机中遇到的驱动问题。

2．驱动精灵主界面

驱动精灵主界面工作窗口组成如图 7-1 所示，主要包括系统助手、软件管理、垃圾清理、硬件检测、手机助手，以及其他（百宝箱等）。

3．修复检测出的问题

① 在驱动精灵主界面中单击"立即检测"按钮，系统会自动检测出计算机操作系统中的问题，如图 7-2 所示。

② 单击"一键升级""立即修复""快速上网"按钮，此时在窗口中看到检测出的补丁和计算机存在高危漏洞，如图 7-3 所示。

③ 单击"立即修复"按钮，驱动精灵会自动下载需要的补丁，如图 7-4 所示。

图 7-1　驱动精灵主界面　　　　　　　　　图 7-2　立即检测

图 7-3　检测结果　　　　　　　　　　　图 7-4　正在修复

4. 硬件检测

在主界面中单击"硬件检测"按钮，此时即可在左侧窗口中看到硬件信息，如图 7-5 所示，然后单击"立即评分"按钮，即可在窗口中看到硬件评分的详细信息，如图 7-6 所示。

图 7-5　驱动精灵硬件检测　　　　　　　图 7-6　驱动精灵温度监控

5. 其他（百宝箱）

① 在驱动精灵主界面中单击"更多"按钮，系统会切换到"百宝箱"选项卡并列出辅助工具，如图 7-7 所示。

图 7-7　百宝箱

②　单击"系统工具"区的"系统助手"按钮，此时窗口中列出操作系统异常中的常见问题，如电脑没有声音，连不上网络，打印机无法打印等。单击相应问题框即可修复解决，如图 7-8 所示。

③　单击"系统工具"区的"开机加速"按钮，"一键加速"功能可优化操作系统的启动，节省开机时间，如图 7-9 所示。

图 7-8　系统助手

图 7-9　开机加速

7.1.2　驱动人生

驱动人生是一款免费的驱动管理软件，实现智能检测硬件并自动查找安装驱动，为用户提供最新驱动更新，本机驱动备份、还原和卸载等功能。软件界面清晰，操作简单，设置人性化，大大方便用户管理计算机的驱动程序。

1. 驱动人生的基本功能

①　移动设备即插即用：移动设备插入计算机后，驱动人生自动为其安装驱动并立即可以使用，不需要光盘。

②　品牌驱动：驱动人生支持 10 万多个硬件设备的驱动，可以为几乎任意硬件设备品牌官方驱动库同步，更安全、更贴心，操作比官方更简单。

③　精准的硬件检测：专业、准确、简单明了的硬件检测，可以轻松地查看计算机各个硬件配置和详细参数。

④　推荐驱动：根据用户的当前硬件配置，推荐最合适用户机器配置的驱动，兼顾驱动的稳定和性能。

2. 驱动人生主界面

驱动人生主界面工作窗口组成如图 7-10 所示，主要包括本机驱动、外设驱动、驱动管理、软件（管家）等。

3. 立即修复

① 安装完驱动人生应用软件，它会自动给电脑驱动进行检测，如果检测出有需要更新的驱动，则会在主界面中的"首页"选项卡列出检测结果。

②单击"立即修复"按钮，系统会自动处理遇到的问题，如图 7-10 所示。

图 7-10　驱动人生主界面

4. 添加网络打印机

驱动人生率先推出网络打印机的功能，可谓是很多管理人员的福音。网络打印机可使局域网内的任何一台电脑都可以连接打印机实现打印。而不需要通过一台电脑连接打印机，其他电脑共享来实现。这就使得工作中的打印变得简单、高效。

① 在驱动人生的主界面中单击"外设驱动"按钮，然后单击"网络打印机"的图标，就可以搜索局域网内的打印机设备。只要打印机在局域网内，驱动人生就可以搜索到打印机设备的名称。搜索到打印机后，单击"下一步"按钮，如图 7-11 所示。

② 搜索到打印机之后，驱动人生会自动搜索与该打印机匹配的打印机驱动，直接进行安装。

5. 驱动备份

① 在驱动人生主界面中单击"驱动管理"选项卡，默认打开"驱动备份"窗口。

② 此时即可自动检测出尚未备份的驱动，单击"开始"按钮即可实现驱动备份，如图 7-12 所示。

图 7-11　搜索网络打印机

图 7-12　立即备份

7.2 压缩软件

使用压缩软件可以将超大文件的空间缩小，以节省磁盘空间，方便传输。常见的压缩软件有 WinRAR、好压等。

7.2.1 WinRAR

WinRAR 是一款功能强大的压缩包管理器，它是档案工具 RAR 在 Windows 环境下的图形界面，可用于备份数据，缩减电子邮件附件的大小，解压缩从 Internet 上下载的 RAR、ZIP 及其他格式文件，并且可以新建 RAR 及 ZIP 格式的文件。

1. WinRAR 的基本功能

① 压缩文件：对于容量较大的文件，可以将其压缩后再上传或发送，以节省传输时间。

② 解压缩文件：压缩后的文件不能直接查看，将下载的压缩文件解压还原，以方便查看。

2. WinRAR 主界面

WinRAR 的主界面工作窗口组成如图 7-13 所示，主要包括添加、解压到、测试、查看、删除、查找、向导、信息、修复等。

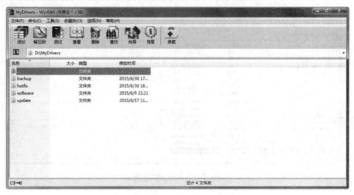

图 7-13　WinRAR 主界面窗口

3. 压缩文件

① 选择需要进行压缩的文件，如选择"发送文件 2015"文件夹，单击"添加"按钮，如图 7-14 所示。

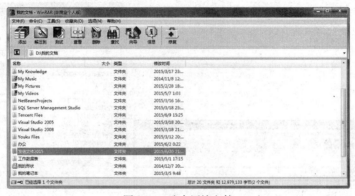

图 7-14　选中压缩文件

② 打开"压缩文件名和参数"对话框,在"常规"选项下,勾选"压缩选项"栏下的"测试压缩的文件"复选框,如图 7-15 所示。

③ 单击"确定"按钮后开始压缩,如图 7-16 所示。

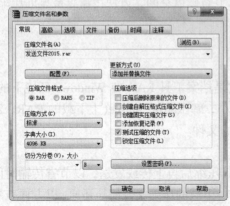

图 7-15　设置压缩选项

图 7-16　正在压缩

④ 完成后即可看到压缩后的文件,如图 7-17 所示。

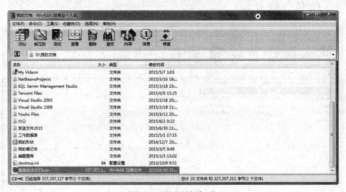

图 7-17　压缩完成

4. 解压缩文件

① 选择需要解压的文件,单击"解压到"按钮,如图 7-18 所示。

② 打开"解压路径和选项"对话框,在"常规"选项下,选择压缩位置,接着勾选"更新方式"栏下的"解压并替换文件"复选框,如图 7-19 所示。

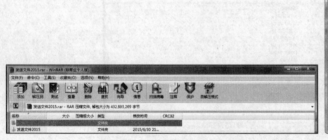

图 7-18　选中解压文件

图 7-19　进行设置

③ 单击"确定"按钮，开始解压缩。

5. 锁定压缩文件

① 选择需要锁定的文件，单击"命令"选项，在弹出的下拉菜单中选择"锁定压缩文件"选项，如图 7-20 所示。

② 在打开的窗口中单击"选项"，在"锁定压缩文件"栏下勾选"禁止修改压缩文件"复选框，如图 7-21 所示。

图 7-20　选择

图 7-21　设置

③ 单击"确定"按钮，此时压缩文件的"添加"和"删除"按钮被禁止操作，如图 7-22 所示。

图 7-22　设置后的效果

7.2.2　好压

好压压缩软件（HaoZip）是强大的压缩文件管理器，是完全免费的压缩软件，相比其他压缩软件系统资源占用更少，兼容性更好，压缩率比较高。软件功能包括强力压缩、分卷、加密、自解压模块、智能图片转换、智能媒体文件合并等。

1. 好压的基本功能

① 解压多种格式：好压压缩支持 RAR、ARJ、CAB、LZH、ACE、GZ、UUE、BZ2、JAR、ISO 等多达 50 种算法和类型文件的解压，通用性强。

② 兼容性强：支持 Windows 2000 以上全部 32/64 位系统，并且完美支持 Windows 7 和 Windows 8。

③ 通用性强：好压完全支持行业标准，使用好压软件生成的压缩文件，同类软件仍可正常识别，保证了通用性。

2. 好压主界面

好压主界面工作窗口如图 7-23 所示，主要包括添加、解压到、测试、删除、查找、信息、修复、注释、自解压、虚拟光驱等。

图 7-23　好压主界面

3. 修复被损坏的压缩文件

① 选中需要修复的压缩文件，单击"工具箱"按钮，在下拉面板中选择"修复压缩包"选项，如图 7-24 所示。

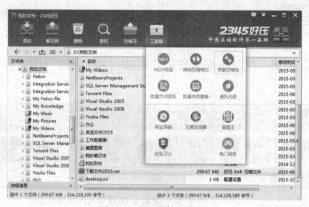

图 7-24　选中修复选项

② 打开"修复压缩文件"对话框，在"被修复的压缩文件类型"栏下进行选择，如勾选"自动检测"单选按钮，如图 7-25 所示。

③ 单击"修复"按钮，完成后的效果如图 7-26 所示。

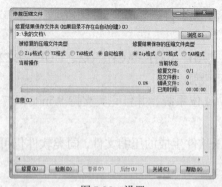

图 7-25　设置

图 7-26　完成修复

4. 自解压文件

① 选择需要自解压的文件，单击"自解压"按钮，如图 7-27 所示。

图 7-27　自解压

② 在打开的"高级自解压选项"对话框中（见图 7-28），单击"确定"按钮，开始解压文件，解压后效果如图 7-29 所示。

图 7-28　设置

图 7-29　解压后

7.3　杀毒软件

杀毒软件也称反病毒软件或防毒软件，是用于消除计算机病毒、特洛伊木马和恶意软件的工具软件。杀毒软件通常集成监控识别、病毒扫描和清除、自动升级等功能，有的杀毒软件还带有数据恢复等功能，是计算机防御系统（包含杀毒软件、防火墙、特洛伊木马和其他恶意软件的查杀程序、入侵预防系统等）的重要组成部分。

7.3.1　360 杀毒

360 杀毒是 360 安全中心出品的一款免费的云安全杀毒软件，具有查杀率高、资源占用少、升级迅速等优点。同时，360 杀毒可以与其他杀毒软件共存，是一个理想杀毒备选方案。

1. 360 杀毒的基本功能

① 快速扫描：扫描 Windows 系统目录及 Program Files 目录。

② 全盘扫描：扫描所有磁盘。

③ 指定扫描位置：扫描用户指定的目录。

④ 右键扫描：集成到右键菜单中，当用户在文件或文件夹上单击鼠标右键时，可以选择"使用 360 杀毒扫描"对选中文件或文件夹进行扫描。

2. 360 杀毒主界面

360 杀毒的主界面窗口组成如图 7-30 所示，它提供了 4 种手动病毒扫描方式，即快速扫描、全盘扫描、自定义位置扫描和右键扫描。

3. 快速扫描

① 在 360 杀毒主界面中，单击"快速扫描"选项，此时系统开始快速扫描，如图 7-31 所示。

图 7-30　360 杀毒主界面　　　　　　　　　　图 7-31　快速扫描

② 扫描结束后，窗口中会提示本次扫描发现的安全威胁，勾选相应的复选框，然后单击"立即处理"选项，如图 7-32 所示。

③ 处理完成后，窗口中会出现提示，单击"确认"按钮即可，如图 7-33 所示。

图 7-32　处理扫描结果　　　　　　　　　　图 7-33　处理完成

4. 定时杀毒

① 在 360 杀毒主界面中，在右上角单击"设置"，如图 7-34 所示。

② 打开"360 杀毒 设置"对话框，单击左侧窗口中的"病毒扫描设置"选项，如图 7-35 所示。

③ 在右侧窗口中，定位到"定时杀毒"栏下，勾选"启用定时查毒"复选框，在"扫描类型"下设置"快速扫描"，选中"每周"单选框，设置每周二的 12：36 开始查毒。

图 7-34　单击设置

图 7-35　定时杀毒设置

④ 单击"确定"按钮后即可实现定期杀毒。

7.3.2　金山毒霸

金山毒霸（Kingsoft Antivirus）是金山网络旗下研发的云安全智扫反病毒软件，融合了启发式搜索、代码分析、虚拟机查毒等经业界证明成熟可靠的反病毒技术，在查杀病毒种类、查杀病毒速度、未知病毒防治等多方面达到世界先进水平。同时，金山毒霸具有病毒防火墙实时监控、压缩文件查毒、查杀电子邮件病毒等多项先进的功能，紧跟世界反病毒技术的发展，为个人用户和企事业单位提供完善的反病毒解决方案。

1．金山毒霸的基本功能

① 双平台杀毒：不仅可以查杀计算机病毒，还可以查杀手机中的病毒木马，保护手机，防止恶意扣费。

② 自动查杀：应用（熵、SVM、人脸识别算法等）数学算法，拥有超强的自学习进化能力，无须频繁升级，直接查杀未知新病毒。

③ 防御性强：多维立体保护，智能侦测、拦截新型威胁，全新"火眼"系统，文件行为分析专家，用户通过精准分析报告，可对病毒行为了如指掌，深入了解自己计算机的安全状况。

④ 网购保镖：网购误中钓鱼网站或者网购木马时，金山网络为用户提供最后一道安全保障，独家 PICC 承保，全年最高 8000 元+48360 元的赔付额度。

2．金山毒霸主界面

金山毒霸主界面工作窗口如图 7-36 所示，主要包括电脑杀毒、铠甲防御、网购保镖、手机助手、百宝箱等。

3．一键查杀

① 在金山杀毒主界面中单击"电脑杀毒"选项，然后单击"一键云查杀"按钮，此时系统会自动对计算机进行扫描，如图 7-37 所示。

② 扫描完成后可以看到扫描结果，然后单击"立即处理"按钮，如图 7-38 所示。

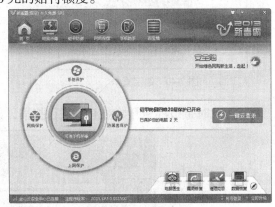

图 7-36　主界面

图 7-37 一键云查杀

图 7-38 立即处理

③ 处理完成后即可看到如图 7-39 所示的提示。

图 7-39 处理完成

4. 指定查杀位置

① 单击"电脑杀毒"选项，然后单击"指定位置查杀"选项，如图 7-40 所示。

② 在打开的对话框中选择扫描路径，如勾选"本地磁盘（F：）"复选框，单击"确定"按钮，如图 7-41 所示。

图 7-40 制定查杀

图 7-41 选择查杀位置

③ 此时金山毒霸开始对 F 盘进行扫描，如图 7-42 所示。

图 7-42 开始扫描

7.4 屏幕捕捉软件

捕捉屏幕是一个从屏幕显示上截取全部或者部分区域作为图像或者文字的过程。

7.4.1 HyperSnap

HyperSnap 是一款非常优秀的屏幕截图工具，它不仅能抓取标准桌面程序，还能抓取 DirectX、3Dfx Glide 的游戏视频或 DVD 屏幕图，能以 20 多种图形格式（包括 BMP、GIF、JPEG、TIFF、PCX 等）保存并阅读图片，可以用快捷键或自动定时器从屏幕上抓图。在所抓取的图像中显示鼠标轨迹，收集工具，有调色板功能并能设置分辨率，还能选择从 TWAIN 装置中（扫描仪和数码相机）抓图。

1. HyperSnap 的基本功能

① 捕捉整个屏幕：打开应用程序主界面窗口，单击"捕捉全屏幕"按钮，即可捕捉到全屏幕。

② 捕捉当前活动窗口：启动 HyperSnap 应用程序，出现应用程序主界面窗口，单击"捕捉活动窗口"按钮，即可捕捉到"我的电脑"窗口。

③ 文本捕捉：单击"文字捕捉从区域捕捉文字"按钮，使用鼠标拖选画面中的文字部分后，松开鼠标，听到"喀嚓"声音后，该区域的文字就捕捉下来了。

2. HyperSnap 主界面

HyperSnap 7 主界面工作窗口如图 7-43 所示，主要包括捕捉设置、编辑、图像、设置等。

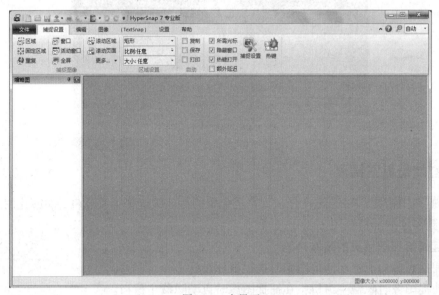

图 7-43 主界面

3. 设置屏幕捕捉热键

① 启动 HyperSnap 7，在"屏幕设置"选项下单击"热键"按钮，如图 7-44 所示。

② 打开"屏幕捕捉热键"对话框，然后单击"自定义键盘"按钮，如图 7-45 所示。

③ 打开"自定义"对话框，在"键盘"选项下设置快捷键，如图 7-46 所示。

图 7-44　单击热键

图 7-45　单击"自定义键盘"按钮

图 7-46　设置

④ 完成后单击"关闭"按钮即可。

4. 捕捉整个桌面

启动 HyperSnap 7，按【PrintScreenSysRq】键或者【Ctrl】+【Shift】+【A】组合键，即可将整个桌面截取下来，如图 7-47 所示。

图 7-47　截取整个桌面

7.4.2　红蜻蜓抓图精灵

红蜻蜓抓图精灵（RdfSnap）是一款完全免费的专业级屏幕捕捉软件，能够让用户得心应手地捕捉到需要的屏幕截图。

1. 红蜻蜓抓图精灵的基本功能

① 捕捉光标功能：在捕捉图像时捕捉鼠标光标。

② 捕捉图像时隐藏主窗口：在捕捉图像时自动隐藏主窗口。

③ 播放捕捉成功提示声音：在捕捉完成时播放捕捉成功提示声音。

④ 捕捉图像预览功能：在捕捉完成后，显示预览窗口。

⑤ 延迟捕捉功能：有时用户不想在按下捕捉热键（按钮）后立即开始捕捉，而是稍过几秒钟再捕捉，就可以使用此功能来实现。

⑥ 使用画图编辑功能：当本软件提供的图像编辑功能不能满足用户需求时，用户可以选

择使用画图编辑捕捉到的图像。

⑦ 区域闪烁显示功能：在选定控件捕捉时可以使选区边框闪烁显示。

⑧ 屏幕放大镜功能：在区域捕捉模式下能够显示屏幕放大镜，便于精确地进行图像捕捉。

⑨ 图像保存目录及格式设置功能：可以为捕捉的图像规定默认保存位置及图像格式，图像格式包括 BMP、GIF、JPG、PNG、TIF 等。

⑩ 图像文件自动命名功能：能够对捕捉到的图片进行自动命名保存，可以设置根据时间或文件名模板自动保存。

图 7-48　主界面

2. 红蜻蜓抓图精灵主界面

红蜻蜓抓图精灵主界面工作窗口如图 7-48 所示，主要包括整个屏幕、活动窗口、选定区域、固定区域、选定控件、选定网页等。

3. 设置显示倒计数秒

① 在红蜻蜓抓图精灵主窗口中，单击"选项"，在弹出的下拉列表中选择"高级选项"，如图 7-49 所示。

② 然后在"高级"栏下勾选"捕捉图像前进行延迟"和"捕捉图像前延迟期间，显示倒数计秒"复选框，如图 7-50 所示。

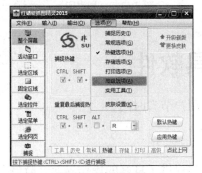

图 7-49　高级选项

图 7-50　设置

③ 在主界面中单击"捕捉"按钮时，窗口右下角会显示倒数计秒，如图 7-51 所示。

图 7-51　显示倒计时

4. 设置捕捉图像上添加水印

① 在红蜻蜓抓图精灵主窗口中，单击"选项"，在弹出的下拉列表中选择"高级选项"。

② 在"高级"栏下勾选"捕捉图像上添加水印"复选框。

③ 打开"水印设置"对话框，在"时间水印"栏下勾选"捕捉图像右下角添加时间戳"复选框，在"时间戳类型"栏下选择"日期和时间"单选按钮，然后单击"确定"按钮，如图 7-52 所示。

④ 在主界面中单击"捕捉"按钮时，捕捉后的图像会自动添加水印，如图 7-53 所示。

图 7-52　设置

图 7-53　添加水印

7.5　看图工具软件

使用看图软件可以快速浏览计算机中的图片，为用户节省时间。

7.5.1　ACDSee

ACDSee 是使用最为广泛的看图工具软件之一，它提供了良好的操作界面、简单人性化的操作方式、优质的快速图形解码方式，支持丰富的图形格式、强大的图形文件管理功能等，大多数计算机爱好者都使用它来浏览图片。

1. ACDSee 的基本功能

① 多媒体应用及播放平台：在捕捉图像时捕捉鼠标指针。

② 用全屏幕查看图形：在全屏幕状态下，查看窗口的边框、菜单栏、工具条、状态栏等均被隐藏起来以腾出最大的桌面空间，用于显示图片。

③ 文件批量更名：这是与扫描图片并顺序命名配合使用的一个功能，选中浏览窗口内需要批量更名的所有文件，单击批量后的下拉按钮，选择批量重命名进行操作。

④ 制作缩印图片：ACDSee 允许将多页的文档打在一张纸上，形成缩印的效果。在 ACDSee 中允许将同一文件夹下的多张图片缩印在一张纸上。

⑤ 用固定比例浏览图片：有时候，得到的图片文件比较大，一屏幕显示不下，而有时候所要看的图片又比较小，以原先的大小观看又会看不清楚，使用 ACDSee 的放大和缩小显示图片的功能，可以以固定比例显示图片。

⑥ 为图像文件解压：图像文件有若干种格式，其中大部分格式都会对图像进行不同方式的压缩处理，即在使用某种格式来保存图像时，会对图像进行自动压缩。

2. ACDSee 主界面

ACDSee 主界面工作窗口如图 7-54 所示，主要包括管理、查看和编辑等。

图 7-54　ACDSee 主界面

3. 批量重命名

① 选中需要重命名的图片，单击"批量"后的下拉按钮，在弹出的下拉列表中选择"重命名"选项，如图 7-55 所示。

② 打开"批量重命名"对话框，在"模板"选项下，勾选"使用模板重命名文件"复选框，然后在文本框中"#"位置输入数值，如输入 2015，如图 7-56 所示。

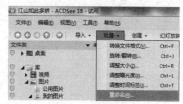

图 7-55　重命名选项

③ 单击"搜索和替换"选项卡，分别在"搜索"和"替换为"文本框中输入数值，如图 7-57 所示。

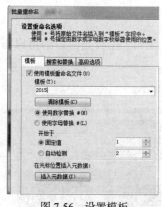

图 7-56　设置模板

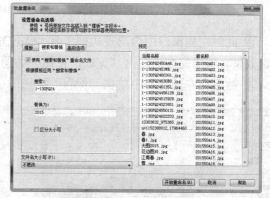

图 7-57　设置

④ 单击"开始重命名"按钮，软件自动对选中的图片进行重命名，如图 7-58 所示。
⑤ 单击"完成"按钮，即可在主窗口中看到重命名后的图片，如图 7-59 所示。

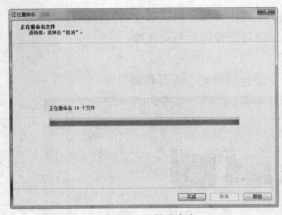

图 7-58　开始重命名

图 7-59　完成重命名

4. 编辑图片

① 选中需要进行编辑的图片，单击"编辑"选项，在左侧窗口中单击"边框"选项，如图 7-60 所示。

图 7-60　编辑图片

② 此时左侧窗口中会出现边框工具，根据需要对图片进行编辑，在右侧窗口中可以看到编辑效果，编辑完成后单击"完成"按钮，如图 7-61 所示。

③ 然后在左侧窗口中单击"保存"按钮即可，如图 7-62 所示。

图 7-61　预览编辑效果

图 7-62　保存

7.5.2　2345 看图王

2345 看图王是强大的图片浏览管理软件，完整支持所有主流图片格式的浏览、管理，并对其进行编辑，支持文件夹内的图片翻页、缩放、打印，支持 GIF 等多帧图片的播放与单帧保存。

1．2345 看图王的基本功能

① 看图速度快：使用强劲图像引擎，即使在低配置计算机上，也能快速打开十几兆的大图片。

② 超高清完美画质呈现：精密的图像处理，带给用户真实的高清看图效果。

③ 缩略图预览：无须返回目录，可直接在看图窗口中一次性预览当前目录下的所有图片，切换图片更方便。

④ 鸟瞰图功能：采用美观易用的鸟瞰图功能，可以方便快捷地定位查看大图片的任意部分，可以直接用鼠标在鸟瞰图上进行快速缩放。

⑤ 鼠标指针翻页：鼠标移动到图片的左右两端，指针会自动变成翻页箭头，执行翻页更方便。

2．2345 看图王主界面

2345 看图王主界面工作窗口如图 7-63 所示。

3．浏览图片

① 在主界面中单击"打开图片"按钮，在弹出的"打开"窗口中选择需要打开的图片，单击"打开"按钮，如图 7-64 所示。

图 7-63　2345 看图王主界面

② 此时即可打开图片进行浏览，如图 7-65 所示。

图 7-64　选择图片

图 7-65　浏览图片

4．启用鼠标指针翻页

① 在主界面中单击"主菜单"按钮，在弹出的下拉列表中选择"设置"选项，如图 7-66 所示。

② 打开"设置-2345 看图王"对话框，在左侧窗口中单击"常规设置"选项，在"辅助看图工具"栏下勾选"启用鼠标指针翻页"复选框，如图 7-67 所示。

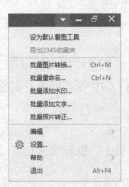

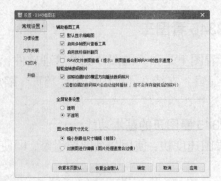

图 7-66 选择　　　　　　　　　　　　　　　　　　图 7-67 设置

③ 单击"确定"按钮，即可实现鼠标指针翻页，效果如图 7-68 所示。

图 7-68 指针翻页

7.6　翻译软件

无论是我们平时浏览网页还是阅读文献都会或多或少遇到几个难懂的英文词汇，这时我们就不免要翻词典了。网上的词典工具分为两种：一种是离线词典，就是可以不用联网，只要下载安装并运行就可以方便取词，实时翻译；另一种是在线翻译词典，它需要用户访问一个网站，而后输入要查找的词汇等。

7.6.1　金山词霸

金山词霸是一款免费的词典翻译软件，它最大的亮点是内容海量权威，收录了 147 本版权词典、32 万条真人语音、17 个场景 2000 组常用对话。用户在阅读英文内容、写作、口语、单词复习等多个应用都可以使用它，其最新版本还支持离线查词，计算机不联网也可以轻松用词霸。

1. 金山词霸的基本功能

① 离线本地词典：计算机没联网，也可以使用词霸，因为下载金山词霸时，已经同时下载了英汉/汉英的词库，包含百万词条，可以满足基本查词需求。

② 权威词典专业释义：包含 147 本版权词典，涵盖金融、法律、医学等多行业，80 万

个专业词条，相当于随身携带一书柜的词典。

③ 真人发音：纯正英式、美式真人语音，特别针对长词、难词和词组，另外还有强大的 TTS（Text To Speech，文本朗读），中英文的句子都可以读。

④ 强大汉语词典：词霸内置超强悍汉语词典，从生僻字到流行语，发音、部首它全知道，还有笔画写字教学，对于诗词、成语、名言等，可以一键查阅经典出处。

⑤ 鼠标指针翻页：鼠标移动到图片的左右两端，指针会自动变成翻页箭头，执行翻页更方便。

2. 金山词霸主界面

金山词霸主界面工作窗口如图 7-69 所示，主要包括词典、翻译、句库、资料中心等。

图 7-69　金山词霸主界面

3. 快速翻译

① 在金山词霸主界面中的文本框中输入需要查询的词或句子，如输入"海内存知己，天涯若比邻"，单击"查一下"按钮，如图 7-70 所示。

② 此时窗口中会出现查询到的词的译文，如图 7-71 所示。

图 7-70　输入

图 7-71　查询结果

4. 设置翻译语言

① 在金山词霸主界面中单击"翻译"选项，然后在文本框中输入需要翻译的内容，如输入"海内存知己，天涯若比邻"，如图 7-72 所示。

② 单击"自动检测语言"后的下拉按钮，在弹出的下拉列表中进行选择，如选择"中文→日文"，如图 7-73 所示。

图 7-72　输入内容　　　　　　　　　　　　　　　　图 7-73　设置

③ 单击"翻译"按钮即可将输入的内容翻译成日文，如图 7-74 所示。

图 7-74　完成翻译

7.6.2　灵格斯词霸

灵格斯（Lingoes）是一款简明易用的免费翻译与词典软件，支持 80 多个国家语言的词典查询和全文翻译，支持屏幕取词、划词、剪贴板取词、索引提示和真人语音朗读功能，并提供海量词库免费下载，专业词典、百科全书、例句搜索和网络释义一应俱全，是新一代的词典与文本翻译专家。它能很好地在阅读和书写方面帮助用户，让对外语不熟练的用户在阅读或书写英文文章时变得更简单、更容易。

1. 灵格斯词霸的基本功能

① 屏幕取词：单击"翻译"选项标签，对鼠标屏幕取词进行设置。

② 鼠标取词：将鼠标指针移到词上面时，再加上组合键就可翻译该词。

2. 灵格斯词霸主界面

灵格斯词霸主界面工作窗口如图 7-75 所示。

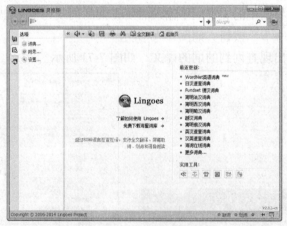

图 7-75　灵格斯词霸主界面

3. 全文翻译

① 在主界面单击"全文翻译"按钮，在弹出的文本框中输入需要翻译的内容，如图 7-76 所示。

② 然后设置翻译选项，如设置将中文简体翻译为英语，单击"翻译"按钮即可，如图 7-77 所示。

图 7-76　输入翻译内容

图 7-77　开始翻译

4．设置屏幕取词

① 在主界面单击"设置"选项，如图 7-78 所示。

② 打开"系统设置"对话框，切换到"取词"选项卡，单击"取词模式"下拉按钮，在弹出的列表中选择"鼠标右键按下"选项，如图 7-79 所示。

③ 单击"确定"按钮即可。

图 7-78　选中"设置"选项

图 7-79　打开"设置"对话框

7.7　网络下载软件

下载工具是一种可以更快地从网上下载东西的软件。用下载工具下载时，可充分利用网络上的多余带宽，采用"断点续传"技术，随时接续上次中止部位继续下载，有效避免了重复操作，节省了下载者的连线下载时间。常用的下载工具有迅雷、网际快车等。

7.7.1　迅雷 7

迅雷下载软件，它本身并不支持上传资源，它只是一个提供下载和自主上传的工具软件，立足于为全球互联网提供最好的多媒体下载服务。迅雷的资源取决于拥有资源网站的多少，同时只要有任何一个迅雷用户使用迅雷下载过相关资源，迅雷就能有所记录。

1．迅雷 7 的基本功能

① 下载：浏览器支持将迅雷客户端登录状态带到网页中。

② 离线下载：服务器代替计算机用户先行下载。

③ "二维码下载"功能：在计算机中寻找想下载的文件，并轻松地下载到手机上。

④ 一键立即下载：操作简便，即便是通过手动输入下载地址的方式建立任务，也能一键

立即下载。

2. 迅雷 7 主界面

迅雷 7 的主界面工作窗口组成如图 7-80 所示，主要包括我的下载、迅雷新闻、迅雷看看、下载优先、网速保护、计划任务等。

3. 新建下载任务

① 在主界面中单击"新建"按钮，如图 7-81 所示。

图 7-80　迅雷 7 主界面

图 7-81　在主界面中单击

② 打开"新建任务"对话框，在"输入下载 URL"栏下输入下载地址，如图 7-82 所示。

③ 单击"继续"按钮的下拉按钮，在弹出的选项中单击"立即下载"选项即可下载，完成后如图 7-83 所示。

图 7-82　输入地址

图 7-83　下载完成

4. 添加计划任务

① 在主界面下方单击"计划任务"，在弹出的选项列表中选择"添加计划任务"选项，如图 7-84 所示。

② 打开"计划任务"对话框，在"设置任务执行时间"栏下进行设置，然后选择"开始全部任务"单选按钮，如图 7-85 所示。

③ 单击"确定计划"按钮后，主界面最下方会弹出"添加计划任务"提示，如图 7-86 所示。

图 7-84　添加计划任务

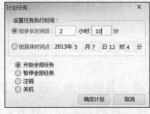

图 7-85　设置任务

图 7-86　页面提示

7.7.2 快车

快车（FlashGet）是一个快速下载工具，它的性能非常好，功能多，下载速度快，兼容BT、传统（HTTP、FTP 等）等多种下载方式，全球首创的"插件扫描"功能，在下载过程中自动识别文件中可能含有的间谍程序及捆绑插件，并对用户进行有效提示。

1. 快车的基本功能

① 绿色免费：不捆绑恶意插件，简单安装，快速上手。全球首创的下载安全监测技术（Smart Detecting Technology，SDT），在下载过程中自动识别文件中可能含有的间谍程序及灰色插件，并对用户进行有效提示。

② 系统资源优化：在高速下载的同时，维持超低资源占用，不干扰用户的其他操作。

③ 自动调用杀毒软件：专注下载，与杀毒厂商合作，共创绿色环境；文件下载完成后自动调用用户指定的杀毒软件，彻底清除病毒和恶意软件。

④ 奉行不做恶原则：不捆绑恶意软件，不强制弹出广告，简便规范的安装卸载流程，不收集、不泄露下载数据信息，尊重用户隐私。

⑤ 支持多种协议：全面支持 BT、HTTP、FTP 等多种协议，智能检测下载资源，HTTP/BT下载切换无须手工操作，获取种子文件后自动下载目标文件。

2. 快车主界面

快车的主界面工作窗口组成如图 7-87 所示，主要包括新建、目录、分组和选项等。

图 7-87　FlashGet 主界面

3. 新建视频任务

① 在主界面中单击"新建"后的下拉按钮，在弹出的下拉列表中选择"新建视频任务"选项，如图 7-88 所示。

② 打开"新建视频下载任务"对话框，在"请输入视频页面地址"下的文本框中输入地址，单击"探测视频"按钮，如图 7-89 所示。

③ 探测到视频后，页面中会自动显示文件名，单击"立即下载"按钮，如图 7-90 所示。

④ 此时开始下载视频，主界面窗口中会显示下载进度等信息，如图 7-91 所示。

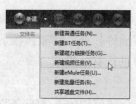

图 7-88　新建视频任务

图 7-89　探测视频

图 7-90　立即下载

图 7-91　正在下载

4. 设置下载完成提示

① 在主界面中单击"选项"按钮，如图 7-92 所示。

② 打开"选项"对话框，在"基本设置"栏下单击
"事件提醒"选项，如图 7-93 所示。

图 7-92　单击"选项"按钮

③ 进入"事件提醒"页面，在"任务完成"栏下勾选"任务完成后气泡提示"和"任务
完成后声音提示"复选框，如图 7-94 所示。

④ 单击"确定"按钮。

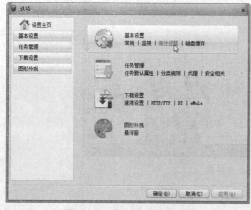

图 7-93　设置"事件提醒"

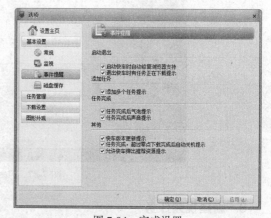

图 7-94　完成设置

7.8　数据克隆与恢复软件

　　数据恢复软件是指用户在计算机突然死机断电、重要文件不小心删掉、计算机中毒、文
件无法读取、系统突然崩溃、误操作、计算机病毒的攻击等软硬件故障下的数据找回和数据

恢复处理工具。常见的数据恢复软件有 EasyRecovery、安易恢复等。

7.8.1 EasyRecovery

EasyRecovery 是世界著名数据恢复公司 Ontrack 的技术杰作。它是一个硬盘数据恢复工具，能够帮助用户恢复丢失的数据以及重建文件系统。

1. EasyRecovery 的基本功能

① 误删除文件：恢复被永久删除的文件或目录。

② 误格式化硬盘：恢复格式化前硬盘中的文件。

③ U 盘手机相机卡恢复：应急抢救 U 盘中的文件。

④ 误清空回收站：恢复回收站中已清空的文件。

⑤ 硬盘分区丢失/损坏：抢救丢失分区中的文件，有效恢复误删除分区及重新分区后分区丢失，整个硬盘变为一个分区。

⑥ 万能恢复：用深度恢复功能应急抢救文档、图片、视频等常用文件。

2. EasyRecovery 主界面

EasyRecovery 的主界面工作窗口组成如图 7-95 所示，主要包括误删除文件、误格式化硬盘、U 盘手机相机卡恢复、误清空回收站、硬盘分区丢失/损坏、万能恢复等。

3. 恢复误删除文件

① 在主窗口中单击"误删除文件"选项，如图 7-96 所示。

图 7-95　EasyRecovery 主界面

图 7-96　单击"误删除文件"

② 在打开的窗口中选择需要恢复的文件，如选择恢复 F 盘"txt"文件夹中的文件，如图 7-97 所示。

③ 单击"下一步"按钮开始扫描，扫描结束后勾选需要恢复的文件，单击"下一步"按钮，如图 7-98 所示。

图 7-97　选择恢复文件

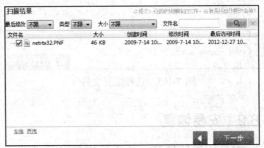

图 7-98　勾选需要恢复的文件

④ 在弹出的窗口中选择需要恢复路径，单击"下一步"按钮即可，如图 7-99 所示。

4. 万能恢复

① 在 Easy Recovery 主界面中单击"万能恢复"选项，如图 7-100 所示。

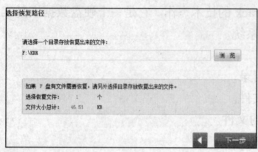

图 7-99　选择恢复路径　　　　　　　　　　　　　　　　图 7-100　万能恢复

② 在打开的窗口中，在"请选择要恢复的分区或者物理设备"栏下进行选择，如选择"我的电脑"中的"凌波微步"，如图 7-101 所示。

③ 单击"下一步"按钮，开始扫描，如图 7-102 所示。

图 7-101　选择恢复盘符　　　　　　　　　　　　　　　图 7-102　开始扫描

④ 扫描结束后，选择需要恢复的文件，单击"下一步"按钮，如图 7-103 所示。

⑤ 在打开的页面中选择恢复路径，然后单击"下一步"按钮即可，如图 7-104 所示。

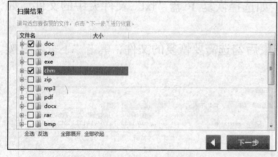

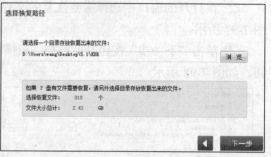

图 7-103　选择恢复文件　　　　　　　　　　　　　　　图 7-104　选择恢复路径

7.8.2　安易恢复

安易恢复软件是一款文件恢复功能非常全面的软件,能够恢复经过回收站删除掉的文件、被【Shift】+【Delete】组合键直接删除的文件和目录、快速格式化/完全格式化的分区、分区表损坏、盘符无法正常打开的 RAW 分区数据、在磁盘管理中删除掉的分区、被重新分区过的硬盘数据、一键 Ghost 对硬盘进行分区、被第三方软件做分区转换时丢失的文件、把整个硬盘误 Ghost 成一个盘等。

1. 安易恢复的基本功能

① 超强的反删除能力：一般恢复软件往往恢复后打不开，本软件则自动对这种情况进行修正，更好地恢复出数据。

② 全面反格式化：对被格式化的分区扫描时，同时搜索 FAT、FAT32、NTFS 和 exFAT 4 种文件系统的目录文件记录，在内存中构造出原先的文件目录结构，即使格式化前后分区类型发生改变也能扫描出原来的数据。

③ 快速扫描丢失的分区功能：对分区表损坏、重新分区、一键 Ghost 分成 4 个分区、整个硬盘 Ghost 成一个分区、盘符打不开提示未格式化的盘符，仅需数分钟便可扫描出原来的分区进行恢复，大大减少数据扫描恢复的时间。

④ 按文件头扫描恢复功能：当文件记录被破坏后，是无法按原先的文件名来恢复的，本软件内置了多种按扩展名进行扫描的算法，支持 Office 文件、数码相片文件、视频文件、压缩包文件等多种文件格式。

⑤ 支持 ChkDsk 的恢复：有时候做了磁盘检查，正常的文件统一都变成了扩展名为*.chk 的文件，本软件能自动识别这种情况，按原来的文件类型自动把扩展名修正回来。

⑥ 新文件系统 exFAT 恢复功能：全面支持微软公司新推出的 exFAT 分区恢复，包括删除文件、删除目录、格式化、重新分区等多种情况。

⑦ 支持 RAW 类型分区的恢复：硬盘分区突然打不开，提示未格式化，变成了 RAW 分区，本软件可以很快就列出完整的根目录结构，目录文件的恢复效果非常好。

2. 安易恢复主界面

安易恢复的主界面工作窗口如图 7-105 所示，主要包括删除文件的恢复、格式化分区恢复/误 GHOST 到别的分区的恢复/分区转换的恢复、删除分区的恢复/重新分区的恢复/分区打不开提示需要格式化的恢复、高级模式恢复、打开上一次扫描。

图 7-105　安易恢复主界面

3. 误删除文件的恢复

① 在主界面窗口中，单击"请选择最合适的模式"栏下的"删除文件的恢复"选项，如图 7-106 所示。

② 在打开的窗口中选择盘符，如选择 F 盘，单击"下一步"按钮开始扫描，如图 7-107 所示。

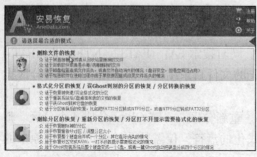

图 7-106　选择"删除文件的恢复"

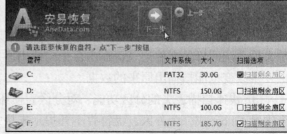

图 7-107　选择盘符

③ 选择需要恢复的文件，单击"恢复数据"按钮即可，如图 7-108 所示。

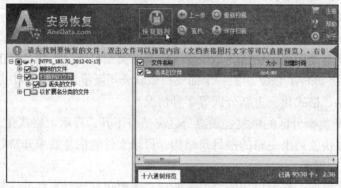

图 7-108　数据恢复

4. 高级模式恢复

① 在主界面中，单击"请选择合适的模式"栏下的"高级模式恢复"选项，如图 7-109 所示。

② 在打开的窗口中单击 D 盘后的"设置范围"，如图 7-110 所示。

图 7-109　高级模式恢复

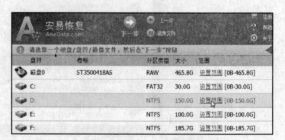

图 7-110　设置范围

③ 打开"扫描范围设置"对话框，拖动鼠标滑块进行设置，完成后单击"确定"按钮，如图 7-111 所示。

④ 回到盘符设置窗口，可以看到设置的盘符范围，单击"下一步"按钮开始扫描，如图 7-112 所示。

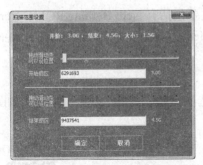

图 7-111 设置范围

图 7-112 设置完成

⑤ 扫描结束后，选择恢复的文件，单击"恢复数据"按钮即可，如图 7-113 所示。

图 7-113 开始恢复

7.9 刻录软件

刻录软件是主要涵盖数据刻录、影音光盘制作、音乐光盘制作、音视频编辑、光盘备份与复制、CD/DVD 音视频提取、光盘擦拭等多种功能的超级多媒体软件合集，非常方便、实用，常见的刻录软件有 Nero、光盘刻录大师等。

7.9.1 Nero12

Nero12 是一款功能强大的刻录软件，支持好多种刻录格式和完善的刻录功能，可让用户以轻松快速的方式制作自己专属的 CD 和 DVD。不论所要刻录的是资料 CD、音乐 CD、Video CD、Super Video CD、DDCD 或是 DVD，所有的程序都是一样的。本例以 Nero12（试用版）为例进行介绍，如果用户需要该软件，可以购买正版软件。

1. Nero 的基本功能

① Nero Digital：通过将音频和视频内容压缩成原来大小的几分之一，同时又保留了完美的视频和音频质量，从而产生无比清晰的视频。

② 视频特性：多种语言，包括字幕在章节之间进行方便的视频导航，在许多不同的设备上播放，支持的屏幕大小从移动电话分辨率到高清电视，完美的视频和音频质量，只占用少量的磁盘空间。

2. Nero 主界面

WinRAR 的主界面工作窗口组成如图 7-114 所示，主要包括有 Nero Burning ROM，Nero BackltUp，Nero Video，Nero Recode，Nero Kwik Media，Nero Blu-ray Player，Nero ControlCenter，Nero RescueAgent，Nero Express。

3. Nero Recode 导入视频文件

① 在主界面中，单击窗口右侧的"Nero Recode"选项，然后单击"开始"按钮，如图 7-115 所示。

图 7-114　Nero 主界面　　　　　　　　　　　图 7-115　单击开始

② 在打开的"Nero Recode Trial"窗口中，单击下方的"导入视频文件"选项，如图 7-116 所示。

③ 打开"打开"对话框，选择导入的文件，单击"打开"按钮，如图 7-117 所示。

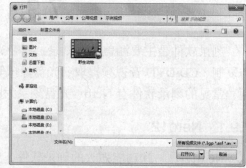

图 7-116　单击"导入视频文件"选项　　　　　图 7-117　选择导入文件

④ 回到"Nero Recode Trial"窗口，可以看到导入的视频文件，单击"更改输出设置"按钮，如图 7-118 所示。

⑤ 根据需要对编码解码器、比特率模式、位速率、采样率、音频通道等进行设置，完成后单击"确定"按钮，如图 7-119 所示。

图 7-118 更改输出设置

图 7-119 设置

⑥ 回到窗口中即可看到更改的设置，然后单击"确定"按钮，如图 7-120 所示。

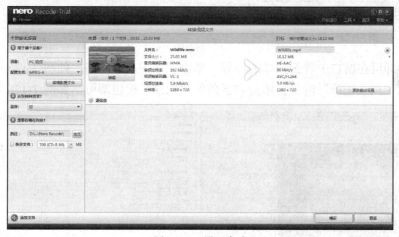

图 7-120 设置完成

4. 使用模板刻录视频光盘

① 在主界面中，单击窗口右侧的"Nero Video"选项，然后单击"开始"按钮，如图 7-121 所示。

② 打开"Nero Video Trial"对话框，在"创建和导出"栏下单击"视频光盘"选项，如图 7-122 所示。

图 7-121 单击开始

图 7-122 创建和导出

③ 打开"未命名项目"对话框，在窗口右侧单击"导入"按钮，选择导入的文件，此时在"创建和排列项目的标题"栏下可以看到导入的视频文件，然后单击窗口右下角的"下一步"按钮，如图 7-123 所示。

④ 进入"编辑菜单"窗口，在右侧单击"模板"选项，然后单击"下一步"按钮，如图 7-124 所示。

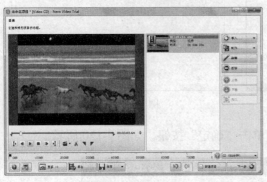

图 7-123　导入

图 7-124　选择模板

⑤ 此时即可在窗口中看到选择的模板，单击"下一步"按钮，如图 7-125 所示。

⑥ 进入"刻录选项"窗口，单击右下角的"刻录"按钮即可，如图 7-126 所示。

图 7-125　预览模板

图 7-126　开始刻录

7.9.2　光盘刻录大师

光盘刻录大师是国产的一款涵盖了数据刻录、光盘备份与复制、影碟光盘制作、音乐光盘制作、音视频格式转换、音视频编辑、CD/DVD 音视频提取等功能的多功能软件。

1.　光盘刻录大师的基本功能

① 刻录中心：可以备份用户的文件资料到 CD/DVD 光盘中，并且可以把这些数据制作成映像文件，还可以创建可引导标准数据的 CD/DVD 光盘，以备 CD/DVD 设备直接引导个人电脑的启动。

② 翻录与复制：轻松地帮助用户完整 1:1 地复制现有的音乐光盘、数据光盘、影视 VCD/SVD/DVD 光盘，同时支持带 CSS 保护的 DVD 影音光盘在内的几乎所有防拷贝光盘复制到一张空白 CD/DVD 光盘中。

③ 音乐转换：轻松地在 MP3，WAV，WMA，AAC，AU，AI，APE，VOC，FLAC，

M4A，OGG 等主流音频格式之间任意转换。

④ 视频转换：可以轻松转换 MPEG-4，AMV，AVI，ASF，SWF，DivX，Xvid，RM，RMVB，FLV，SWF，MOV，3GP，WMV，PMP，VOB，MP3，MP2，AU，AAC，AC3，M4A，WAV，WMA，OGG，FLAC 等各种音视频格式。

⑤ 视频分割：快速地把一个视频文件分割成若干个小视频文件，支持按照时间长度、尺寸大小，或平均分配手动和自动进行分割。

⑥ 视频截取：从一段视频中提取出您感兴趣的一部分，制作成视频文件。

2. 光盘刻录大师主界面

光盘刻录大师的主界面工作窗口组成如图 7-127 所示，主要包括添加刻录数据光盘、刻录音乐光盘、D9 转 D5、刻录 DVD 文件夹、光盘复制、制作光盘映像、刻录光盘映像、光盘擦除、光盘信息等。

图 7-127　光盘刻录大师主界面

3. 刻录数据光盘

① 在主界面中单击"刻录数据光盘"选项，如图 7-128 所示。

② 打开"第一步：选择刻录光盘类型及添加刻录数据"对话框，单击"目录"按钮，如图 7-129 所示。

图 7-128　刻录数据光盘

图 7-129　单击目录

③ 打开"浏览文件夹"对话框，选择需要刻录的文件，如图 7-130 所示。

④ 单击"确定"按钮，回到"第一步：选择刻录光盘类型及添加刻录数据"对话框，选择的文件会导入窗口中，单击"下一步"按钮，如图 7-131 所示。

图 7-130　选择刻录文件

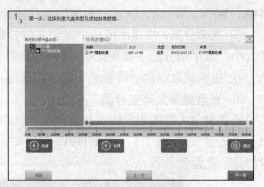

图 7-131　导入文件

⑤ 打开"第二步：选择刻录光驱并设置参数"对话框，单击"保存为"后的文本框中的"文件夹"按钮，如图 7-132 所示。

⑥ 打开"另存为"对话框，选择保存映象路径，单击"保存"按钮，如图 7-133 所示。

图 7-132　单击"文件夹"按钮

图 7-133　选择保存路径

⑦ 回到"数据刻录"页面，单击"刻录"按钮，如图 7-134 所示。

⑧ 进入"第三步：刻录数据光盘"对话框，开始刻录光盘，如图 7-135 所示。

图 7-134　单击"刻录"按钮

图 7-135　开始刻录

⑨ 刻录完成后会弹出提示框，单击"确定"按钮即可，如图 7-136 所示。

图 7-136　刻录完成

4. 刻录音乐

① 在主界面中单击"刻录音乐光盘"选项，如图 7-137 所示。

② 进入"第一步：选择制作光盘类型并添加音乐文件"对话框，单击"添加"按钮选择需要刻录的文件，此时需要刻录的文件将出现在窗口列表中，如图 7-138 所示。

图 7-137　单击"刻录音乐光盘"选项

图 7-138　添加刻录文件

③ 单击"下一步"按钮，进入"第二步：选择刻录光驱并设置参数"对话框，设置刻录路径，如图 7-139 所示。

④ 单击"开始刻录"按钮开始刻录，等待刻录完成即可，如图 7-140 所示。

图 7-139　设置路径

图 7-140　单击"开始刻录"按钮

习题与操作题

一、选择题

1. 下列软件中属于磁盘工具的有（　　　）。

 A. ACDSee   B. 网际快车

 C. Nero   D. 数据恢复 EasyRecovery

2. 下列软件中属于图片浏览软件的有（　　　）。

    A. 2345 看图王　　B. 驱动精灵　　C. WinRAR　　D. 金山毒霸

3. ACDSee 是目前流行的（　　　）软件。

    A. 屏保制作　　B. 数字图像处理　　C. 动画制作　　D. 媒体播放

4. 下列软件中能相当于资源管理器使用的软件有（　　　）。

    A. WinRar　　B. 360 杀毒　　C. HyperSnap　　D. 快车

5. 下列软件中能够进行抓图的软件有（　　　）。

    A. 安易恢复　　B. HyperSnap　　C. 迅雷　　D. 灵格斯词霸

6. 下列软件中能够设置桌面壁纸的软件有（　　　）。

    A. ACDSee　　B. 快车　　C. 好压　　D. 光盘刻录大师

7. 下列软件中常见的国外杀毒软件有（　　　）。

    A. 360 杀毒　　B. 瑞星　　C. 金山毒霸　　D. 卡巴斯基

8. 下列软件中属于文件下载的工具软件是（　　　）。

    A. WinRar　　B. 红蜻蜓　　C. 迅雷　　D. GHOST

9. 利用 HyperSnap 不可以抓取屏幕的（　　　）。

    A. 隐藏区域　　B. 任何区域　　C. 活动区域　　D. 不规则区域

10. ACDSee 能够对图片进行批量处理，能够做到（　　　）。

    A. 批量创建幻灯片文件　　B. 批量创建 PDF

    C. 批量抓取图片　　D. 批量修改文件名

11. 任何文件的保存都必须提供的三要素是（　　　）。

    A. 主文件名、保存位置、文件长度　　B. 主文件名、保存位置、保存类型

    C. 保存时间、主文件名、保存类型　　D. 保存时间、主文件名、保存位置

12. 金山毒霸系统升级的目的是（　　　）。

    A. 重新安装　　B. 更新病毒库　　C. 查杀病毒　　D. 卸载软件

13. 当你的计算机感染病毒时，应该（　　　）。

    A. 立即更换新的硬盘　　B. 立即更换新的内存储器

    C. 立即进行病毒的查杀　　D. 立即关闭电源

14. 下列工具软件不能用来查杀病毒的是（　　　）。

    A. 金山毒霸　　B. 360 杀毒　　C. 瑞星杀毒　　D. 暴风影音

15. 杀毒软件可以查杀（　　　）。

    A. 任何病毒　　B. 任何未知病毒

    C. 已知病毒和部分未知病毒　　D. 只有恶意的病毒

16. 下列文件格式属于视频文件的是（　　　）。

    A. Rmvb（.rm，.rmvb）　　B. MPEG audio（.mp3，.mp2）

    C. Ms WAV（.wav）　　D. Ms WMA（.wma）

17. 使用 ACDSee 连续浏览图像功能浏览图片时，可以通过（　　　）选项卡来调节图片显示时间间隔。

    A. 浏览器　　B. 幻灯显示　　C. 查看器　　D. 显示

18. 下列属于光盘刻录软件的是（　　　）。

A.　Nero-buring Room　　　　　　　　B.　Virtual CD

C.　DAEMON Tools　　　　　　　　　D.　Haozip

19.　关于获取一些常用工具软件的途径不合法的是（　　　）。

　　A.　免费赠送　　　　B.　盗版光盘　　　　C.　购买　　　　　　D.　共享软件

20.　下列情况中，最可能无法恢复数据的是（　　　）。

　　A.　删除了文件，并清空了"回收站"

　　B.　误操作格式化了一个分区

　　C.　整个硬盘重新分区后发现有重要文件没有备份

　　D.　彻底删除了文件，该分区上又覆盖了新数据

选择题答案

1.　D　　2.　A　　3.　B　　4.　A　　5.　B　　6.　A　　7.　D　　8.　C　　9.　A

10.　D　　11.　B　　12.　B　　13.　C　　14.　D　　15.　C　　16.　A　　17.　B　　18.　A

19.　B　　20.　D

二、操作题

1.　认识什么是驱动程序。

2.　使用驱动人生软件进行备份。

3.　使用 WinRAR 锁定压缩文件。

4.　使用好压软件修复被损坏的压缩文件。

5.　认识什么是杀毒软件。

6.　简述 360 杀毒的功能，并使用 360 杀毒软件定时杀毒。

7.　使用金山毒霸指定查杀位置。

8.　为 HyperSnap 7 设置屏幕捕捉热键，并使用 HyperSnap 7 捕捉整个桌面。

9.　简述红蜻蜓抓图精灵的主要功能。

10.　使用 ACDSee 批量重命名图片。

11.　在 2345 看图王中启用鼠标指针翻页。

12.　使用金山词霸翻译句子。

13.　使用灵格斯屏幕取词。

14.　使用迅雷新建下载任务。

15.　使用快车新建视频任务。

16.　使用 EasyRecovery 恢复误删除的文件。

17.　使用安易恢复高级模式进行文件恢复。

18.　如何使用 Nero Recode 导入视频文件？

19.　如何使用光盘刻录大师刻录音乐？